中 国 国 家 标 准 汇 编

2010 年修订-2

中国标准出版社 编

中国质检出版社
中国标准出版社
北 京

图书在版编目（CIP）数据

中国国家标准汇编：2010年修订．2/中国标准出版社编．—北京：中国标准出版社，2012
ISBN 978-7-5066-6553-7

Ⅰ．①中… Ⅱ．①中… Ⅲ．①国家标准-汇编-中国-2010 Ⅳ．①T-652.1

中国版本图书馆CIP数据核字(2011)第195036号

中国质检出版社
中国标准出版社 出版发行
北京市朝阳区和平里西街甲2号(100013)
北京市西城区三里河北街16号(100045)
网址:www.spc.net.cn
总编室:(010)64275323 发行中心:(010)51780235
读者服务部:(010)68523946
中国标准出版社秦皇岛印刷厂印刷
各地新华书店经销

*

开本 880×1230 1/16 印张 26.75 字数 696 千字
2012年1月第一版 2012年1月第一次印刷

*

定价 220.00 元

出 版 说 明

1.《中国国家标准汇编》是一部大型综合性国家标准全集。自1983年起，按国家标准顺序号以精装本、平装本两种装帧形式陆续分册汇编出版。它在一定程度上反映了我国建国以来标准化事业发展的基本情况和主要成就，是各级标准化管理机构，工矿企事业单位，农林牧副渔系统，科研、设计、教学等部门必不可少的工具书。

2.《中国国家标准汇编》收入我国每年正式发布的全部国家标准，分为"制定"卷和"修订"卷两种编辑版本。

"制定"卷收入上一年度我国发布的、新制定的国家标准，顺延前年度标准编号分成若干分册，封面和书脊上注明"20××年制定"字样及分册号，分册号一直连续。各分册中的标准是按照标准编号顺序连续排列的，如有标准顺序号缺号的，除特殊情况注明外，暂为空号。

"修订"卷收入上一年度我国发布的、修订的国家标准，视篇幅分设若干分册，但与"制定"卷分册号无关联，仅在封面和书脊上注明"20××年修订-1,-2,-3,……"字样。"修订"卷各分册中的标准，仍按标准编号顺序排列(但不连续)；如有遗漏的，均在当年最后一分册中补齐。需提请读者注意的是，个别非顺延前年度标准编号的新制定的国家标准没有收入在"制定"卷中，而是收入在"修订"卷中。

读者配套购买《中国国家标准汇编》"制定"卷和"修订"卷则可收齐上一年度我国制定和修订的全部国家标准。

3.由于读者需求的变化，自1996年起，《中国国家标准汇编》仅出版精装本。

4.2010年我国制修订国家标准共2846项。本分册为"2010年修订-2"，收入新制修订的国家标准28项。

中国标准出版社

2011年8月

目　　录

中华人民共和国国家标准

GB 1900—2010

食品安全国家标准

食品添加剂　二丁基羟基甲苯(BHT)

2010-12-21 发布　　2011-02-21 实施

中华人民共和国卫生部　发布

前　言

本标准代替 GB/T 1900—1980《食品添加剂　2,6-二叔丁基对甲酚(BHT)》。

本标准与 GB/T 1900—1980 相比,主要变化如下:

——标准名称由“食品添加剂　2,6-二叔丁基对甲酚(BHT)”修改为“食品添加剂　二丁基羟基甲苯(BHT)”;

——水分指标由≤0.1%修改为≤0.05%;

——灼烧残渣指标由≤0.01%修改为≤0.005%;

——重金属指标由≤0.000 4%修改为≤5(mg/kg);

——熔点范围的测定修改为初熔点的测定;

——游离甲酚的计算式中,当量浓度和毫克当量修改为摩尔浓度和摩尔质量。

本标准的附录 A 为规范性附录。

本标准所代替标准的历次版本发布情况为:

——GB/T 1900—1980。

食品安全国家标准

食品添加剂　二丁基羟基甲苯(BHT)

1　范围

本标准适用于以对甲酚、异丁醇为原料，以浓硫酸作为催化剂，氧化铝作为脱水剂，反应生成的食品添加剂二丁基羟基甲苯(BHT)。

2　规范性引用文件

本标准中引用的文件对于本标准的应用是必不可少的。凡是注日期的引用文件，仅所注日期的版本适用于本标准。凡是不注日期的引用文件，其最新版本(包括所有的修改单)适用于本标准。

3　分子式、结构式和相对分子质量

3.1　分子式

$C_{15}H_{24}O$

3.2　结构式

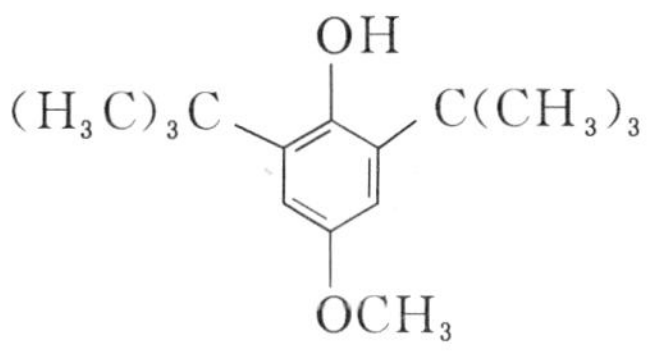

3.3　相对分子质量

220.36(按2007年国际相对原子质量)

4　技术要求

4.1　感官要求：应符合表1的规定。

表1　感官要求

项　　目	要　　求	检验方法
色泽和组织状态	白色结晶或结晶性粉末	取适量实验室样品，置于清洁、干燥的玻璃培养皿中，在自然光线下，目视观察

4.2 理化指标：应符合表2的规定。

表2 理化指标

项 目		指 标	检验方法
熔点(初熔)/℃	≥	69.0	附录A中A.4
水分,w/%	≤	0.05	附录A中A.5
灼烧残渣,w/%	≤	0.005	附录A中A.6
硫酸盐(以 SO_4 计),w/%	≤	0.002	附录A中A.7
砷(As)/(mg/kg)	≤	1	附录A中A.8
重金属(以Pb计)/(mg/kg)	≤	5	附录A中A.9
游离酚(以对甲酚计),w/%	≤	0.02	附录A中A.10

附 录 A
(规范性附录)
检验方法

A.1 警示

试验方法规定的一些试验过程可能导致危险情况。操作者应采取适当的安全和防护措施。

A.2 一般规定

除非另有说明,在分析中仅使用确认为分析纯的试剂和 GB/T 6682—2008 中规定的三级水。

分析中所用标准滴定溶液、杂质标准溶液、制剂及制品,在没有注明其他要求时,均按 GB/T 601、GB/T 602 和 GB/T 603 之规定制备。

A.3 鉴别试验

A.3.1 试剂和材料

A.3.1.1 无水乙醇。

A.3.1.2 三氯甲烷。

A.3.1.3 亚硝酸钠溶液:3 g/L。

A.3.1.4 邻联二茴香胺溶液:称取 250 mg 邻联二茴香胺,溶于 50 mL 无水乙醇中,加 100 mg 活性炭,振荡 5 min,过滤,取 40 mL 滤液,加 60 mL 盐酸溶液(1+10)。当日配制,避光。

A.3.2 分析步骤

取约 5 mg 实验室样品,加入 2.5 mL 无水乙醇,溶解后,加 25 mL 水稀释,混匀,加 2 mL 邻联二茴香胺溶液,摇匀,加入 0.8 mL 亚硝酸钠溶液,混合,放置 5 min,加入 0.5 mL 三氯甲烷,剧烈振摇 0.5 min 放置分层,三氯甲烷层应呈品红色或红色。

A.4 熔点的测定

按 GB/T 617 进行。以初熔温度表示熔点。

A.5 水分的测定

称取 5 g 实验室样品,精确至 0.000 1 g,加入 10 mL 无水甲醇,不断摇匀,将水分提取。其余按 GB/T 606 的规定进行。

A.6 灼烧残渣的测定

A.6.1 试剂和材料

硫酸。

A.6.2　分析步骤

在已恒重的石英坩埚中，称取 10 g 实验室样品，精确至 0.01 g，先用小火缓慢加热炭化，避免燃烧，待黄烟消失后，加约 1.0 mL 硫酸浸湿残渣，用上述方法加热至硫酸蒸气逸尽，移入(800±25)℃的高温炉中灼烧至恒重。

A.6.3　结果计算

烧灼残渣的质量分数 w_1，数值以%表示，按公式(A.1)计算：

$$w_1=\frac{m_2-m_1}{m}\times 100\% \qquad \cdots\cdots\cdots\cdots\text{(A.1)}$$

式中：

m_1——坩埚的质量的数值，单位为克(g)；

m_2——坩埚与灰分的总质量的数值，单位为克(g)；

m——试样的质量的数值，单位为克(g)。

取两次平行测定结果的算术平均值为报告结果。两次平行测定结果的绝对差值不大于 0.000 5%。

A.7　硫酸盐的测定

A.7.1　试剂和材料

A.7.1.1　盐酸溶液：1 mol/L。

A.7.1.2　氯化钡溶液：50 g/L，临用时新配。

A.7.1.3　硫酸盐(SO_4)标准溶液：0.1 mg/mL。

A.7.2　分析步骤

称取 5.0 g 实验室样品，精确至 0.01 g，置于 50 mL 烧杯中，加 30 mL 新煮沸冷却的水，边加热边搅拌至试样溶解，停止加热，搅拌并冷却至室温，过滤至 50 mL 比色管中，加 5 mL 盐酸溶液，加 5 mL 氯化钡溶液，用新煮沸冷却的水稀释至 50 mL，摇匀，放置 10 min，所呈浊度不得大于标准。

标准是 1 mL 硫酸盐标准溶液，与试样同时同样处理。

A.8　重金属的测定

A.8.1　试剂和材料

A.8.1.1　冰乙酸溶液：1 mol/L。

A.8.1.2　饱和硫化氢水：现用现配。

A.8.1.3　铅(Pb)标准溶液：0.01 mg/mL。

A.8.2　分析步骤

称取约 1.0 g 实验室样品，精确至 0.01 g。加 1 mL 硫酸使之湿润，缓缓烧灼至硫酸蒸气除尽，在 500 ℃～600 ℃灼烧至完全灰化，放冷，加 2 mL 盐酸，加 5 mL 水蒸干。加 15 mL 水与 2 mL 乙酸溶液，微热溶解后移入 50 mL 比色管中，加 10 mL 饱和硫化氢水，摇匀，放置 10 min，产生的颜色不得深于标准。

标准是取 0.5 mL 铅标准溶液，与试样同时同样处理。

A.9 砷的测定

按 GB/T 5009.76 砷斑法进行。试样处理按 GB/T 5009.76 干灰化法进行。

A.10 游离酚的测定

A.10.1 试剂和材料

A.10.1.1 溴标准溶液：$c(1/2Br_2)=0.1$ mol/L。

A.10.1.2 硫代硫酸钠标准滴定溶液：$c(Na_2S_2O_3)=0.1$ mol/L。

A.10.1.3 氢氧化钠溶液：25 g/L。

A.10.1.4 盐酸溶液：1+1。

A.10.1.5 碘化钾溶液：100 g/L。

A.10.1.6 淀粉指示液：10 g/L。

A.10.2 分析步骤

A.10.2.1 称取约 10 g 实验室样品，精确至 0.1g，置于 250 mL 锥形烧瓶中，加 50 mL 氢氧化钠溶液，于 65 ℃下振荡不少于 3 min，过滤至 250 mL 容量瓶中，滤渣用水洗涤数次，稀释至刻度。吸取 100 mL 于 500 mL 碘量瓶中，加入 10.00 mL 溴标准溶液，加 10 mL 盐酸溶液，迅速加盖充分摇匀，用 5 mL 碘化钾溶液封口，在 15 ℃以下静置 15 min，将碘化钾溶液放入碘量瓶中，加盖振荡，用水封口，放置 5 min，用硫代硫酸钠标准滴定溶液滴定至浅黄色，加 5 mL 淀粉指示液，继续滴定至蓝色消失为终点。

A.10.2.2 在测定的同时，按与测定相同的步骤，对不加试料而使用相同数量的试剂溶液做空白试验。

A.10.3 结果计算

游离酚的质量分数 w_2，数值以%表示，按公式(A.2)计算：

$$w_2=\frac{(V_1-V_2)cM}{m\times 1\,000\times(100/250)}\times 100\% \qquad \cdots\cdots(A.2)$$

式中：

V_1——空白消耗硫代硫酸钠标准滴定溶液(A.10.1.2)体积的数值，单位为毫升(mL)；

V_2——试样消耗硫代硫酸钠标准滴定溶液体积的数值，单位为毫升(mL)；

c ——硫代硫酸钠标准滴定溶液浓度的准确数值，单位为摩尔每升(mol/L)；

m ——试料质量的数值，单位为克(g)；

M ——对甲酚($1/6CH_3C_6H_4OH$)的摩尔质量的数值，单位为克每摩尔(g/mol)($M=18.0$)。

取两次平行测定结果的算术平均值为报告结果。两次平行测定结果的绝对差值不大于 0.002%。

中华人民共和国国家标准

GB 1975—2010

食品安全国家标准

食品添加剂　琼脂(琼胶)

2010-12-21 发布　　　　2011-02-21 实施

中华人民共和国卫生部　发布

前　言

本标准代替 GB 1975—1980《食品添加剂　琼胶》。

本标准与 GB 1975—1980 相比主要变化如下：

——标准名称改为《食品添加剂　琼脂(琼胶)》；

——增加凝胶强度指标,并将其作为产品规格的划分依据；

——干燥失重改为水分；

——灼烧残渣改为灰分；

——删除吸水力指标；

——重金属指标改为≤20 mg/kg,砷项目改为≤3 mg/kg,增加铅项目≤5 mg/kg；

——将相关的检验方法列入附录中。

本标准中附录 A 和附录 B 为规范性附录。

本标准所代替标准的历次版本发布情况为:GB 1975—1980。

食品安全国家标准

食品添加剂 琼脂(琼胶)

1 范围

本标准适用于以石花菜(*Gelidum amausii* L.)、紫菜(*Porphyra*)、江蓠(*Gracilaria* Grev) 及其他红藻类为原料,经浸出、脱水干燥等工艺加工制成的食品添加剂琼脂(琼胶)。

2 规范性引用文件

本标准中引用的文件对于本标准的应用是必不可少的。凡是注日期的引用文件,仅所注日期的版本适用于本标准。凡是不注日期的引用文件,其最新版本(包括所有的修改单)适用于本标准。

3 技术要求

3.1 感官要求:应符合表1的规定。

表1 感官要求

项 目	要 求	检验方法
色泽	类白色或淡黄色	在光线充足、无异味的环境中,将试样平摊于白瓷盘内,观察试样的形态、色泽。嗅其气味。当怀疑试样有异味时,可取少量试样置于密闭的杯中,用60 ℃~70 ℃温水浸泡3 min~5 min后,揭开盖,揭开盖的同时立刻嗅闻杯口处上方区域
气味	无异味	
形态	均匀条状或粉状	

3.2 理化指标:应符合表2的规定。

表2 理化指标

项 目		指 标	检验方法
水分,w/%	≤	22	GB 5009.3[a]
灰分,w/%	≤	5	GB 5009.4[b]
淀粉试验		通过试验	附录A中A.3
水不溶物,w/%	≤	1	附录A中A.4
重金属(以Pb计)/(mg/kg)	≤	20	GB/T 5009.74
铅(Pb)/(mg/kg)	≤	5	GB/T 5009.75
砷(As)/(mg/kg)	≤	3	GB/T 5009.76

[a] 试样量为1 g~2 g。

[b] 试样量为1 g。

3.3 产品规格

产品规格按凝胶强度不同划分，分为低强度、中强度、高强度、超高强度，应符合表3的规定。

表3 产品规格

单位为克每平方厘米

规　　格	凝胶强度(1.5%溶液,20 ℃)	检验方法
低强度	150～400	附录A中A.5
中强度	401～800	
高强度	801～1 200	
超高强度	>1 200	

附　录　A
（规范性附录）
检 验 方 法

A.1　一般规定

本方法所用试剂均为分析纯。

A.2　鉴别试验

A.2.1　试剂和材料

A.2.1.1　水：符合 GB/T 6682—2008 中二级水的规定。
A.2.1.2　碘溶液：0.01 mol/L，0.05 mol/L。

A.2.2　分析步骤

A.2.2.1　取试样 1 g，加水 65 mL，煮沸 10 min，不断搅拌，用热水补足水分，放冷至 32 ℃～39 ℃即凝结成半透明有弹性的凝胶状物，再加热至 85 ℃开始熔化。
A.2.2.2　取适量条状试样的碎片，浸入 0.01 mol/L 碘溶液中数分钟，染成棕黑色，取出后加水浸泡后渐变紫色。

A.3　淀粉试验

取 0.5 g 试样，加水 100 mL，煮沸溶解后放冷，加 2 滴 0.05 mol/L 碘溶液，不得显蓝色。

A.4　水不溶物的测定

A.4.1　原理

琼脂水溶液通过砂芯坩埚减压抽滤，将残留物洗净后干燥至恒重，以质量分数表示。

A.4.2　仪器和设备

A.4.2.1　真空泵。
A.4.2.2　砂芯坩埚：滤板孔径 30 μm～50 μm。
A.4.2.3　电热干燥箱：105 ℃±2 ℃。

A.4.3　分析步骤

称取试样约 1.5 g（称准至 0.001 g）于 500 mL 烧杯中，加水至 200 mL，盖上表面皿，加热煮沸溶解（加热时注意搅动）。趁热用已干燥恒重（前后两次质量之差不大于 0.001 g 为恒重，冷却操作时需严格保持冷却时间的统一）的砂芯坩埚减压过滤，并用热水充分洗涤烧杯和砂芯坩埚，然后将砂芯坩埚于 105 ℃±2 ℃电热干燥箱内烘至恒重（前后两次质量之差不大于 0.001 g 为恒重）。

A.4.4 结果计算

水不溶物含量 X_1 数值以%表示，按公式(A.1)计算：

$$X_1 = \frac{m_2 - m_0}{m_1} \times 100\% \quad \cdots\cdots\cdots\cdots (A.1)$$

式中：

X_1——试样中水不溶物含量，%；

m_1——试样质量，单位为克(g)；

m_2——砂芯坩埚与水不溶物烘至恒重的质量，单位为克(g)；

m_0——砂芯坩埚质量，单位为克(g)。

取平行测定结果的算术平均值为测定结果，两次平行测定结果之差的绝对值不大于0.10。

A.5 凝胶强度的测定

A.5.1 原理

将试样制成一定浓度和体积的凝胶，用凝胶强度仪测定凝胶在15 s～20 s内的抗破砝码质量，根据温度换算系数，计算样品凝胶强度。

A.5.2 仪器和设备

凝胶强度测定仪：测量范围100 g/cm^2～2 000 g/cm^2。

A.5.3 1.5%琼脂(干基计)凝胶试样制备

根据样品的水分，按公式(A.2)计算称取试样量 X，单位为克(g)：

$$X = \frac{1.5}{1 - D} \quad \cdots\cdots\cdots\cdots (A.2)$$

式中：

X——称取试样质量，单位为克(g)；

D——试样水分的质量分数，单位为百分比(%)。

称取式(A.2)计算所得的试样量，精确至0.001 g，置于500 mL锥形瓶中，加入100 mL水，浸泡1 h后，连接回流装置，加热，使溶液保持微沸状态，直到样品完全溶解，取下锥形瓶，将溶液均分倒入2只100 mL烧杯中，冷却，待凝胶形成后，盖上表面皿，在室温下放置15 h后，待测。

A.5.4 分析步骤

将按A.5.3制备好的试样放在凝胶强度测定仪的试样座中心位置上，按凝胶强度测定仪说明书进行操作，移动手柄使砝码添加装置杆下端与凝胶表面接触，加大力度使凝胶的表面发生破裂(端点进入凝胶约4 mm以上)，记录此时凝胶强度值，同时，测量凝胶的温度。

A.5.5 结果计算

试样的凝胶强度(P)，单位为克每平方厘米(g/cm^2)，按公式(A.3)计算：

$$P = G \times f \quad \cdots\cdots\cdots\cdots (A.3)$$

式中：

P——试样的凝胶强度(1.5%溶液，20 ℃)，单位为克每平方厘米(g/cm^2)；

G——测定的凝胶强度值，单位为克每平方厘米(g/cm^2)；

f——从表B.1查得的温度校正系数。

附 录 B
(规范性附录)
凝胶强度与温度校正关系

表 B.1 凝胶强度与温度校正关系

温度 ℃	校正系数	温度 ℃	校正系数
10	0.74	21	1.03
11	0.76	22	1.06
12	0.79	23	1.09
13	0.81	24	1.13
14	0.84	25	1.16
15	0.86	26	1.20
16	0.89	27	1.23
17	0.91	28	1.27
18	0.94	29	1.31
19	0.97	30	1.35
20	1.00		

ICS 75.080
E 30

中华人民共和国国家标准

GB/T 2013—2010
代替 GB/T 2013—1980

液体石油化工产品密度测定法

Standard test method for density of liquid petrochemical products

2011-01-10 发布　　2011-05-01 实施

中华人民共和国国家质量监督检验检疫总局
中国国家标准化管理委员会　发布

前　言

本标准与美国试验与材料协会标准 ASTM D891:95《液体化学工业品视比重测定法》的一致性程度为非等效。

本标准与 ASTM D891:95 的主要差异：

——将方法名称改为“液体石油化工产品密度测定法”；

——将 ASTM D891 中的引用标准改为我国相应的国家标准和行业标准；

——为适合我国国情，将 ASTM D891 标准的视比重测定法改为密度测定法；

——ASTM D891 包括两种试验方法：密度计测定法和比重瓶测定法，而在本标准中增加了 U 型振动管法测定液体石化产品的密度；

——密度计测定法的测定范围不同，标准 ASTM D891 中密度计的测定范围为：0.65 kg/kg～1.25 kg/kg，而目前国内的密度计执行的是标准 SH/T 0316—1998《石油密度计技术条件》，其密度测定范围为 600 kg/m^3～1 100 kg/m^3，所以本标准的测定范围为 600 kg/m^3～1 100 kg/m^3；

——ASTM D891 的比重瓶测定方法中只有毛细管塞比重瓶，而本标准在比重瓶测定方法中增加了带刻度双毛细管比重瓶；

——增加了附录 A　水密度表；

——增加了附录 B　空气密度表；

——增加了资料性附录 C　液体石油化工产品密度温度系数表。

本标准代替 GB/T 2013—1980《苯类产品密度测定法》。

本标准与 GB/T 2013—1980 相比主要变化如下：

——将标准名称改为“液体石油化工产品密度测定法”；

——产品测定范围由苯类产品扩大到液体石油化工产品；

——测定方法由原来的一种方法——密度计法增加到三种方法：密度计法、U 型振动管法和比重瓶法。并在范围中对三种试验方法的测定范围进行了详细的规定；

——增加了第 2 章规范性引用文件；

——增加了第 3 章术语和定义；

——增加了第 4 章采样；

——密度计测定法中增加了 5.1 方法概要、5.2 样品制备、5.4 仪器检定、5.5 仪器准备；

——密度计测定法精密度高，前版标准第 4 章重复性不大于 1.0 kg/m^3，本版标准 5.9.2 重复性不大于 0.5 kg/m^3；前版标准第 5 章再现性不大于 2.0 kg/m^3，本版标准 5.9.3 再现性不大于1.2 kg/m^3；

——密度计执行标准不同，前版标准密度计要求符合 SY 3301—1974《石油密度计技术条件》，本版标准中密度计要求符合 SH/T 0316《石油密度计技术条件》；

——增加了附录 A　水密度表；

——增加了附录 B　空气密度表；

——增加了资料性附录 C　液体石油化工产品密度温度系数表。

本标准的附录 A 和附录 B 为规范性附录，附录 C 为资料性附录。

本标准由全国石油产品和润滑剂标准化技术委员会提出。

本标准由全国石油产品和润滑剂标准化技术委员会石油静态和轻烃计量分技术委员会归口。

本标准起草单位：中国石油化工股份有限公司齐鲁分公司胜利炼油厂、中国石油化工股份有限公司石油化工科学研究院。

本标准主要起草人：孙献菊、薄艳红、徐成全。

本标准所代替标准的历次版本发布情况为：

——GB/T 2013—1980。

引　　言

密度可以用于石油化工产品的定性试验，也可以用于石化产品体积和质量之间的相互换算。对于两种纯化学物质的混合物，可以由密度来确定组成情况。

在本标准的三种密度测量方法中，U型振动管法可以达到很高的准确度和精密度，但设备成本高；比重瓶法可以达到较高的准确度和精密度（低于U型振动管法），适用性强，但测量速度慢；密度计法的准确度和精密度低于前两种方法，但可以满足于多数密度测量的需要，而且简单快速。用户可以根据精度要求、产品特性、试验条件或测量效率，选择一种合适的测量方法。

液体石油化工产品密度测定法

警告:使用本标准可能会涉及到危险的材料、操作和设备,但本标准无意提出所有与使用有关的安全问题,本标准的使用者有责任在操作前建立适当的安全和防护措施并确定相关规章的适用性。

1 范围

1.1 本标准规定了使用密度计、U型振动管和比重瓶测定液体石油化工产品密度的三种试验方法。

1.2 试验方法A——密度计法:本方法适用于测定易流动的透明液体的密度,对于不易流动的黏稠液体,可以使用恒温浴,在高于室温的情况下测定密度。本方法也能用于不透明液体的密度测量,但读数方法不同于透明液体。

1.3 试验方法B——U型振动管法:本方法适用于在试验温度和试验压力下可处理为单相液体的石油化工产品;本方法适用于任何蒸气压的液体,但要采取适当措施,确保样品在处理和测定期间始终为单相,同时没有轻组分的损失以及组成和密度的改变。

1.4 试验方法C——比重瓶法:本方法适用于在试验温度和试验压力下可处理为液体的石油化工产品的密度测量。其中的毛细管塞比重瓶不适用于初馏点低于40 ℃的液体;带刻度双毛细管比重瓶适用于除较黏稠产品以外的所有液体石油化工产品密度的精确测量,而且特别适用于只有少量样品的液体,但限于试验温度下运动黏度不超过50 mm^2/s的液体。

2 规范性引用文件

下列文件中的条款通过本标准的引用而成为本标准的条款。凡是注日期的引用文件,其随后所有的修改单(不包括勘误的内容)或修订版均不适用于本标准,然而,鼓励根据本标准达成协议的各方研究是否可使用这些文件的最新版本。凡是不注日期的引用文件,其最新版本适用于本标准。

GB/T 514 石油产品试验用玻璃液体温度计技术条件

GB/T 4756 石油液体手工取样法(GB/T 4756—1998,eqv ISO 3170:1988)

GB/T 6680 液体化工产品采样通则

GB/T 6682 分析实验室用水规格和试验方法(GB/T 6682—2008,ISO 3696:1987,MOD)

SH/T 0316 石油密度计技术条件

3 术语和定义

下列术语和定义适用于本标准。

3.1

密度 density

ρ_t

在规定温度下,单位体积内所含物质的质量数。

注:单位为千克每立方米(kg/m^3)或克每立方厘米(g/cm^3)。当报告密度时,注明所用的密度单位和温度。例如,千克每立方米或克每立方厘米,t ℃。

3.2

标准密度 standard density

ρ_{20}

在20 ℃和101.325 kPa下,单位体积液体的质量。

注:单位为千克每立方米(kg/m^3)或克每立方厘米(g/cm^3)。

3.3

视密度 observed density

ρ_t'

在试验温度下，玻璃密度计在液体试样中的读数。

注：单位为千克每立方米(kg/m^3)或克每立方厘米(g/cm^3)。

3.4

密度温度系数 density temperature factor

γ

温度每变化(升高或降低)1 ℃时，液体密度的变化值。

$\gamma=(\rho_{t1}-\rho_{t2})/(t_2-t_1)$

注：单位为 $kg/(m^3 \cdot ℃)$。

4 采样

按照产品标准规定的方法进行采样。当产品标准中无要求时，按 GB/T 4756 和 GB/T 6680 的规定采取样品。

5 试验方法 A——密度计法

5.1 方法概要

使试样处于规定温度，将其倒入温度大致相同的密度计量筒中，将合适的密度计放入已调好温度的试样中，让它静止。当温度达到平衡后，读取密度计的读数和试样温度，根据需要换算密度或标准密度。如果需要，可以将装有试样的密度计量筒放在恒温浴中，以避免测定期间温度的过大波动。

5.2 样品制备

5.2.1 样品制备

混合试样要使试样的轻组分损失最小，并保持样品的完整性。

5.2.1.1 易挥发性石油化工产品

为减少轻组分损失，样品应在原来的容器和密闭系统中混合。

注：在开口容器中混合挥发性样品将导致轻组分损失，并将影响测得的密度值。

5.2.1.2 残渣石油化工产品

样品在混合前应加热到试验温度(见 5.2.2 及注)。

5.2.2 试验温度

把样品加热到能充分地流动，但温度不能高到引起轻组分损失。

注：测定标准密度在标准温度 20 ℃或接近 20 ℃时最准确。

5.3 仪器

5.3.1 密度计：玻璃制，应符合 SH/T 0316 和表 1 中给出的技术要求。

5.3.2 密度计量筒：用于盛装密度试验的试样的容器，由透明玻璃制成，形状为圆筒形。为了倾倒方便，密度计量筒上边缘应有一斜嘴。量筒内径至少比所用的密度计外径大 25 mm，量筒高度应能使密度计在试样中漂浮时，密度计底部与量筒底部的间距至少有 25 mm。

5.3.3 温度计：应符合 GB/T 514 中编号 GB-48、GB-68 的技术要求。合适范围的其他全浸式，具有相等或更高精度的温度计也可使用。

5.3.4 恒温浴：其尺寸大小应能容纳密度计量筒，使试样完全浸没在恒温浴液体表面以下，在试验期间，能保持试验温度在±0.25 ℃以内。

5.3.5 玻璃搅拌棒：长约 450 mm。

表 1　密度计技术要求

型号	单位	密度范围	每支单位	刻度间隔	最大刻度误差	弯月面修正值
SY-02 SY-05 SY-10	kg/m^3 (20 ℃)	600～1 100 600～1 100 600～1 100	20 50 50	0.2 0.5 1.0	±0.2 ±0.3 ±0.6	+0.3 +0.7 +1.4
SY-02 SY-05 SY-10	g/cm^3 (20 ℃)	0.600～1.100 0.600～1.100 0.600～1.100	0.02 0.05 0.05	0.000 2 0.000 5 0.001 0	±0.000 2 ±0.000 3 ±0.000 6	+0.000 3 +0.000 7 +0.001 4

5.4　仪器检定

5.4.1　密度计要用可溯源到国家标准的标准密度计或可溯源的标准物质的密度作定期检定，至少每五年复检一次。

5.4.2　温度计要用可溯源到国家标准的标准温度计定期检定。

5.5　仪器准备

5.5.1　检查密度计的基准点确定密度计刻度是否处于干管内的正确位置，如果刻度已移动，应废弃这支密度计。

5.5.2　使密度计量筒和密度计的温度接近试样的温度。

5.6　试验步骤

5.6.1　在试验温度下把试样转移到温度稳定、清洁的密度计量筒中，避免试样飞溅和生成空气泡，并要减少轻组分的挥发。

5.6.2　用一片清洁的滤纸除去试样表面上形成的所有气泡。

5.6.3　把装有试样的量筒垂直地放在没有空气流动的地方。在整个试验期间，环境温度变化应不大于 2 ℃。当环境温度变化大于±2 ℃时，应使用恒温浴，以免温度变化太大。

5.6.4　用合适的温度计或搅拌棒作垂直旋转运动搅拌试样，使整个量筒中试样的密度和温度达到均匀。记录温度接近到 0.1 ℃。从密度计量筒中取出温度计或搅拌棒。

5.6.5　把合适的密度计放入液体中，达到平衡位置时放开，让密度计自由地漂浮，要注意避免弄湿液面以上的干管。把密度计按到平衡点以下 1 mm 或 2 mm，并让它回到平衡位置，观察弯月面形状，如果弯月面形状改变，应清洗密度计干管，重复此项操作直到弯月面形状保持不变。

5.6.6　对于不透明黏稠液体，要等待密度计慢慢地沉入液体中。

5.6.7　对透明低黏度液体，将密度计压入液体中约两个刻度，再放开。由于干管上多余的液体会影响读数，在密度计干管液面以上部分应尽量减少残留液。

5.6.8　在放开时，要轻轻地转动一下密度计，使它能在离开量筒壁的地方静止下来自由漂浮。要有充分的时间让密度计静止，并让所有气泡升到表面，读数前要除去所有气泡。

5.6.9　当密度计离开量筒壁自由漂浮并静止时，按 5.6.10 或 5.6.11 读取密度计刻度值，读到最接近刻度间隔的 1/5。

5.6.10　测定透明液体，先使眼睛稍低于液面的位置，慢慢地升到表面，先看到一个不正的椭圆，然后变成一条与密度计刻度相切的直线(见图 1)，密度计读数为液体主液面与密度计刻度相切的那一点。

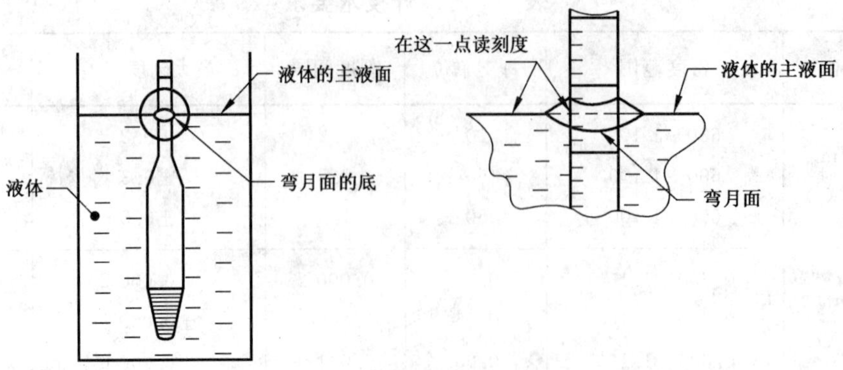

图 1　透明液体的密度计刻度读数

5.6.11　测定不透明液体，使眼睛稍高于液面的位置观察(见图 2)。密度计读数为弯月面上缘与密度计刻度相切的那一点。

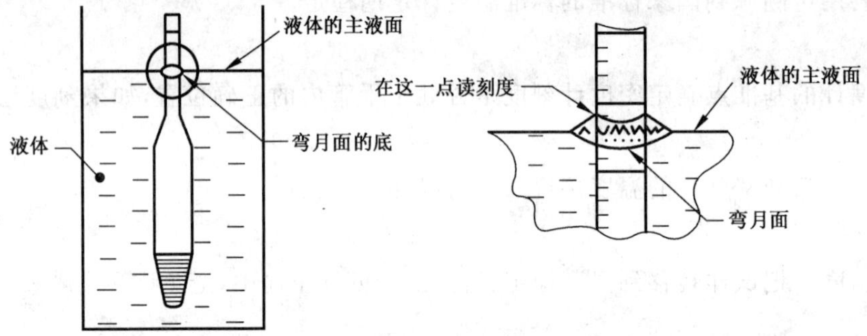

图 2　不透明液体的密度计刻度读数

5.6.12　记录密度计读数后，立即小心地取出密度计，并用温度计垂直地搅拌试样。记录温度接近到 0.1 ℃，如这个温度与开始试验温度相差大于 0.5 ℃，应重新读取密度计和温度计读数，直到温度变化稳定在±0.5 ℃以内。如果不能得到稳定的温度，把密度计量筒及其内容物放在恒温浴内，再从 5.6.3 重新操作。

5.6.13　铅弹蜡封型密度计在高于 38 ℃下使用后，要垂直地凉干和冷却。

5.7　计算

5.7.1　对 5.6.12 中观察到的温度计读数做有关修正后，记录到接近 0.1 ℃，

5.7.2　由于密度计读数是按液体弯月面下缘检定的，对不透明液体，应按表 1 中给出的弯月面修正值对观察到的密度计读数作弯月面修正。

5.7.3　对观察到的密度计读数作有关修正后，记录到 0.1 kg/m^3(0.000 1 g/cm^3)。

5.7.4　将 5.7.3 得到的视密度使用下面公式作玻璃密度计膨胀系数修正后得到测定温度下的密度。

$$\rho_t = \rho_t' \times [1 - 0.000\,023(t-20) - 0.000\,000\,02(t-20)^2] \quad \cdots\cdots(1)$$

式中：

t——试样的温度，℃；

ρ_t'——在温度 t 时试样的视密度；

ρ_t——在温度 t 时试样的密度。

5.7.5　使用下面计算公式将测定温度下的密度换算到 20 ℃下标准密度。也可以按相同算法计算其他温度下的密度。

$$\rho_{20} = \rho_t + \gamma(t-20) \quad \cdots\cdots(2)$$

式中：

γ——密度温度系数，可根据查表或由不同液体化工产品实测求得。

注：本标准在附录C中给出了部分产品的γ值，可参考使用或由不同液体化工产品实测求得。

5.8 报告

密度最终结果报告到0.1 kg/m^3（0.000 1 g/cm^3），t ℃。

5.9 精密度

5.9.1 按下述规定来判断试验结果的可靠性（95%置信水平）。

5.9.2 重复性

同一操作者用同一台仪器对同一种试样进行测定，所得连续测定结果之差，不应超过表2中的数值：

表2 密度计法重复性

液体石油化工产品	温度范围/℃	重复性
透明 低黏度	−2～24.5	0.5 kg/m^3 0.000 5 g/cm^3
不透明	−2～24.5	0.6 kg/m^3 0.000 6 g/cm^3

5.9.3 再现性

不同操作者，在不同实验室对同一试样进行测定，所得两个独立的结果之差，不应超过表3中的数值：

表3 密度计法再现性

液体石油化工产品	温度范围/℃	再现性
透明 低黏度	−2～24.5	1.2 kg/m^3 或0.001 2 g/cm^3
不透明	−2～24.5	1.5 kg/m^3 或0.001 5 g/cm^3

注1：对黏性产品，当试验温度超过5.9.2和5.9.3中规定的范围时，没有得到精密度的数据，可参照此精密度数据执行。

注2：在5.9.2和5.9.3给出的精密度数据是用最大允许刻度误差为0.6 kg/m^3（0.000 6 g/cm^3）的密度计得到的，没有得到使用最大允许刻度误差为0.2 kg/m^3（0.000 2 g/cm^3）和0.3 kg/m^3（0.000 3 g/cm^3）的密度计的精密度数据，但预计会得到等于或更高的精密度。

6 试验方法B—U型振动管法

6.1 方法概要

把少量样品（一般少于1 mL）注入可控制温度的试样管中，记录振动频率或周期，用事先得到的试样管常数计算试样的密度。试样管常数是用试样管充满已知密度标定液时的振动频率确定的。新型仪器在样品注入试样管后会直接显示密度值。

6.2 仪器

6.2.1 振动管密度计：经过校准，密度分辨率为±0.1 kg/m^3 或更高。

注1：振动管密度计一般显示两种数字结果，一种为密度值，另一种为用来计算密度值的振动周期。

注2：振动管密度计由于黏度的影响偏差可大到1 kg/m^3，使用者可用本标准中的方法C（比重瓶法）来检查是否需要作黏度修正，也可使用化学特性和黏度类似于试样的校准标样，可使黏度的影响减到最小值。

注3：当振动管密度计试样管的温度低于环境空气的露点温度时，在试样管传感器和电子元件上会凝结水气，这时要将周围的空气保持干燥。

6.2.2 循环恒温浴:如果需要恒温浴,要能使循环液体的温度保持在要求温度的±0.05 ℃内。

6.2.3 温度传感器:经过校准,能测量试样管的温度,精确到至少±0.10 ℃。通过试样管的能量传递速率是很低的,因此,为了使沿导线进出试样管的热量传递最小,应注意使用导线很细的传感器。

6.2.4 均化器:适用于样品及样品容器,能使样品均匀,可用高速剪切器、静态混合器以及其他合适的形式。

6.3 试剂

6.3.1 除非另有规定,只允许使用分析纯试剂。

6.3.2 洗涤溶剂

可以使用任何溶剂,只要能得到清洁干燥的试样管。

6.3.3 过硫酸铵

配成 8 g/L 硫酸溶液。

警告:过硫酸铵是一种强氧化剂

6.3.4 标定液体

标定试样管至少需要两种标定液,选择的标定液其密度范围应在试验样品的密度范围内,标定液的密度应能溯源到国家标准或采用国际公认的数值。

当使用水和空气时,应符合 6.3.4.1 和 6.3.4.2 要求。

6.3.4.1 水

应符合 GB/T 6682 的二级或更高级要求。

使用前,水用 0.45 μm 的过滤器过滤,煮沸除去溶解的空气并冷却,一旦除去空气,应小心处理,以尽量减少空气再次溶解其中。

不同温度下的水密度值,在本标准的附录 A 中给出。

6.3.4.2 空气

使用的空气密度值,在本标准的附录 B 中给出。

6.3.5 水

洗涤用,应符合 GB/T 6682 中三级要求。

6.4 样品制备

6.4.1 一般要求

样品制备应使轻组分损失最小。

注:在均化或加热含有沉淀物、水的挥发性石油化工产品时,必然会造成轻组分的损失,这可能引起密度值的测定误差。

6.4.2 无水或无沉淀物并具有充分流动性的石油化工产品

轻微晃动混合。

6.4.3 含水或沉淀物的石油化工产品

在原始容器中混合样品,采取所有措施使轻组分损失最小。

6.4.4 残渣石油化工产品

在混合前加热到充分流动状态。

6.5 仪器准备

6.5.1 试验温度

6.5.1.1 样品密度应尽可能在标准温度下测定。

6.5.1.2 如果密度计的试样管本身带有恒温器,按制造厂说明书设置试样管温度到所要求的试验温度。否则,另外连接恒温浴,使温度保持平衡。

密度计试样管的温度和压力不要超过制造厂规定的工作范围。

当使用恒温浴时,要保持循环液的清洁。

6.5.2 试样管的清洗

用洗涤溶剂清洁和干燥试样管，如果用水，则用一种与水互溶的洗涤溶剂冲洗后，再用清洁的干燥空气吹干。

如果试样管出现有机沉淀物，用过硫酸铵溶液注入试样管清洗，排除过硫酸铵溶液后，用水清洗，再用与水互溶的洗涤溶剂清洗，接着用清洁干燥的空气吹干。

6.6 仪器标定

6.6.1 当首次安装、试验温度改变、维修或系统受干扰后，密度计都应标定。

如果距上次标定时间超过 7 d，在使用前应重新标定。

6.6.2 如果空气是一种标定物质，用环境空气充满试样管，记录密度读数或振动周期，可略去步骤6.6.3。

6.6.3 注入第一种标定液(6.3.4)到试样管中，使它和试样管达到温度平衡，记录振动周期或密度读数以及试样管的温度，按 6.5.2 清洗和干燥试样管。

6.6.4 注入第二种标定液到试样管中，使它和试样管达到温度平衡，记录振动周期或密度读数以及试样管的温度。

6.6.5 按制造厂说明书计算试样管常数。

6.6.6 标定后，按 6.5.2 给出的步骤清洗和干燥试样管。

6.7 试验步骤

6.7.1 当试样管用环境空气充满时，检查密度计读数，并与标定时达到的标准值比较应在其最小有效数字±1 范围内。如果达不到，应重新清洗和干燥试样管，并再次检查。如果读数仍然超差，应重新标定密度计。

6.7.2 用合适的注射器或自动进样器把试样注入试样管中，按说明书中要求充满试样管。

6.7.3 当使用自动进样器时，要加倍进样或采用检查样品办法，以便检查由气泡产生的误差并监测系统性能。

6.7.4 在任何阶段都不能使用虹吸样品的方法，因其可造成轻组分的损失。样品应倒入注射器，然后注入试样管，或用自动进样器通过压力把样品压入仪器中。

6.7.5 当手工注射样品时，在注射前，打开试样管的照明灯，按制造厂说明书要求边进样边检查试样管内是否有气泡，如果发现有气泡，退空试样管，再次进样并重新检查气泡。

检查试样管以后，立即关闭照明灯，因为灯产生的热量影响试样管的温度。

6.7.6 当密度计显示的密度读数稳定在 0.1 kg/m^3 或振动周期达到五位有效数字，记录显示的数字和精确至 0.1 ℃的试样管的温度。

注：如果振动周期或密度读数一直在漂移，说明试样管温度还没达到平衡。读数随机变化，一般表明试样管中存在有空气或气泡，这种情况下，需重新进样。如果由于气泡使读数变化，需在较低温度下试验，以确保样品保持单相。

如果样品在注入前由于混合不充分，在样品中存在有大水滴，指示的密度值和振动周期都将是不稳定的。

6.7.7 当测定黏稠液体的密度时，即使有空气或气泡存在，有时也会得到一稳定读数。对于这些液体，应对试样管稍加压力，并重测密度。如果液体呈单相，由于加压而造成密度的漂移将是很小的。另一方面，由于气体或空气泡的存在，当它们被压缩时会观察到密度值有很大的漂移，在这种情况下，要重新进样。

6.7.8 如果试样中含有很细的悬浮水滴，当达到热平衡后，立即观察密度。

注：如果试样中含有很细的悬浮水滴，若试样长时间地留在试样管中，水滴会慢慢地结合并迁移到试样管的最低点，引起密度明显变化。

6.7.9 按 6.5.2 给出的步骤清洁和干燥试样管。

6.8 计算

6.8.1 如果密度计显示的是振动周期,由观察到的试样管的振动周期,按制造厂说明书计算样品的密度。

6.8.2 标准温度下的密度可用式(2)计算。

6.9 报告

密度最终结果报告到 0.1 kg/m^3 或 0.000 1 g/cm^3,t℃。

6.10 精密度

6.10.1 按下述规定来判断试验结果的可靠性(95%置信水平)。

6.10.2 重复性

同一操作者用同一台仪器对同一种试样进行测定,所得连续测定结果之差,不应超过表 4 中的数值:

表 4 U 型振动管法重复性

液体石油化工产品	重 复 性
透明	0.2 kg/m^3 或 0.000 2 g/cm^3
不透明	0.4 kg/m^3 或 0.000 4 g/cm^3

6.10.3 再现性

不同操作者,在不同实验室对同一试样进行测定,所得两个独立的结果之差,不应超过表 5 中的数值:

表 5 U 型振动管法再现性

液体石油化工产品	再 现 性
透明	0.5 kg/m^3 或 0.000 5 g/cm^3
不透明	1.5 kg/m^3 或 0.001 5 g/cm^3

7 试验方法 C—比重瓶法

7.1 方法概要

7.1.1 毛细管塞比重瓶法

将试样装入比重瓶,恒温至测定温度,称出试样的质量。由这一质量除以在相同温度下预先测得的比重瓶中水的质量(水值)与其密度之比值,即可计算出试样的密度。

7.1.2 带刻度双毛细管比重瓶法

比重瓶双臂刻度用水校准,以比重瓶内所装水在空气中的表观质量与刻度值作图。将试样注入干燥的比重瓶中,在测定温度下达到恒温后,记下两臂中液面刻度数,并称量,用图表查出等体积水在空气中的表观质量,试样密度的计算与 7.1.1 相同。

7.2 仪器

7.2.1 毛细管塞比重瓶:a、b 两种型号,如图 3 所示。

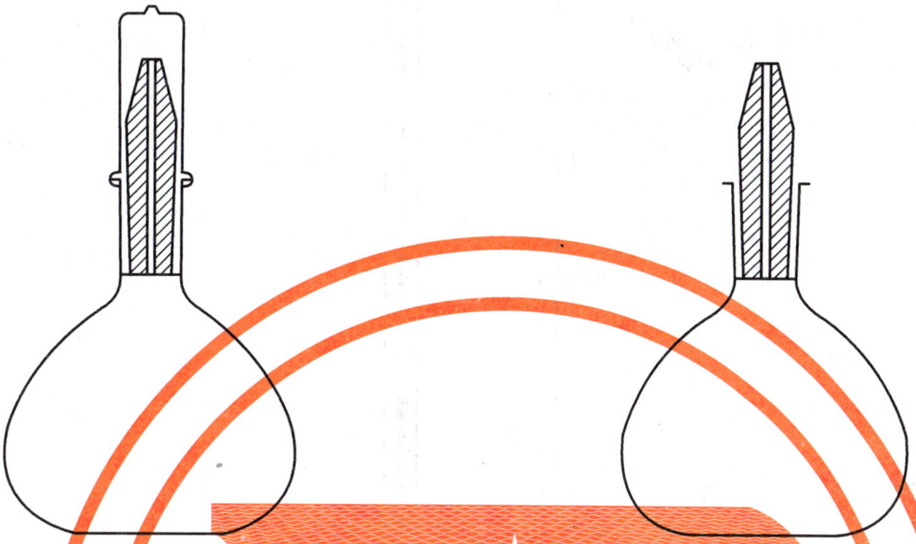

a) 防护帽型比重瓶　　　　b) 盖吕—萨克比重瓶

图 3　毛细管塞比重瓶

7.2.1.1　防护帽(磨口帽)型比重瓶(图 3 中 a):适用于除黏稠和固体产品外的所有样品。通常用于较易挥发的样品。防护帽可减少膨胀与挥发损失。这种形式的比重瓶可在低于室温的条件下用于测定液体样品的密度。

7.2.1.2　盖吕—萨克比重瓶(图 3 中 b):适用于除较黏稠液体外的不易挥发的液体。

7.2.2　带刻度双毛细管比重瓶(图 4):适用于测定高挥发性液体的密度。容量 1 mL～10 mL,其规格尺寸见表 6,总质量不超过 30 g。

单位为毫米

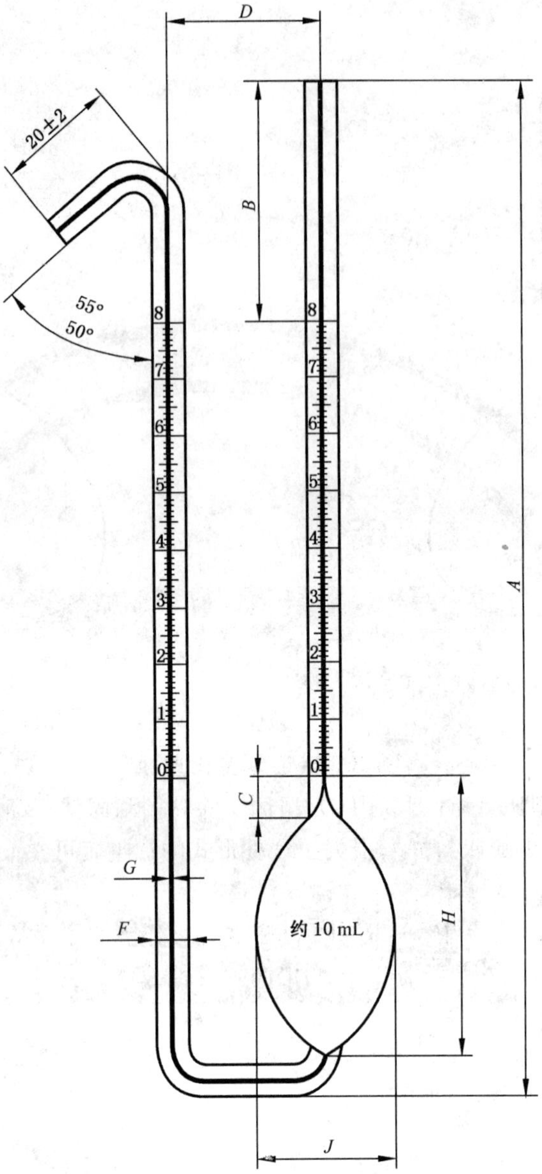

注：A、B、C、D、F、G、H、J 尺寸见表 6 内容。

图 4　带刻度双毛细管比重瓶(里普金型)

表 6　带刻度毛细管比重瓶的规格尺寸

标称容量/mL	1	2	5	10
实际容量与标称容量的最大差值/mL	±0.2	±0.3	±0.5	±1
最大质量/g	30			
总高度(A)/mm	175±5			
刻度以上最小高度(B)/ mm	40			
从球到刻度的最小高度(C)/mm	5			
垂直两臂中心线之间的距离(D)/mm	28±2			
管子外径(F)/mm	6			
管子内径(G)/mm	1±0.1			
从球底到零刻度线的长度(H)/mm	40			
球的外径(J)/mm	6.6	14	20	25

7.2.3　恒温水浴：水深在 150 mm 以上，温度可控制在±0.05 ℃。

7.2.4　浴用温度计：应符合 GB/T 514 的技术要求。合适范围的其他全浸式，具有相等或更高精度的温度计也可使用。

7.2.5　比重瓶支架：能垂直的支持比重瓶，使之位于恒温浴中合适位置，用耐腐蚀的金属或其他材料制成。

一种用于带刻度双毛细管比重瓶的支架如图 5 所示，它用耐腐蚀的两块金属圆板组成。用三个螺杆将两块金属圆板组成图 5 所示的形状，比重瓶的一个毛细管臂穿过支架两板的圆孔，并用弹簧片卡牢。整个支架置于恒温水浴上盖的圆孔中。

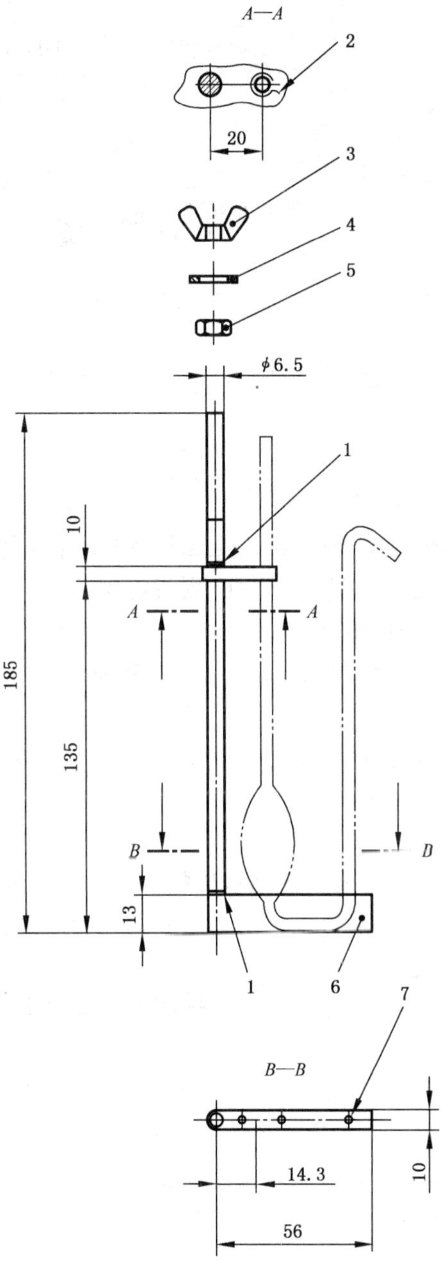

1——焊接；
2——弹簧夹 0.32；
　　金属薄片（黄铜）；
3——蝶型螺帽；
4——垫片；
5——六角螺帽；
6——金属薄片盘（黄铜），薄片厚 0.315 mm；
7——3 个孔，φ3 mm。

图 5　一种适于带刻度双毛细管的支架设计

7.2.6 分析天平:感量0.000 1 g。

7.2.7 实验室用真空泵:0.5 L/s～1 L/s。

7.2.8 真空干燥器。

7.3 试剂

7.3.1 无水乙醇:分析纯。

7.3.2 石油醚:30 ℃～60 ℃,分析纯。

7.4 准备工作

7.4.1 比重瓶的准备

先清除比重瓶和塞子上的污染物,用铬酸洗液彻底清洗后,用水洗净,再分别用蒸馏水、无水乙醇冲洗,用干燥的空气吹干。

注意:铬酸洗液为强酸和强氧化剂,使用时需小心。

7.4.2 比重瓶的校准——比重瓶水值的测定

7.4.2.1 将比重瓶干燥后,冷却至室温,消除比重瓶上可能产生的静电,称量,精确至0.000 1 g,此质量即为空比重瓶质量(m_0)。

注1:如果天平箱内没有静电消除器,则可以对比重瓶呼气以消除静电,但要确保称量前,比重瓶已恢复到恒定质量。以后的称量均需考虑消除静电。

注2:所有称量需在不超过5 ℃范围内进行,以限制空气密度的变化,使之获得最大的准确性。

7.4.2.2 毛细管塞比重瓶水值的测定

7.4.2.2.1 本标准规定校准比重瓶的参比温度为20 ℃。

7.4.2.2.2 用新煮沸并冷却至18 ℃左右的蒸馏水注满比重瓶,塞上毛细管塞,注意不要压入空气泡。将比重瓶置于20 ℃±0.05 ℃的恒温水浴中,浸没至比重瓶颈中部,至少恒温1 h。用滤纸片迅速擦去毛细管塞顶部多余的水分。如果用防护帽型比重瓶,则将防护帽牢牢地戴在毛细管塞上。

7.4.2.2.3 将比重瓶从恒温水浴中取出,使比重瓶及内盛物冷却至稍低于恒温水浴的温度。用清洁、干燥的无毛布擦干比重瓶外壁,称量,精确至0.000 1 g,得装有水的比重瓶质量(m_c),其与空比重瓶的质量(m_0)之差即为比重瓶的水值。

7.4.2.2.4 比重瓶水值应至少测定五次,其极差不应大于0.000 5 g,取算术平均值作为比重瓶的水值。

7.4.2.3 带刻度双毛细管比重瓶水值的测定

7.4.2.3.1 将新煮沸并冷却至18 ℃左右的蒸馏水以虹吸法注入比重瓶使液面到达刻线上部。将比重瓶置于20 ℃±0.05 ℃的恒温水浴中,使比重瓶中全部液体浸没在恒温水浴液面下,恒温20 min后读取两臂液面刻度,读数读到最小分度。

7.4.2.3.2 将比重瓶从恒温水浴中取出,用清洁、干燥的无毛布擦干后称量,精确至0.000 1 g。

7.4.2.3.3 盛水比重瓶和空比重瓶在空气中的表观质量之差即为比重瓶的水值。陆续从比重瓶中取出一点水,重复测定上、中、下不同刻度部位一系列至少三个水值。将两臂刻线读数之和与相应的水值作图,得一条直线,从直线上可查得任一刻度下比重瓶的水值。这些点应位于直线上,如果点离直线的距离大于两个最小分度,经重复测定仍无改变,则此比重瓶应废弃。

7.4.2.4 如果需要测定其他温度(t_c)下的密度,则必须在所需温度下测定比重瓶的水值。操作方法同7.4.2.2和7.4.2.3。

7.4.2.5 比重瓶两年校正一次。

7.5 试验步骤

7.5.1 毛细管塞比重瓶法

7.5.1.1 根据试样选择合适类型和大小的比重瓶,通常25 mL和50 mL最合适。

7.5.1.2 将干燥、清洁并测过水值的比重瓶称量。25 mL或更大容量的比重瓶精确至0.000 5 g;较小容量的比重瓶精确至 0.000 1 g。

7.5.1.3　将试样注满比重瓶，放入恒温水浴中，浸没至比重瓶颈中部。比重瓶在恒温水浴中恒温 20 min，使达到测定温度(t_t)，并使气泡升到液面，待液面不再变动时，塞上预先处于测定温度的毛细管塞，用滤纸擦去毛细管顶部多余的试样，使毛细管中的试样在塞顶成弯月面。如用防护帽型比重瓶，则戴上防护帽。如液面仍有变动，则在恒温水浴中保持到液面稳定为止。

注：对于产品混合物，有必要确保测定温度和最终报告温度的一致，除非可以接受一个近似结果并已知混合物的体积组成以及混合物组分的修正系数。

7.5.1.4　将比重瓶从恒温水浴中取出，如果不是防护帽型比重瓶，则冷却到稍低于测定温度。如果测定温度高于室温，则冷却至室温。

7.5.1.5　用清洁、干燥的无毛布擦去比重瓶外壁的水和试样后称量，称至 7.5.1.2 规定的精度，得装有试样的比重瓶质量(m_t)。

7.5.2　带刻度双毛细管比重瓶法

7.5.2.1　将测过水值的清洁、干燥的比重瓶称量，精确至 0.000 1 g。

7.5.2.2　用虹吸法将低于测定温度的试样装入比重瓶，直到液面达到毛细管刻度部分(以达到刻度的中、下部为宜)。

7.5.2.3　将比重瓶放入恒温水浴中，恒温 20 min，读取两臂中的液面刻度。

注：对于产品混合物，有必要确保测定温度和最终报告温度的一致，除非可以接受一个近似结果并已知混合物的体积组成以及混合物组分的修正系数。

7.5.2.4　将比重瓶从恒温水浴中取出，擦干，冷却至室温后称量，精确至 0.000 1 g。

7.5.2.5　对于含有大量沸点低于 20 ℃的高挥发性试样或不能肯定测定过程中是否由于蒸发造成损失的试样，则在装样前，要将试样和比重瓶冷却到 0 ℃～5 ℃。假如露点相当高，以致造成水蒸气在比重瓶中凝结，可在比重瓶的一臂上接一个干燥管来防止这种现象。对这类试样，应装到低刻度线，使蒸发损失减少到最小。假如未充满的毛细管臂总长超过 10 cm，则扩散速度是很低的，甚至象异戊烷这样高挥发性化合物，在测定过程中蒸发损失低到可忽略不计。

7.6　计算

7.6.1　当测定密度用于控制产品品质时，测定温度通常选用参比温度(如 20 ℃)；当测定密度用于产品质量或表观质量计算时，应该在产品计量温度的±3 ℃以内测定密度。然而对于高挥发性样品，为减少轻组分的损失，应该在 20 ℃或 20 ℃以下测定密度。

7.6.2　密度计算

7.6.2.1　任一温度 t_t 时，试样的密度

7.6.2.1.1　当 $t_t=t_c$ 时，按式(3)计算试样的密度 ρ_t(kg/m³)：

$$\rho_t=\frac{(m_t-m_0)\rho_c}{(m_c-m_0)}+C \qquad \cdots\cdots(3)$$

式中：

t_c——比重瓶用水校准时的温度(参比温度 20 ℃)，单位为摄氏度(℃)；

m_0——空比重瓶在空气中的表观质量，单位为克(g)；

m_c——在校准温度 t_c 时，盛水比重瓶在空气中的表观质量，单位为克(g)；

m_t——在测定温度 t_t 时，盛液体试样比重瓶在空气中的表观质量，单位为克(g)；

C——空气浮力修正值，单位为千克每立方米(kg/m³)(见表 7 及注 2)；

ρ_c——校准温度 t_c 时水的密度，单位为千克每立方米(kg/m³)(见附录 A)；

ρ_t——测定温度下试样的密度；单位为千克每立方米(kg/m³)。

7.6.2.1.2　当 $t_t\neq t_c$ 时，按式(4)计算试样的密度 ρ_t(kg/m³)：

$$\rho_t=\left[\frac{(m_t-m_0)\rho_c}{(m_c-m_0)}+C\right]\left[\frac{1}{1-\alpha(t_c-t_t)}\right] \qquad \cdots\cdots(4)$$

式中：

t_t——测定试样的温度，单位为摄氏度(℃)；

α——玻璃的体积膨胀系数(硼硅玻璃为：10×10^{-6} ℃$^{-1}$；钠钙玻璃为：25×10^{-6} ℃$^{-1}$，视比重瓶材质而定)。

标准温度下的密度可用式(2)计算。

7.6.3 结果的修约

数值小于 1.000 00 g/cm³ 或 1 000.00 kg/m³ 时，一律修约到五位有效数字。数值等于或大于 1.000 00 g/cm³ 或 1 000.00 kg/m³ 时，修约到六位有效数字。

表 7 空气浮力修正值

$\frac{m_t-m_0}{m_c-m_0}$	修正值 C kg/m³	$\frac{m_t-m_0}{m_c-m_0}$	修正值 C kg/m³	$\frac{m_t-m_0}{m_c-m_0}$	修正值 C kg/m³	$\frac{m_t-m_0}{m_c-m_0}$	修正值 C kg/m³
0.60	0.48	0.70	0.36	0.80	0.24	0.90	0.12
0.61	0.47	0.71	0.35	0.81	0.23	0.91	0.11
0.62	0.46	0.72	0.34	0.82	0.22	0.92	0.10
0.63	0.44	0.73	0.32	0.83	0.20	0.93	0.08
0.64	0.43	0.74	0.31	0.84	0.19	0.94	0.07
0.65	0.42	0.75	0.30	0.85	0.18	0.95	0.06
0.66	0.41	0.76	0.29	0.86	0.17	0.96	0.05
0.67	0.40	0.77	0.28	0.87	0.16	0.97	0.04
0.68	0.38	0.78	0.26	0.88	0.14	0.98	0.02
0.69	0.37	0.79	0.25	0.89	0.13	0.99	0.01

注 1：上述修正值按标准空气(温度为 15.56 ℃，大气压力为 101.3 kPa)密度为 1.222 kg/m³ 计算，适用于空气密度 1.1 kg/m³～1.3 kg/m³ 的范围。

注 2：符号的定义见 7.6.2.1。

7.7 报告

取重复测定两个结果的算术平均值作为测定结果。密度报告到 0.000 1 g/cm³ 或 0.1 kg/m³，t℃。

7.8 精密度

7.8.1 按下述规定来判断试验结果的可靠性(95%置信水平)。

7.8.2 重复性

同一操作者用同一台仪器对同一种试样进行测定，所得连续测定结果之差，不应超过表 8 中的数值。

表 8 比重瓶法重复性

测定方法	试　　样	重　复　性
毛细管塞比重瓶	不易挥发又不很黏稠试样	0.000 6 g/cm³ 或 0.6 kg/m³
带刻度双毛细管比重瓶	0.777 0 g/cm³～0.892 0 g/cm³ 或 777.0 kg/m³～892.0 kg/m³	0.000 7 g/cm³ 或 0.7 kg/m³

7.8.3 再现性

不同操作者，在不同实验室对同一试样进行测定，所得两个独立的结果之差，不应超过表 9 中的数值。

表 9 比重瓶法再现性

测定方法	试　　样	再　现　性
毛细管塞比重瓶	不易挥发又不很黏稠试样	0.000 6 g/cm³ 或 0.6 kg/m³
带刻度双毛比重瓶	0.777 0 g/cm³～0.892 0 g/cm³ 或 777.0 kg/m³～892.0 kg/m³	0.001 g/cm³ 或 1.0 kg/m³

附 录 A
（规范性附录）
水 密 度 表

表 A.1 在各温度（1990 国际温标）下，无空气的水密度 单位为千克每立方米

℃	0.0	0.1	0.2	0.3	0.4	0.5	0.6	0.7	0.8	0.9	空气校正系数
1	999.901 2	999.906 1	999.910 8	999.915 3	999.919 6	999.923 7	999.927 7	999.931 6	999.935 2	999.938 7	−0.004 5
2	999.942 0	999.945 1	999.948 1	999.950 9	999.953 6	999.956 0	999.958 3	999.960 5	999.962 5	999.964 3	−0.004 3
3	999.965 9	999.967 4	999.968 8	999.969 9	999.970 9	999.971 8	999.972 4	999.973 0	999.973 3	999.973 5	−0.004 2
4	999.973 6	999.973 5	999.973 2	999.972 8	999.972 2	999.971 4	999.970 5	999.969 5	999.968 3	999.966 9	−0.004 1
5	999.965 4	999.963 7	999.961 9	999.959 9	999.957 8	999.955 5	999.953 0	999.950 4	999.947 7	999.944 8	−0.004 0
6	999.941 8	999.938 6	999.935 2	999.931 7	999.928 1	999.924 3	999.920 4	999.916 3	999.912 1	999.907 7	−0.003 9
7	999.903 2	999.898 5	999.893 7	999.888 8	999.883 7	999.878 4	999.873 0	999.867 5	999.861 8	999.856 0	−0.003 8
8	999.850 0	999.843 9	999.837 7	999.831 3	999.824 8	999.818 1	999.811 3	999.804 4	999.797 3	999.790 1	−0.003 7
9	999.782 7	999.775 3	999.767 6	999.759 9	999.751 9	999.743 9	999.735 7	999.727 4	999.719 0	999.710 4	−0.003 6
10	999.701 7	999.692 8	999.683 8	999.674 7	999.665 4	999.656 1	999.646 5	999.636 9	999.627 1	999.617 2	−0.003 5
11	999.607 2	999.597 0	999.586 7	999.576 2	999.565 7	999.555 0	999.544 2	999.533 2	999.522 1	999.510 9	−0.003 4
12	999.499 6	999.488 1	999.476 5	999.464 8	999.453 0	999.441 0	999.428 9	999.416 7	999.404 3	999.391 9	−0.003 3
13	999.379 3	999.366 5	999.353 7	999.340 7	999.327 6	999.314 4	999.301 1	999.287 6	999.274 0	999.260 3	−0.003 2
14	999.246 5	999.232 6	999.218 5	999.204 3	999.190 0	999.175 6	999.161 1	999.146 4	999.131 6	999.116 7	−0.003 1
15	999.101 7	999.086 5	999.071 3	999.055 9	999.040 4	999.024 8	999.009 1	998.993 2	998.977 3	998.961 2	−0.003 0
16	998.945 0	998.928 7	998.912 3	998.895 8	998.879 1	998.862 4	998.845 5	998.828 5	998.811 4	998.794 2	−0.002 9
17	998.776 8	998.759 4	998.741 8	998.724 2	998.706 4	998.688 5	998.670 5	998.652 4	998.634 2	998.615 8	−0.002 8
18	998.597 4	998.578 8	998.560 2	998.541 4	998.522 5	998.503 5	998.484 4	998.465 2	998.445 9	998.426 5	−0.002 7
19	998.406 9	998.387 3	998.367 5	998.347 7	998.327 7	998.307 6	998.287 5	998.267 2	998.246 8	998.226 3	−0.002 5
20	998.205 7	998.185 0	998.164 2	998.143 3	998.122 2	998.101 1	998.079 9	998.058 6	998.037 1	998.015 6	−0.002 4
21	997.993 9	997.972 2	997.950 3	997.928 4	997.906 3	997.884 2	997.861 9	997.839 6	997.817 1	997.794 5	−0.002 3
22	997.771 9	997.749 1	997.726 2	997.703 3	997.680 2	997.657 0	997.633 8	997.610 4	997.587 0	997.563 4	−0.002 2
23	997.539 7	997.516 0	997.492 1	997.468 1	997.444 1	997.419 9	997.395 7	997.371 3	997.346 9	997.322 3	−0.002 1
24	997.297 7	997.272 9	997.248 1	997.223 2	997.198 1	997.173 0	997.147 8	997.122 5	997.097 1	997.071 5	−0.002 0
25	997.045 9	997.020 2	996.994 4	996.968 6	996.942 6	996.916 5	996.890 3	996.864 1	996.837 7	996.811 2	−0.001 9
26	996.784 7	996.758 1	996.731 3	996.704 5	996.677 6	996.650 6	996.623 5	996.596 3	996.569 0	996.541 6	−0.001 8
27	996.514 1	996.486 5	996.458 9	999.431 1	996.403 3	996.375 4	996.347 4	996.319 2	996.291 0	996.262 7	−0.001 7
28	996.234 4	996.205 9	996.177 3	996.148 7	999.119 9	999.091 1	996.062 2	996.033 2	996.004 1	995.974 9	−0.001 6
29	995.945 6	995.916 3	995.886 8	995.857 3	995.827 6	995.797 9	995.768 1	995.738 2	995.708 2	995.678 2	−0.001 5
30	995.648 0	995.617 8	995.587 4	995.557 0	995.526 5	995.495 9	995.465 3	995.434 5	995.403 7	995.372 7	−0.001 4

表 A.1（续）

单位为千克每立方米

℃	0.0	0.1	0.2	0.3	0.4	0.5	0.6	0.7	0.8	0.9	空气校正系数
31	995.341 7	995.310 6	995.279 4	995.248 2	995.216 8	995.185 3	995.153 8	995.122 2	995.090 5	995.058 7	−0.001 3
32	995.026 9	994.994 9	994.962 9	994.930 7	994.898 5	994.866 3	994.833 9	994.801 4	994.768 9	994.736 3	−0.001 2
33	994.703 6	994.670 8	994.637 9	994.605 0	994.571 9	994.538 8	994.505 6	994.472 3	994.439 0	994.405 5	−0.001 1
34	994.372 0	994.338 4	994.304 7	994.270 9	994.237 1	994.203 1	994.169 1	994.135 0	994.100 8	994.066 6	−0.001 0
35	994.032 2	993.997 8	993.963 3	993.928 7	993.894 1	993.859 3	993.824 5	993.789 6	993.754 6	993.719 6	−0.000 8
36	993.684 4	993.649 2	993.613 9	993.578 5	993.543 1	993.507 5	993.471 9	993.436 2	993.400 4	993.364 6	−0.000 7
37	993.328 7	993.292 7	993.256 6	993.220 4	993.184 2	993.147 8	993.111 5	993.075 0	993.038 4	993.001 8	−0.000 6
38	992.965 1	992.928 3	992.891 4	992.854 5	992.817 5	992.780 4	992.743 2	992.706 0	992.668 7	992.631 3	−0.000 5
39	992.593 8	992.556 3	992.518 6	992.480 9	992.443 1	992.405 3	992.367 4	992.329 4	992.291 3	992.253 1	−0.000 4
40	992.214 9										−0.000 4

附 录 B
（规范性附录）
空气密度表

表 B.1 环境空气密度表（相对湿度为 60%，CO_2 体积含量为 0.04%） 单位为千克每立方米

空气压力 kPa	空气温度/℃											
	6	8	10	12	14	15	16	18	20	22	24	26
90	1.121	1.113	1.104	1.096	1.088	1.084	1.080	1.072	1.064	1.055	1.047	1.039
91	1.133	1.125	1.117	1.108	1.100	1.096	1.092	1.084	1.075	1.067	1.059	1.051
92	1.146	1.137	1.129	1.120	1.112	1.108	1.104	1.096	1.087	1.079	1.071	1.063
93	1.158	1.150	1.141	1.133	1.124	1.120	1.116	1.107	1.099	1.091	1.083	1.074
94	1.171	1.162	1.154	1.145	1.136	1.132	1.128	1.119	1.111	1.103	1.094	1.086
95	1.183	1.175	1.166	1.157	1.149	1.144	1.140	1.131	1.123	1.115	1.106	1.098
96	1.196	1.187	1.178	1.169	1.161	1.156	1.152	1.143	1.135	1.126	1.118	1.109
97	1.208	1.199	1.190	1.82	1.173	1.168	1.164	1.155	1.147	1.138	1.130	1.121
98	1.221	1.212	1.203	1.194	1.185	1.181	1.176	1.167	1.159	1.150	1.141	1.133
99	1.233	1.224	1.215	1.206	1.197	1.193	1.188	1.179	1.171	1.162	1.153	1.144
100	1.246	1.237	1.227	1.218	1.209	1.205	1.200	1.191	1.182	1.174	1.165	1.156
101	1.258	1.249	1.240	1.231	1.221	1.217	1.212	1.203	1.194	1.185	1.176	1.168
102	1.271	1.261	1.252	1.243	1.234	1.229	1.224	1.215	1.206	1.197	1.188	1.179
103	1.283	1.274	1.264	1.55	1.246	1.241	1.236	1.227	1.218	1.209	1.200	1.191
104	1.296	1.286	1.277	1.267	1.258	1.253	1.248	1.239	1.230	1.221	1.212	1.203
105	1.308	1.299	1.289	1.279	1.270	1.265	1.261	1.251	1.242	1.233	1.223	1.214
106	1.321	1.311	1.301	1.292	1.282	1.277	1.273	1.263	1.254	1.244	1.235	1.226

表 B.2 当相对湿度不是 60% 时，环境空气对相对湿度修正的密度表

相对湿度 %	空气温度/℃					
	5	10	15	20	25	30
30	+0.001	+0.002	+0.002	+0.003	+0.004	+0.006
35	+0.001	+0.001	+0.002	+0.003	+0.004	+0.005
40	+0.001	+0.001	+0.002	+0.002	+0.003	+0.004
45	+0.001	+0.001	+0.001	+0.002	+0.002	+0.003
50	0	+0.001	+0.001	+0.001	+0.001	+0.002
55	0	0	0	+0.001	+0.001	+0.001
60	0	0	0	0	0	0
65	0	0	0	−0.001	−0.001	−0.001

表 B.2（续）

相对湿度 %	空　气　温　度/℃					
	5	10	15	20	25	30
70	0	−0.001	−0.001	−0.001	−0.001	−0.002
75	−0.001	−0.001	−0.001	−0.002	−0.002	−0.003
80	−0.001	−0.001	−0.002	−0.002	−0.003	−0.004
85	−0.001	−0.001	−0.002	−0.003	−0.004	−0.005
90	−0.001	−0.002	−0.002	−0.003	−0.004	−0.006

附 录 C
（资料性附录）
部分液体石油化工产品密度温度系数

表 C.1 部分液体石油化工产品密度温度系数

中文名称	英文名称	密度温度系数 γ/[kg/(m³ · ℃)]
正丁醇	*n*-butyl alcohol	0.75
2-乙基己醇(辛醇)	2-ethyl hexanol	0.73
异丁醇	isobutanol	0.76
甲醇	methanol	0.93
苯乙烯	styrene monomer	0.88
邻二甲苯	*o*-xylene	0.83
对二甲苯	*P*-xylene	0.87
甲苯	toluene	0.92
苯	benzene	1.05
间二甲苯	*m*-xylene	0.85
乙基苯	ethyl benzene	0.88
5 ℃或 10 ℃混合二甲苯	xylene mixture	0.85
注：γ值引自 Q/SHC 002—2005γ值。		

ICS 17.160
J 04

中华人民共和国国家标准

GB/T 2298—2010/ISO 2041:2009
代替 GB/T 2298—1991

机械振动、冲击与状态监测 词汇

Mechanical vibration, shock and condition monitoring—Vocabulary

(ISO 2041:2009, IDT)

2010-12-23 发布

2011-06-01 实施

中华人民共和国国家质量监督检验检疫总局
中国国家标准化管理委员会 发布

前　言

本标准等同采用 ISO 2041:2009《机械振动、冲击与状态监测　词汇》(英文版)。

本标准等同翻译 ISO 2041:2009。

本标准与 ISO 2041:2009 相比，编辑性修改内容如下：

——将“本国际标准”改为“本标准”；

——删除了国际标准的前言；

——对标准条款编号重新进行编辑。将“范围”列为第 1 章，后续各章按照国际标准的章的序号加 1 排列。

——对 ISO 2041:2009 中 5.38 定义中的编辑性错误进行了订正(见 6.38)。

本标准是对 GB/T 2298—1991《机械振动与冲击　术语》的修订；

本标准与 GB/T 2298—1991 相比，主要内容变化如下：

——删除了部分术语：白噪声、爆炸波、倍频程、1/3 倍频程、倍频程带宽滤波器、比例带宽滤波器、比例阻尼、标准偏差、波、波数、采样时间、参考量、参数振动、超声频、驰振、迟滞阻尼系数、冲击激励、冲击试验、次声频、带通滤波器、带阻滤波器、单位脉冲响应函数、倒频谱、等效静加速度、等效静速度、等效粘性阻尼、低通滤波器、地回路、动态系统、动态信号分析仪、杜哈梅积分、反作用式振动发生器、方差、分辨率、粉红噪声、峰谷滤波器、非线性粘性阻尼、高斯随机噪声、高通滤波器、跟踪滤波器、过程、过阻尼、恒定带宽滤波器；互相关系数、回声、混沌、混响、极限环、交叉干扰、绝对式传感器、均方根值、均方值、均衡、均值、快速傅里叶变换、宽带滤波器、离散傅里叶变换、连续冲击试验、连续谱、临界粘性阻尼系数、滤波器、滤波器的标称带宽、模态参数、模态试验、耐振试验、粘性阻尼、粘性阻尼系数、平滑、平均、欠阻尼、强自稳、切变波、瑞利分布、弱自稳、声学、声音、失真、1/10 的十倍频程、实时分析、视在质量、数据处理、数据点、数据简化、数据块、数据整理、数字滤波器、损耗因数、通带、通带的标称上下截止频率、无阻尼固有频率、系统的复参数、细化分析、线谱、相对式传感器、相量、相平面、校准系数、泄漏、信号、行波、有效平均时间、窄带滤波器、张弛振动、振动试验、振型、振型的正交性、正交函数、正态分布、正则函数、中心频率、重力加速度、主坐标、自相关系数、阻抗、阻抗头等及其定义。

——增加了部分术语：白随机振动、半正矢冲击脉冲、标称脉冲、标准化自相关函数、标准化互相关系数、标准重力加速度、表面波、采样周期、采样速率、喘振、单向挠曲梁的中性面、单向挠曲梁的中性轴、等效线性阻尼、动柔度、(传感器的)动态范围、动质量、非耦合模态、非线性阻尼、粉红随机振动、峰值大小、负峰值、概率、概率密度、概率密度分布曲线、概率密度函数、共振速度、(机械系统的)固有频率、惯性积、惯性矩、惯性系、滚珠通过内圈频率、滚珠通过外圈频率、滚珠自旋频率、缓冲器、晃动、恢复力、基础、集总参数系统、集总质量、记录长度、剪切波、减振器、角速度、角加速度、角位移、角振动、净质量、均方根谱、均方扫描频率、力、敏感元件、模态分析、模态刚度、模态矩阵、模态密度、模态数、模态振型、能量谱密度、旁瓣、偏移、平稳振动、平移运动、谱线数、谱泄漏、瑞利波、数据、瞬时值、适调、陀螺力矩、涡动、无阻尼固有模态、线性阻尼、线性阻尼系数、谐波激励、泄漏误差、信号带宽、旋转运动、油膜振荡、有效噪声带宽、预适调、约束阻抗、振动台、振幅比例因子、质心、置信区间、置信水平、中性面、中性轴、重心、重心安装系统、轴承保持架损坏频率、主带频、主惯性轴、自由阻抗、阻尼固有模态、最大极大值等及其定义。

——第 5 章标题用“冲击与振动测量传感器”代替原标准的标题“测试技术”。

——第 6 章标题用“信号处理”代替原标准的标题“数据处理”。

——增加了第 7 章“状态监测与诊断”。

——与本标准有关的标准可参见“参考文献”。

本标准由全国机械振动、冲击与状态监测标准化技术委员会(SAC/TC 53)提出并归口。

本标准起草单位:西安交通大学、郑州机械研究所、武汉理工大学、华北电力大学、中船重工集团 711 研究所、广州市计量测试研究所、杭州汽轮机股份有限公司。

本标准主要起草人:何正嘉、韩国明、向阳、付忠广、沈建平、周伦彬、孙义冈。

本标准所代替标准的历次版本发布情况为:

——GB 2298—1980、GB/T 2298—1991。

引　言

词汇是标准化最基本的主题。对于术语的定义如果没有公认的标准，则一个技术领域内其他技术标准的制定将会变成一项艰巨而费时的工作，最终会导致工作效率低下，并且产生误解的概率也会很高。

机械振动、冲击与状态监测　词汇

1　范围

本标准定义了在机械振动、冲击与状态监测领域特有的术语和表达式。

2　一般术语

2.1

位移　displacement

相对位移　relative displacement

〈振动与冲击〉表征物体上一点相对于某参考系的位置变化的时间变量。

注1：参考系通常是平均位置或静止位置的一组轴线。一般来说，旋转位移矢量、平移位移矢量，或二者的组合均能表示位移。

注2：如果所测量的位移不是相对于给定情形设计的原始参考系，而是相对于某参考系，则该位移称为相对位移。

注3：位移可能是振荡的，在简谐分量情况下可以用位移振幅（和频率）来定义；或者位移也可能是随机的，在随机情况下，均方根（rms）位移（以及带宽和概率密度分布）能够用于定义在任何给定的范围内位移取值的概率。短时间段内的位移定义为瞬态位移；长时间段内的非振荡位移被定义为持续位移；短时间段内的非振荡位移定义为位移脉冲。

2.2

速度　velocity

相对速度　relative velocity

〈振动与冲击〉位移的变化率。

注1：一般来说，速度是随时间变化的。

注2：参考系通常是在平均位置或静止位置的一组轴线。一般来说，旋转速度矢量、平移速度矢量，或者二者的组合均能表示速度。

注3：如果速度的测量不是相对于给定情形设计的原始参考系，而是相对于某参考系，则该速度称为相对速度。两点之间的相对速度是两点之间速度的矢量差。

注4：速度可能是振荡的，在简谐分量情况下能够用速度振幅（和频率）来定义；速度也可能随机的，在随机情况下，均方根（rms）速度（以及带宽和概率密度分布）能够用于定义在任何给定的范围内速度取值的概率。短时间段内的速度定义为瞬态速度；长时间段内的非振荡速度定义为持续速度。

2.3

加速度　acceleration

相对加速度　relative acceleration

〈振动与冲击〉速度的变化率。

注1：一般来说，加速度是随时间变化的。

注2：参考系通常是在平均位置或静止位置的一组轴线。一般来说，旋转加速度矢量、平移加速度矢量，或者二者及科里奥利（Coriolis）加速度的组合均能表示加速度。

注3：如果所测量的加速度的不是相对于给定情形设计的惯性参考系，而是相对于某参考系，则该加速度称为相对加速度。两点之间的相对加速度是两点加速度的矢量差。

注4：对于随时间变化的加速度，常常要使用诸如：峰值、平均值和均方根（rms）等各种带有自身说明性的修饰词。取平均值或均方根值的时间间隔宜标明或暗示出来。

注5：加速度可能是振荡的，这种情况下，简谐分量能用加速度振幅（和频率）来表示；加速度也可能是随机的，在随机情况下，均方根加速度（以及带宽和概率密度分布）能够用于定义在任何给定的范围内加速度取值的概率。

很短时间内的加速度定义为瞬态加速度。长时间段内的非振荡加速度定义为持续加速度；持续时间短的非振荡加速度定义为加速度脉冲。

2.4

标准重力加速度　standard acceleration due to gravity

g_n

单位，9.806 65 米/秒^2（9.806 65 m/s^2）。

注 1：该数值是由国际度量衡局采用并在 1913 年第五届国际计量大会上确认作为标准重力加速度的。

注 2：宜使用该标准值（g_n=9.806 65 m/s^2=980.665 cm/s^2≈386.089 in/s^2≈32.174 0 ft/s^2）而不必测量地球上任何其他位置的标准重力。

注 3：通常加速度的量值以标准重力加速度 g_n 为单位表示。

注 4：地球表面或表面下重力产生的实际重力加速度随观测点的纬度和高度的变化而变化，这个量通常用符号 g 来表示。使用时需谨慎，不要和“克”的单位的标准符号发生混淆。

2.5

力　force

使物体从静止状态改变到运动状态或者改变物体的运动速率的动态效应。

注 1：如果物体抗拒运动，则力就会改变该物体的形状或尺寸。

注 2：力的单位是 N，1 N 是使 1 kg 质量产生 1 m/s^2 加速度所需要的力。

2.6

恢复力　restoring force

结构发生弹性变形时产生的反作用力。

2.7

加加速度　jerk

加速度的变化率。

2.8

惯性参考系统　inertial reference system

惯性参考系　inertial reference frame

固定在空间，或者匀速运动且无旋转运动、从而也无加速度的坐标系统或参考系。

2.9

惯性力　inertial force

质量被加速时所产生的反作用力。

2.10

振荡　oscillation

相对于规定的参考系，一个通常随时间变化的量，其量值交替地大于和小于特定的参考值的现象。

注 1：见振动(3.1)。

注 2：像冲击过程或蠕变运动这样随时间变化的量也被认为是更一般意义上的振荡。

2.11

环境　environment

在某一给定时刻，系统所受到的所有外界条件和影响的集合。

注：参见感生环境(2.12)和自然环境(2.13)。

2.12

感生环境　induced environment

由于系统的运行而引起的系统外部环境条件。

2.13

自然环境　natural environment

由自然因素产生的环境条件，不管系统是处于静止还是工作状态都会受到它的影响。

2.14

预适调　preconditioning

对特定系统进行规定的气候的和(或)机械的和(或)电气方面的处理过程，以使其达到一种预设状态。

2.15

适调　conditioning

使某个系统处于气候的和(或)机械的和(或)电气的某些条件，以确定这些条件对系统产生的影响。

2.16

激励　excitation, stimulus

作用于系统的外力(或其他输入)，使系统以某种方式产生响应。

2.17

(系统的)响应　response (of a system)

系统的输出量。

2.18

传递率　transmissibility

系统受迫振动的响应与激励的无量纲复数比。

注1：比值可以是力、位移、速度或加速度中的一种。

注2：传递率有时也称为传递率函数。

2.19

过冲　overshoot

当最大瞬态响应超过了期望响应时。

注1：如果系统的输入改变使得系统的输出从稳态值 A 变化到稳态值 B，该 B 值大于 A 值，则当最大瞬态响应超过 B 值时称为过冲。

注2：最大瞬态响应和 B 值之间的差值就是过冲值，通常以百分数表示。

2.20

欠冲　undershoot

当最小瞬态响应低于期望响应时。

注1：如果系统的输入改变使得系统的输出从稳态值 A 变化到稳态值 B，该 B 值小于 A 值，则当最小瞬态响应低于 B 值时称为欠冲。

注2：最小瞬态响应和 B 值之间的差值就是欠冲值，通常以百分数表示。

2.21

系统　system

在确定的相互关系中作为一个整体考虑、并与它们所处环境分离的一组相互关联的部分的集合。

2.22

线性系统　linear system

响应的大小与激励的大小成比例关系的系统。

注：该定义意味着叠加原理适用于输入的激励和输出的响应之间的关系。

2.23

机械系统　mechanical system

由质量、刚度和阻尼元件组成的系统。

2.24

基础 foundation

支承机械系统的结构。

注：它可以是固定在一个指定的参考系中，或者它也可能是运动的。

2.25

惯性系统 seismic system

由一个或多个柔性部件(通常包括阻尼)将一个机械系统连接到参考基础所构成的系统。

注1：惯性系统通常被理想化为带有粘性阻尼的单自由度系统；

注2：由柔性部件支承的质量的固有频率与待测的频率范围比较，较低时用惯性系统的位移或速度传感器，较高时用加速度传感器。

注3：如果惯性系统的固有频率比所关注的频率范围低，则该惯性系统的质量在所关注的频率范围内可认为是静止的。

2.26

等效系统 equivalent system

为便于分析可用于替代另一个系统的系统。

注：在振动与冲击技术中，许多类型的等效是常见的：

a) 扭转系统等效于一个平动系统；

b) 电系统或声学系统等效于一个机械系统等；

c) 等效刚度；

d) 等效阻尼。

2.27

自由度 degrees of freedom

完全确定一个机械系统状态所需要的最少广义坐标个数。

注1：该定义只适用于机械系统，不能和统计学的自由度混为一谈。

注2：通常缩写为DOF。

2.28

离散系统 discrete system

集总参数系统 lumped parameter system

其质量、刚度和/或阻尼元素都被离散安置的机械系统。

2.29

单自由度系统 single-degree-of-freedom system

SDOF

任何时刻只需一个坐标即能完全确定其状态的系统。

2.30

多自由度系统 multi-degree-of-freedom system

任何时刻需要用两个或更多的坐标才能完全确定其状态的系统。

2.31

连续系统 continuous system

其质量、刚度和/或阻尼特性在空间连续分布而非离散安置的机械系统。

注：与离散系统或集总参数系统只需要有限个坐标来确定它的状态不同，一个连续系统的状态需要用一个或多个连续的空间变量的函数来确定它的状态。

2.32

重心 centre of gravity

在重力场中，物体各部分的重力的合力所通过的、且在所有方向上不产生力矩的点。

注：如果场是均匀场，质心(2.33)和重心是重合的。

2.33

质心　centre of mass

物体上的一点，在该点物体总质量相对于直角坐标系的一阶惯性矩等于该物体所有点的质量的一阶惯性矩的和。

注：质心是物体在均匀的重力场中处于平衡的那一点。

2.34

主惯性轴　principal axes of inertia

在一给定点相交的三个相互垂直的轴线，固体对该点的惯性积为零。

注 1：如果这个点是物体的质心，那么这些轴线和惯性矩称作中心主轴和中心主惯性矩。

注 2：在平衡时，主惯性轴这一术语用来指定与转轴的轴线近似重合的一根中心主轴(三根这样的轴中的一根)，有时也称为平衡轴或质量轴。

2.35

惯性矩　moment of inertia

物体各个微元(质量元)的质量与其到转轴垂直距离平方之积的总和(积分)。

2.36

惯性积　product of inertia

物体各个微元(质量元)的质量与它们到两个相互垂直平面距离之积的总和(积分)。

2.37

刚度　stiffness

作用在弹性元件上的力(或力矩)的变化量与所产生的相应的平移变形(或扭转变形)变化量之比。

注：参见动刚度(2.58)。

2.38

柔度　compliance

刚度的倒数。

注：参见动柔度(2.57)。

2.39

中性面　neutral surface

单向挠曲梁的中性面　neutral surface of a beam in simple flexure

不产生应变的面。

注：应该说明中性面是单纯弯曲的结果，还是弯曲和其他附加载荷合成的结果。

2.40

中性轴　ncutral axis

单向挠曲梁的中性轴　neutral axis of a beam in simple flexure

梁中纵向应力为零，也就是拉应力或压应力为零的线或面。

2.41

传递函数　transfer function

线性时不变系统输入与输出之间关系的数学表达式。

注 1：通常传递函数是一个复变函数，定义为线性时不变系统输出与输入的拉普拉斯变换之比。

注 2：传递函数通常以频率函数的形式给出，且为复变函数。参见响应(2.17)、传递率(2.18)和传递阻抗(2.50)。

2.42

复激励　complex excitation

以振幅和相位角形式的复数量表示的激励。

注 1：复激励和复响应的概念是为了使计算简化而从历史演变过来的。实际的激励和响应是复激励和复响应的实数部分。对线性系统这个概念是有效的，因为在这种情况下叠加有效。

注 2：不要把这个术语和复合振动或复合波形振动中的激励混淆，从这个意义上来说不推荐使用“复合振动”这个术语。

2.43

复响应　complex response

对于给定激励，系统的响应以振幅和相位角的复数形式表示。

注：参见复激励(2.42)的注。

2.44

模态分析　modal analysis

基于叠加原理的振动分析方法，用复杂结构系统自身的振动模态，即固有频率、模态阻尼和模态振型来表示其振动特性。

2.45

模态矩阵　modal matrix

由系统的特征向量或模态向量组成的线性变换矩阵。

注：它通过系统的惯性解耦和弹性解耦来实现，即将模态质量阵和模态刚度阵转化成对角阵。

2.46

模态刚度　modal stiffness

与特定的振动模态相关的刚度元素。

2.47

模态密度　modal density

每单位带宽的模态数。

注：模态密度是一种量度标准，作为一种评价复杂结构系统振动功率流的诊断工具，广泛应用于结构动力学分析中，它在确定振动功率流的变化时可发挥关键作用。振动功率流的变化可能是某些结构部件疲劳失效的先兆，或者是结构状态监测评估的一个衡量标准。除了这些应用之外，模态密度也是统计能量分析法需要的一个参数，统计能量分析法可用于评估复杂结构的高频响应、选择适当的振动控制方法和装置。

2.48

机械阻抗　mechanical impedance

机械系统中在某一给定点和自由度的力与速度的复数比。

注 1：机械系统进行简谐运动时，力与速度可取自系统中的相同点或不同点，考虑系统的相同自由度或不同自由度；

注 2：在扭转机械阻抗下，力和速度应分别由扭矩和角速度所取代；

注 3：一般而言，术语“阻抗”只适用于线性系统；

注 4：使用术语“增量阻抗”描述一个类似的量时，本概念可以扩展到非线性系统。

2.49

直接机械阻抗　direct mechanical impedance

驱动点机械阻抗　driving point mechanical impedance

在作简谐运动的机械系统中，取自同一点或同一自由度下力与速度的复数比。

注：参见机械阻抗(2.48)的注。

2.50

传递(机械)阻抗　transfer (mechanical) impedance

在作简谐运动的机械系统中，位于指定自由度点 i 的力与同一系统中位于指定方向或自由度另一点 j 的速度的复数比。

注：参见机械阻抗(2.48)的注。

2.51

自由阻抗　free impedance

系统所有其他连接点自由(即约束力为零)时，施加的复激励力与其复速度响应之比。

注 1：此前常常不区分约束阻抗和自由阻抗，因此，在判读发布的数据时应当注意这一点。

注 2：自由阻抗是导纳矩阵中某单一元素的算术倒数。实验确定的自由阻抗组成一个矩阵时，该矩阵与通过结构的数学建模得到的约束阻抗矩阵可能完全不同。因此，在对系统进行所有的理论分析中，自由阻抗矩阵不能符合使用机械阻抗的要求。

2.52

约束阻抗 blocked impedance

当所有输出的自由度连接到无限机械阻抗负载上时的输入阻抗。

注1：约束阻抗是频率响应函数，由 i 点的阻力或驱动点力响应相量与施加在 j 点的激励速度相量之比得到，而结构上所有其他测点被约束，即限制其速度为零。为了获得有效的约束阻抗矩阵，需要约束结构中所有关注点的所有力以及力矩，且都要测量。

注2：测点数目或位置的任何改变，都会改变所有测点上约束阻抗。

注3：约束阻抗的主要用途在于使用集总质量、刚度和阻尼元素或使用有限元技术对结构进行数学建模。当把这样的数学模型与实验导纳数据进行结合或比较时，有必要把解析的约束阻抗矩阵转化为导纳矩阵，反之亦然。

2.53

频响函数 frequency-response function

线性系统中，以频率为自变量的运动响应的傅立叶变换与激励力的傅立叶变换的比。

注1：激励可以是时间的简谐、随机或者瞬态函数。一种激励形式下获得的实验结果能够用于预测系统对其他任意形式激励的响应。

注2：运动可以用速度、加速度或位移来表示，其相应的频率响应函数分别为导纳、加速度导纳和位移导纳，或分别为阻抗、有效质量（即视在质量）和动刚度（见表1）。

2.54

导纳 mobility

机械导纳 mechanical mobility

机械系统中某点的速度与该点或另一点的力的复数比。

注1：导纳是 i 点的复速度响应与 j 点的复激励力的比，除了结构中正常支撑的约束之外，要求结构中其他所有测点不加任何约束允许其自由地响应。

注2：术语“点”同时指明位置和方向。

注3：速度响应可能是平动或转动，同时激励力也可能是力或力矩。

注4：如果测量得到的速度响应是平动的，同时激励力又是直线的，那么在国际单位制中导纳的单位就是 m/(N·s)。

注5：机械导纳矩阵是机械阻抗矩阵的逆矩阵。

2.55

直接（机械）导纳 direct (mechanical) mobility

驱动点（机械）导纳 driving-point (mechanical) mobility

机械系统中同一点的速度与力的复数比。

注：驱动点导纳是频率响应的函数，它是由 j 点的速度响应复振幅与同一点的激励力复振幅之比（单位 m/N·s）得到，此时除结构中正常支撑的约束外，要求结构中其他所有测点不加任何约束地自由响应。

2.56

传递（机械）导纳 transfer (mechanical) mobility

系统中速度与力不在同一点的机械导纳。

2.57

动柔度 dynamic compliance

以频率为自变量的位移的频谱或频谱密度与力的频谱或频谱密度之比。

2.58

动刚度 dynamic stiffness

机械系统中，某点的力与该点或另一点位移的复数比。

注1：有时会用到术语“动态弹性常数”和“动态弹簧常数”。

注2：动刚度可能受应变（振幅和/或频谱）、应变率、温度或其他因素的影响。

注 3：线性平移单自由度系统由以下方程描述：

$$m\frac{d^2x}{dt^2}+c\frac{dx}{dt}+kx=F$$

式中：

$F=F_0e^{i\omega t}$。

式中的动刚度 k^* 等价于

$$k^*=(F_0+m\omega^2x_0-i\omega cx_0)/x_0$$

式中：

c——线性(黏性)阻尼系数；

e——自然对数的底；

F_0——扰动力振幅；

$i=\sqrt{-1}$；

k——弹性(弹簧)系数；

m——质量；

t——时间；

x——位移；

x_0——位移振幅；

ω——角频率。

表 1 用于各种输出/输入比的等效定义

	运动由位移表示	运动由速度表示	运动由加速度表示
术语 符号 单位 边界条件 参见图	位移导纳(动柔度) x_i/F_j m/N $F_j=0;i\neq j$ 3	导纳 $Y_{ij}=v_i/F_j$ m/(N·s) $F_j=0;i\neq j$ 1	加速度导纳 a_i/F_j $m/(N\cdot s^2)=kg^{-1}$ $F_j=0;i\neq j$ 2
注释	实验时边界条件很容易得到		
术语 符号 单位 边界条件	约束位移阻抗(动刚度) F_i/x_j N/m $x_j=0;i\neq j$	约束阻抗 $Z_{ij}=F_i/v_j$ N·s/m $v_j=0;i\neq j$	约束加速度阻抗 (约束有效质量) F_i/a_j $N\cdot s^2/m=kg$ $a_j=0;i\neq j$
注释	实验时边界条件很难或不可能得到		
术语 符号 单位 边界条件	自由位移阻抗 (自由动刚度) F_j/x_i N/m $F_j=0;i\neq j$	自由阻抗 $F_j/v_i=1/Y_{ij}$ N·s/m $F_j=0;i\neq j$	有效质量 (自由有效质量) F_j/a_i $N\cdot s^2/m=kg$ $F_j=0;i\neq j$
注释	边界条件容易获得，但在系统建模使用结果时要小心		

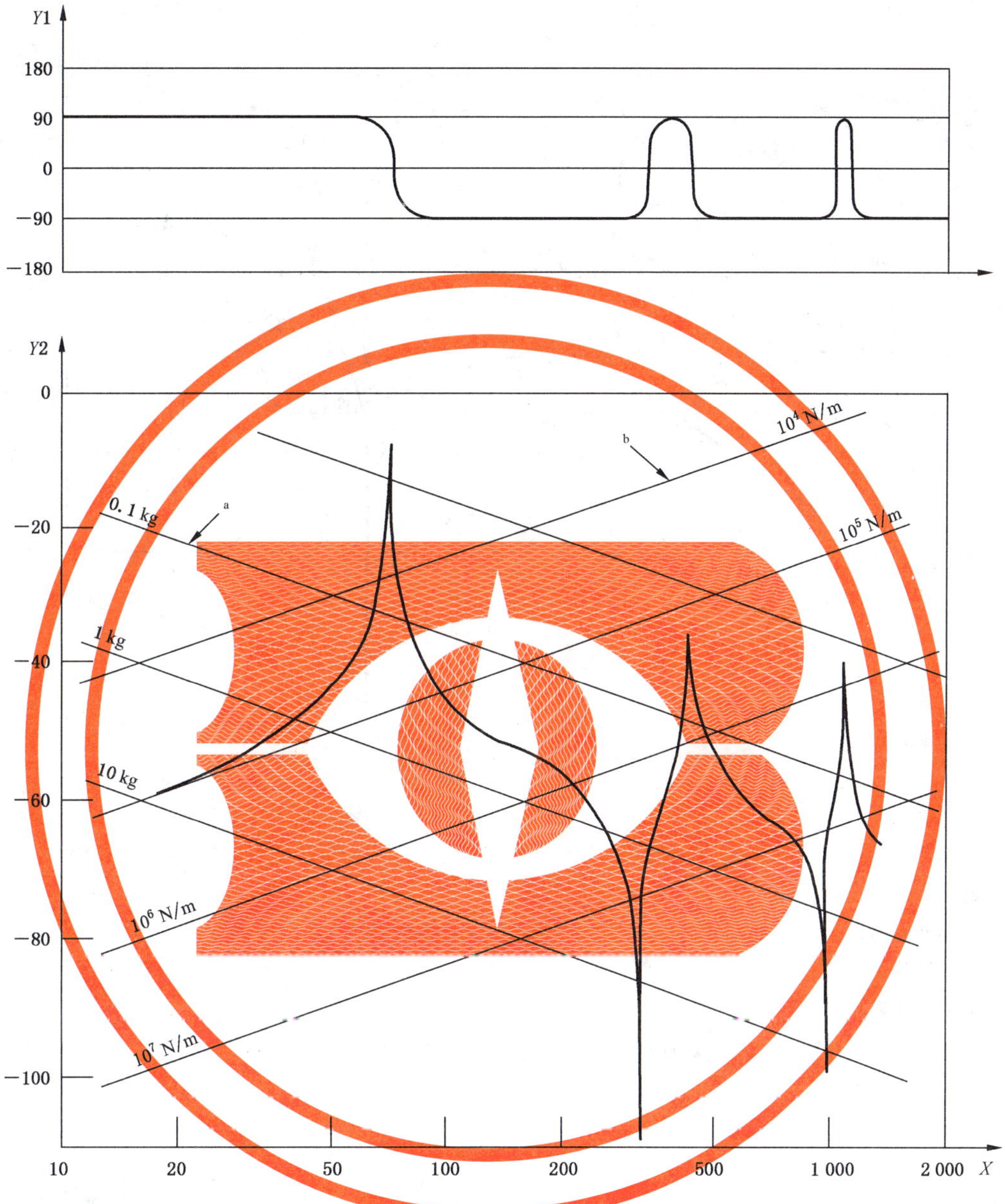

图中：

X——频率，单位为赫兹(Hz)；

Y1——相位角，单位为度(°)；

Y2——导纳幅值，单位为分贝(dB)，[参考量 1 m/(N·s)]；

[a]——下斜线用于质量；

[b]——上斜线用于刚度。

图 1　导纳图

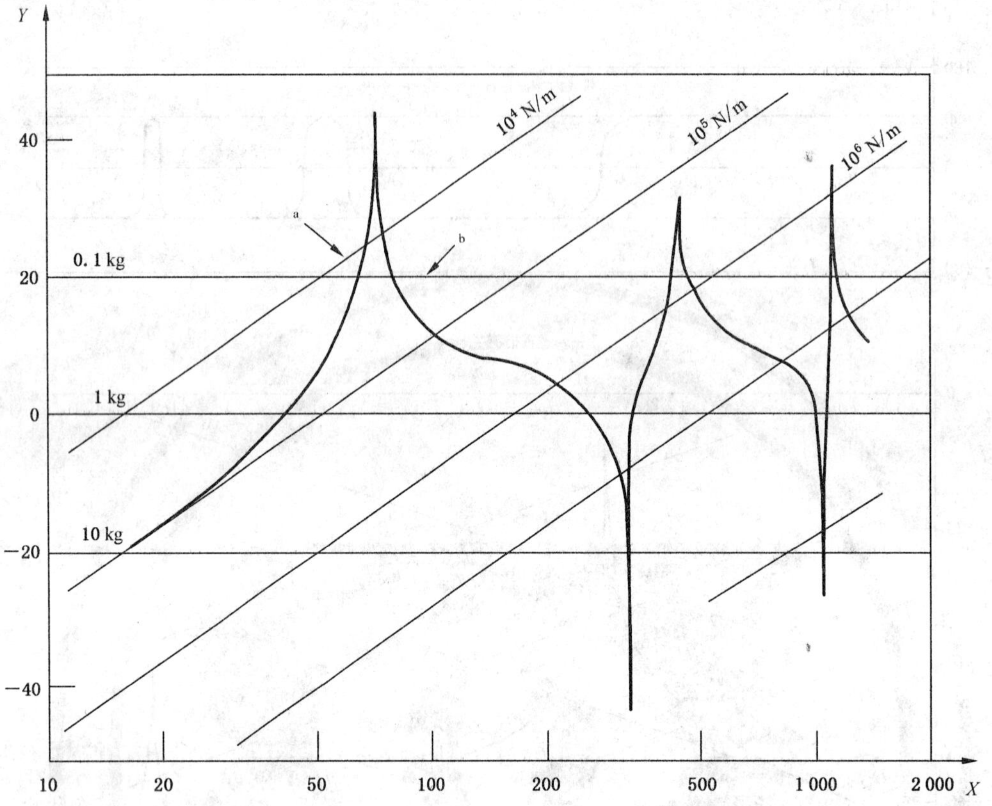

图中：

X——频率，单位为赫兹(Hz)；

Y——加速度导纳，单位为分贝(dB)，[参考量 1 m/(N·s^2)]；

[a]——上斜线代表刚度；

[b]——水平线代表质量。

图 2 对应于图 1 中导纳图的加速度导纳量级图

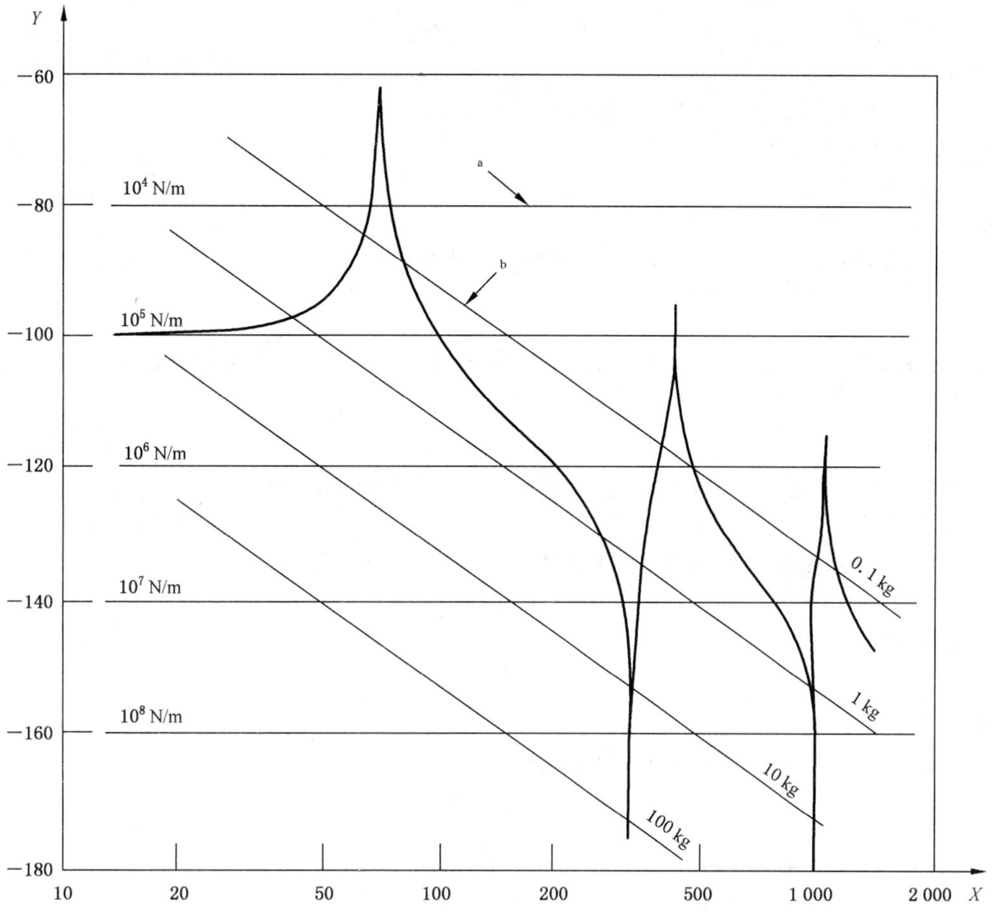

图中：

X——频率，单位为赫兹(Hz)；

Y——位移导纳(动柔度)，单位为分贝(dB)，[参考量 1 m/N]；

a——水平线代表刚度；

b——下斜线代表质量。

图 3　对应于图 1 中导纳图的动柔度量级图

2.59

动质量　dynamic mass

力与加速度的复数比。

2.60

加速度导纳　accelerance

以频率为自变量的加速度的频谱或频谱密度与力的频谱或频谱密度之比。

2.61

谱　spectrum

以频率或波长为变量的函数的量化描述。

2.62

级(数量的量级)　level (of a quantity)

一个量与同类参考量之比的对数。

注 1：应说明对数的底、参考量和级的种类。

注 2：常用量级类别的例子包括：电功率级、声压级和电压平方级。

注 3：定义由以下公式表示：

$$L = \log_r \frac{q}{q_0}$$

式中：

L——由要考虑的量的类别所确定的类别量级，用 $\log_r$ 的单位度量；

r——对数和参考比的底；

q——所考虑的量；

q_0——同类参考量。

注4：由于对数法则中参考量可自动如下式所示分配，两个类似量 q_1 和 q_2 的量级差可以用同样的公式描述。

$$\log_r \frac{q_1}{q_0} - \log_r \frac{q_2}{q_0} = \log_r \frac{q_1}{q_2}$$

注5：在振动术语中，“级”这个术语习惯上有时用来表示振幅、平均值、均方根值或者这些值的比。现在不主张使用。

2.63

贝尔　bel

对数的底为10时的一种级的单位。

注：“贝尔”限于级与功率成比例的情况。参考级(2.62)和分贝(2.64)的注。

2.64

分贝　decibel

dB

贝尔的十分之一。

注1：分贝的量级大小是与功率相当的比率以10为底的对数的十倍。即：

$$L = 10 \lg \frac{X^2}{X_0^2} = 20 \lg \frac{X}{X_0}$$

注2：一些可称为与功率相当的量的例子包括：声压的平方、粒子速度的平方、声音强度、声能密度、电压的平方。因此，贝尔可以作为声压平方量级的单位，但实践中通常将上述说法简化为声压量级，因为通常这样简化不会带来误解。

3　机械振动

3.1

振动　vibration

围绕某一平衡点的机械振荡。此振荡可以是周期性的或随机的。

注：参见振荡(2.10)。

3.2

周期振动　periodic vibration

振动参量随时间自变量在经过某一相同增量后能重复出现的振动。

注1：周期参数 y 是时间 t 的函数，可表示为：

$$y = f(t) = f(t \pm n\tau)$$

式中：

n——整数；

t——时间自变量；

τ——周期。

注2：轻微偏离某一周期振动的振动称为准周期振动。

3.3

简谐振动　simple harmonic vibration

正弦振动　sinusoidal vibration

振动参量可由时间自变量的正弦函数描述的周期振动。

注1：简谐运动可表示为：

$$y = \hat{y}\sin(\omega t + \varphi_0)$$

式中：

$\hat{y}$——振幅；

t——时间自变量；

y——简谐振动；

φ_0——振动的初相位角；

ω——角频率。

注 2：包含一个以上频率(其频率为基频的整数倍)的正弦波之和的周期振动通常称为多谐振动；本标准不推荐使用“复合振动 complex vibration”这一术语。

注 3：准正弦振动的外观与正弦波类似，不过其频率和(或)振幅的变化相对较慢。

3.4

随机振动 random vibration; stochastic vibration

瞬时值不可预知的振动。

注：随机振动的瞬时值在某一指定区间的概率可由某一概率分布函数描述。

3.5

角振动 angular vibration

与物体上某一点的三个旋转自由度有关的振动。

3.6

扭转振动 torsional vibration

物体绕自身轴线扭转而产生的周期振动。

注 1：参见角振动(3.5)。

注 2：此术语一般指轴在其横截面内的转动。

3.7

角位移 angular displacement

由物体的某一旋转自由度表征的位移。

3.8

角速度 angular velocity

由物体的某一旋转自由度表征的速度。

3.9

角加速度 angular acceleration

由物体的某一旋转自由度表征的加速度。

3.10

非平稳振动 non-stationary vibration

具有时变统计特性的振动。

3.11

平稳振动 stationary vibration

统计特性不随时间变化的振动，因此其振幅不随时间的变化而增大或减小。

注：该振动可以是确定的或随机的。

3.12

噪声 noise

不希望出现的信号。通常具有随机性质、且其频谱中不含定义清晰的频率分量信号。

注：由上述定义引伸，噪声也可能是由不希望出现的电气振荡或具有随机性质的其他信号产生。若噪声性质有混淆时，应使用“声噪声”或“电噪声”术语。

3.13

随机噪声　random noise;stochastic noise

瞬时值不能被预测的噪声。

注：参见随机振动(3.4)及其注释。

3.14

高斯随机振动　Gaussian random vibration;Gaussian stochastic vibration

瞬时值按高斯分布的随机振动。

3.15

白随机振动　white random vibration;white stochastic vibration

在关注的频谱范围内,任一固定带宽(或单位带宽)内具有相同能量的振动。

3.16

粉红随机振动　pink random vibration;pink stochastic vibration

在与频带中心频率成正比的带宽内具有相等能量的振动。

注：由倍频程带宽(或分数倍频程带宽)滤波器所定义的粉红振动能量谱是一个固定值。

3.17

窄带随机振动　narrow-band random vibration;narrow-band stochastic vibration

频率分量仅分布在某一狭窄频带内的随机振动。

注1：窄带的界定是相对于所讨论的问题而言的,其宽度通常等于或小于1/3倍频程。

注2：窄带随机振动的波形类似于正弦波,但其幅值和相位是以不可预知方式变化的。

注3：参见随机振动(3.4)。

3.18

宽带随机振动　broad-band random vibration;broad-band stochastic vibration

频率分量分布在某一宽频带内的随机振动。

注1：宽带的界定是相对于所讨论的问题而言的,其宽度通常等于或大于一个倍频程。

注2：参见随机振动(3.4)。

3.19

优势频率　dominant frequency

频谱中的最大值所对应的频率。

3.20

稳态振动　steady-state vibration

在平均意义上达到均衡状态的连续振动。

3.21

瞬态振动　transient vibration

一种随时间衰减的振动,典型的是短持续时间的振动。

注：该术语主要与机械冲击(4.1)相关联。

3.22

受迫振动　forced vibration

由一个与时间有关的外力所激发的系统振动。

注：(线性系统的)振动频率与激励的频率相同。

3.23

自由振动　free vibration

激励或约束去除后系统出现的振动。

注：线性系统以固有模态的线性组合方式振动。

3.24

非线性振动　non-linear vibration

具有非线性响应而且只能用非线性微分方程描述的系统振动。

注：在非线性系统中，响应与激励不再成比例关系，且不满足叠加原理。

3.25

纵向振动　longitudinal vibration

沿弹性体纵轴方向的振动。

3.26

自激振动　self-induced vibration；self-excited vibration

由机械系统内的能量转换成振荡激励而形成的振动。

3.27

环境振动　ambient vibration

与给定环境有关的所有周围的振动，通常由来自于周边许多振源形成的合成振动。

3.28

附加振动　extraneous vibration

除所关注的主要振动以外的全部振动。

注：环境振动影响附加振动的大小。

3.29

非周期振动　aperiodic vibration

没有周期规律的振动。

3.30

跳跃　jump

当激振力频率出现细微变化时而引起振动响应突变的现象。

3.31

循环(名词)　cycle(noun)

一个周期现象或函数在重复出现之前其状态或数值所历经的整个区间。

注：参见循环(动词)(3.111)。

3.32

基本周期　fundamental period

周期　period

周期函数自身重复出现的最小时间增量。

注1：在不引起混淆的情况下基本周期可称为周期。

注2：参见周期振动(3.2)。

3.33

频率　frequency

周期的倒数。

注：频率的单位是赫兹(Hz)，相当于每秒循环一次。

3.34

基频　fundamental frequency

振荡系统的最低固有频率。

注1：对应于振动最低固有频率的正则模态称为基模态。

注2：参见固有频率(3.88)。

3.35

(周期量的)谐波　harmonic (of period quantity)

频率为基频整数倍的谐波振动。

注：术语“泛音”常用于代替谐波，n 次谐波称为 $n-1$ 次泛音。此术语“泛音”现已不主张使用。

3.36

次谐波　sub harmonic

频率为相关量的基频整分数倍的谐波振动。

3.37

谐波激励　harmonic excitation

正弦激励。

3.38

拍　beats

两个频率略有差别的振荡合成后所产生的幅值呈周期性变化的振荡。

注：拍是产生在差频点上。

3.39

拍频　beat frequency

两个频率略有差别的振荡的频率差的绝对值。

3.40

角频率　angular frequency;pulsatance

正弦量的频率与系数 2π 的乘积。

注：角频率的单位是弧度(rad)每单位时间。

3.41

相位角　phase angle

在给定频率下表征时间移位特性的复响应辐角。

3.42

相位差　phase difference

相位角差　phase angle difference

频率相同的两个谐波振动的相位角之差。若为正弦振动，即为它们从同一基准测得的相位角之差。

3.43

振幅　amplitude

一个量的幅度、大小或数值。

同义词：幅值。

注：正弦振动时的最大值。

3.44

峰值　peak value

峰值大小　peak magnitude

正峰值　positive peak value

负峰值　negative peak value

给定时间区间内振动最大值。

注：振动峰值通常取为该振动量相对其平均值的最大偏移。正峰值为最大正偏移，负峰值为最大负偏移。

3.45

(振动的)峰—峰值　peak-to-peak value (of a vibration)

给定时间区间内振动最大正值与最大负值之间的差值。

注：其大小与测量系统的响应或上升时间有关(参见 4.18)。

3.46

偏移　excursion

(振动的)总偏移　total excursion (of a vibration)

峰—峰值位移。

3.47

(振动的)波峰因数　crest factor (of a vibration)

峰值与均方根值之比。

注：正弦波的波峰因数为$\sqrt{2}$。

3.48

(振动的)波形因数　form factor (of a vibration)

在两个相继过零的半循环中，其均方根值与平均值之比。

注：正弦波的波形因数为$\frac{\pi}{2\sqrt{2}}=1.111$。

3.49

瞬时值　instantaneous value

某一变量在给定瞬间的值。

3.50

最大极大值　maximax

在一组给定自变量区间的某一函数具有多个极大值时，其中最大的一个为最大极大值。

3.51

振动烈度　vibration severity

诸如最大值、平均值、均方根值或其他描述振动参数的一个或一组数值，涉及多个瞬态值或多个平均值。

注1：振动烈度是一种通称，过去在涉及振动速度时经常使用。然而现在更多地用于位移、加速度等其他测量量。

注2：机器的振动烈度定义为在机器的多个不同点如轴、轴承或机器结构的其他部件上所测得的振动量的最大值。

注3：振动的持续时间有时也包含在描述振动烈度的参数中，但此用法已不主张使用。

3.52

椭圆振动　elliptical vibration

振动点的轨迹为椭圆形的振动。

3.53

直线振动　rectilinear vibration; linear vibration

振动点的轨迹为直线的振动。

3.54

圆振动　circular vibration

振动点的轨迹为圆形的振动。

注：这是椭圆振动的特例。

3.55

平移运动　translational motion

物体上某一点的空间坐标呈现出线性变化的运动，通常由x-y-z方向的一组局部坐标来描述。

注：在平移振动的情况下，其空间坐标的变化是时间的函数。

3.56

旋转运动　rotational motion

以三个局部转动坐标或角坐标的变化所描述的物体运动，即围绕x轴、y轴和z轴的纯转动。

注：在旋转振动的情况下，角坐标的变化是时间的函数。

3.57

波节　node

在机械系统中某一波场特性的振幅为零的点、线或面。

3.58

波腹　antinode

在机械系统中某一波场特性的振幅为峰值的点、线或面。

3.59

固有振动模态　natural mode of vibration

系统按某一固有频率进行自由振动时的振动模态。

注1：如果系统是零阻尼的，固有模态即为正则模态。参见无阻尼固有模态(3.66)。

注2：也称为本征模态。

注3：固有振动模态是振动模态与固有频率的谐波函数的乘积。

注4：系统的固有振动模态数与其自由度相等。

3.60

振动模态　mode of vibration

在谐波激励作用下的振动系统中，系统呈现出其每一部位都是以简谐方式运动的特征模式。

注：多自由度的系统可同时存在两个或更多模态。

3.61

基本固有振动模态　fundamental natural mode of vibration

系统在最低固有频率时的振动模态。

注：参见基频(3.34)。

3.62

模态振型　mode shape

机械系统的某一固有模态振动的形状，是指由中性面(或中性轴)上的点偏离其平均值的最大位移值所描述的图形。各点振型值通常是按选定点的偏离值进行归一化。

同义词：振型。

注：此处平均值仅指给定振动模态的平均。

3.63

模态数　modal number

多自由度系统中表征模态的整数。

3.64

耦合模态　coupled modes

由于能量通过阻尼从一个模态转移到另一个模态而相互影响的振动模态。

注：在相邻的固有频率间产生能量转移。

3.65

非耦合模态　uncoupled modes

由于相互之间没有能量转移而彼此独立的振动模态。

注：模态间无能量转移。

3.66

无阻尼固有模态　undamped natural mode

无阻尼机械系统的固有模态。

注1：系统的运动是由每个参与的正则模态合成的。

注2：对于无阻尼系统，术语“固有模态”、“特征模态”、“本征模态”与“正则模态”是同义词。

3.67

阻尼固有模态　damped natural mode

阻尼机械系统的固有模态。

3.68

波列　wave train

以相同(或近似相同)的速度行进、周期通常也几乎相同的连续出现的有限个波。

3.69

(周期波的)波长　wavelength (of a periodic wave)

在正弦波传播方向上,某给定瞬间且相位差为 2π 的两个连续对应点的距离。

[ISO 80000-3:2006,3.17]。

3.70

压缩波　compressional wave

在弹性介质中传播的压缩或拉伸应力波。

注:压缩波通常是纵波。参见纵波(3.71)。

3.71

纵波　longitudinal wave

波的质点位移是沿着波的传播方向的波。

3.72

剪切波　shear wave

在弹性介质中传播的剪切应力波。

注1:剪切波通常为横波。参见横波(3.73)。

注2:剪切波不会引起体积的变化。

3.73

横波　transverse wave

波的质点位移垂直于波的传播方向的波。

3.74

表面波　surface wave

瑞利波　Rayleigh wave

与固体的自由边界(或两种介质的交界面)关联的波,表面或交界面处的质点的运动轨迹为一个椭圆,其主轴垂直于表面且中心在无扰动面上。

注:在质点离开固体表面的最大位移处,质点的运动与波的运动相反。

3.75

波阵面　wave front

在某一给定时刻具有相同相位的行波的各点的轨迹。

注:表面波的波阵面为连续线,空间波的波阵面为连续面。

3.76

平面波　plane wave

波阵面为平行平面的波。

3.77

球面波　spherical wave

波阵面为同心球面的波。

3.78

驻波　standing wave

振幅的空间分布固定不变的波。

注1:驻波可视为同频同类但反向的行波叠加的结果。

注 2：驻波具有波节与波腹位置固定的特性。

3.79

声频　audio frequency

正常情况下可听到的声波的任何频率。

注：声频通常在 20 Hz～20 000 Hz 之间。

3.80

共振　resonance

受迫振荡系统在激励频率即使存在细小的变化时其系统响应也会出现下降的状态。

3.81

共振频率　resonance frequency

共振出现时的频率。

注 1：共振频率取决于所测的变量，例如速度共振的频率与位移共振的频率就可能不同(参见表 2)。

注 2：为避免混淆，需指出共振的类型，例如速度共振频率(参见表 2)。

表 2　共振关系式

特征量	位移共振	速度共振	阻尼固有频率
频率	$\frac{1}{2\pi}\sqrt{\frac{k}{m}-\frac{c^2}{2m^2}}$	$\frac{1}{2\pi}\sqrt{\frac{k}{m}}$	$\frac{1}{2\pi}\sqrt{\frac{k}{m}-\frac{c^2}{4m^2}}$
位移振幅	$\frac{\hat{F}}{c\sqrt{\frac{k}{m}-\frac{c^2}{4m^2}}}$	$\frac{\hat{F}}{c\sqrt{\frac{k}{m}}}$	$\frac{\hat{F}}{c\sqrt{\frac{k}{m}-\frac{3c^2}{16m^2}}}$
速度振幅	$\frac{\hat{F}}{c\sqrt{1+\frac{c^2}{4mk-2c^2}}}$	$\frac{\hat{F}}{c}$	$\frac{\hat{F}}{c\sqrt{1+\frac{c^2}{16mk-4c^2}}}$
对应于作用力的位移相位角	$\arctan\sqrt{\frac{4mk}{c^2}-2}$	$\frac{\pi}{2}$	$\arctan\sqrt{\frac{16mk}{c^2}-4}$

注 1：线性单自由度系统的运动方程为：

$$m\frac{d^2x}{dt^2}+c\frac{dx}{dt}+kx=\hat{F}\cos\omega t$$

式中：

t——时间；

x——位移；

ω——角频率；

$\hat{F}$——激励力幅值；

m——系统质量；

c——系统中阻尼元件的线性阻尼系数；

k——系统中弹性刚度。

表中给出了依照上述方程中各常数的不同类型的共振特性。

注 2：由于 c 值相对于 $\sqrt{mk}$ 很小，故表中三种情况几乎没有差别。速度共振频率等于系统固有频率。电共振则由其他符号来表征。

3.82

反共振　antiresonance

受迫振荡系统在激励频率即使存在细小变化时其系统响应也会出现上升的状态。

3.83

反共振频率　antiresonance frequency

反共振出现时的频率。

注 1：反共振频率取决于所测的变量，例如速度反共振的频率与位移反共振的频率就可能不同。

注 2：为避免混淆，需指出反共振的类型，例如速度反共振频率。

3.84

刚性基础的系统固有频率　fixed-base natural frequency

当安装设备的基础为刚性的、且其质量为无穷大时系统的固有频率。

注：表 2 给出的方程和固有频率是在刚性基础条件下的。

3.85

共振速度　resonant speed

临界速度　critical speed

激发系统共振的特征速度。

注 1：旋转系统的共振速度是旋转系统的共振频率所对应的速度（也可能包括共振频率的倍数或约数）例如单位时间的转数等于以单位时间的循环数表示的共振频率。

注 2：若有多个旋转系统，则存在多组相对应的共振速度，每组都对应着整个系统的一种模态。

3.86

次谐波响应　subharmonic response

次谐波共振响应　subharmonic resonance response

机械系统所呈现的具有某种共振特性的响应，其周期为激励周期的整数倍。

3.87

阻尼　damping

能量随时间或距离的耗散。

注：在本标准所指振动和冲击范畴，阻尼使得振幅随时间逐渐减小。

3.88

（机械系统的）固有频率　natural frequency (of a mechanical system)

无阻尼线性振动系统的自由振动频率。

注：表 2 给出的运动方程中，固有频率为$\frac{1}{2\pi}\sqrt{\frac{k}{m}}$。

3.89

阻尼固有频率　damped natural frequency

阻尼线性振动系统的自由振动频率。

注：参见表 2。

3.90

线性阻尼　linear damping

由与速度成比例而与其方向相反的力所产生的阻尼。

注：产生线性阻尼的元件通常称为缓冲器(3.94)。

3.91

等效线性阻尼　equivalent linear damping

为分析振动运动而假设的线性阻尼的值，使得在共振状态时每一循环耗散的能量与实际阻尼力耗散的能量相等。

3.92

线性阻尼系数　linear damping coefficient

线性阻尼力与速度之比。

注：参见线性阻尼(3.90)。

3.93

迟滞阻尼　hysteresis damping

结构阻尼　structural damping

由结构内的内部摩擦引起的结构内的能量耗散。

注1：动态迟滞阻尼本质上是线性的，包括黏弹性、流变性阻尼和内摩擦。

注2：阻尼力与恢复力相位差90°。依据应力-应变定律静态迟滞阻尼是非线性的，而且对时间、应力比、应变率不敏感，并且包括塑性和塑性流变。

注3：耗散与振荡频率无关但与振幅平方成正比。

3.94

缓冲器　dashpot

机械系统中与线性系统黏性阻尼有关的阻抗元件。

注：阻抗力正比于速度，更准确地说它还含有正比于速度平方的动态力项。

3.95

临界阻尼　critical damping

临界黏性阻尼　critical viscous damping

对于单自由度系统，在自由振动中处于振荡与非振荡瞬间的临界状态所对应的阻尼值。

注：对于表2中方程所描述的单自由度系统，临界阻尼系数 $c_c=2\sqrt{mk}=2m\omega_0$，其中 ω_0 为固有(角)频率，参见固有频率(3.88)。

3.96

阻尼比　damping ratio

实际阻尼系数与临界阻尼系数之比。

注1：临界阻尼的分数也可表示成临界阻尼的百分比。

注2：参见线性阻尼系数(3.92)和临界阻尼(3.95)。

3.97

对数衰减率　logarithmic decrement

单自由度系统在阻尼固有频率振动时，任意两个相继的振动量最大值之比的自然对数。

3.98

非线性阻尼　non-linear damping

由与速度不成正比而与速度方向相反的力或力矩所产生的阻尼。

3.99

品质因数(Q)　Q factor

表征共振时的放大特性的量值。

注：Q 值等于阻尼比倒数的二分之一，即 $Q=\frac{1}{2c/c_c}$。

3.100

振动发生器　vibration generator

振动台　vibration machine

激振器　vibration exciter

专门设计用于产生振动，并能将该振动传递到其他结构或设备的机器。

注：待试验的设备可安放在发生器的台面上。在不使用台面时，发生器可通过连接轴来激励待试验的设备。

3.101

振动发生器系统　vibration generator system

振动发生器及其操作所必需的相关设备。

3.102

电动振动发生器　electrodynamic vibration generator

电动振动台　electrodynamic vibration machine

由恒定磁场和位于其中并通以适当交变电流的可动线圈的相互作用而产生激振力的振动发生器。

注：电动振动发生器的可移动部件包括振动台面、可动线圈以及参与振动的所有部件。

3.103

电磁振动发生器　electromagnetic vibration generator

电磁振动台　electromagnetic vibration machine

由电磁铁和磁性材料的相互作用而产生激振力的振动发生器。

3.104

机械直接驱动式振动发生器　mechanical direct-drive vibration generator

直接驱动式振动发生器　direct-drive vibration generator

通过硬连接使振动台受迫振动并保持其位移振幅基本恒定，且与运行负载或操作频率无关的振动发生器。

3.105

液压振动发生器　hydraulic vibration generator

通过合适的驱动装置，利用液压产生激振力的振动发生器。

3.106

机械反作用式振动发生器　mechanical reaction vibration generator

非平衡质量振动发生器　unbalanced mass vibration generator

由不平衡质量块旋转或往复运动产生激振力的振动发生器。

3.107

共振式振动发生器　resonance vibration generator

由在共振频率激励的振动系统产生激振力的振动发生器。

3.108

压电振动发生器　piezoelectric vibration gencrator

由压电晶体作为激振力产生单元的振动发生器。

3.109

磁致伸缩振动发生器　magnetostrictive vibration generator

由磁致伸缩换能器作为激振力产生单元的振动发生器。

3.110

静重　deadweight

纯质量　pure mass

集总质量　lumped mass

在所关注的频率范围内具有理想刚性质量特性的质量。

3.111

循环（动词）　cycle(verb)

通过重复操控某一设备使被控变量（如频率）遍历某一区间。

注：参见循环（名词）(3.31)。

3.112

循环周期　cycle period

设备循环时使得所有被控变量遍历受控区间所需的时间。

3.113

循环范围 cycle range

设备在被控变量(如频率)的最小值和最大值之间循环的区间。

3.114

扫描 sweep

〈振动发生器系统〉某一自变量(通常为频率)连续地通过某一区间的过程。

3.115

扫描速率 sweep rate

自变量(通常为频率)的变化率。

例如:扫描速率可表示为 df/dt,其中 f 为频率,t 为时间。

3.116

均匀扫描速率 uniform sweep rate

线性扫描速率 linear sweep rate

扫描时自变量(通常为频率)的变化率为常数的扫描速率,即 $df/dt=$常数。

注:参见扫描速率(3.115)。

3.117

对数(频率)扫描速率 logarithmic (frequency) sweep rate

每单位频率的频率变化率为常数的扫描速率,即 $(df/f)/dt=$常数。

注1:对于对数扫描速率,任意两个固定比值的频率之间的扫描时间是常数。

注2:推荐使用 oct/min 来表示对数扫描速率。

注3:参见扫描速率(3.115)。

3.118

交越频率 cross-over frequency

〈振动环境试验〉振动的某一特性从一种关系转变为另一种关系时的频率。

例如:当振动幅值或均方根值从等位移—频率关系转变为等加速度—频率关系时的频率为交越频率。

3.119

隔离器 isolator

用于减弱冲击和(或)振动传输的支承物,一般为弹性体。

注:隔离器可以是可折叠的部件、伺服机械或其他替代弹性构件的装置。

3.120

隔振器 vibration isolator

用于减弱振动在某频段传输的隔离器。

3.121

冲击隔离器 shock isolator

用于保护系统免受某一范围的冲击运动或冲击力的隔离器。

3.122

弹性中心 elastic centre

弹性装置中形变的三个主方向的交汇点。

注1:此定义适于所安装的弹性装置尺寸小于机器或设备尺寸的情况。

注2:弹性装置的主方向是指外力输入时产生变形的方向。

3.123

重心安装系统 centre-of-gravity mounting system

一种安装系统,当在这个系统中被安装的设备由平衡(中性)位置平移时,不会产生绕通过其质心的任何轴的力矩。

注1：如果一台设备由一个重心安装系统支撑着，则安装在它上面的设备所有的平动和扭转振动模态都是解耦的。

注2：重心安装系统所安装的设备的重心与装置的弹性中心(3.122)重合。

3.124

冲击吸收器　shock absorber

通过能量的耗散以减弱机械系统冲击响应的装置。

3.125

阻尼器　damper

〈振动应用〉通过能量耗散的方法来减少冲击或振动幅值的装置。

3.126

限制器　snubber

当机械系统的位移大于某个特定值时，通过增大(通常是采取突然加大的方式)系统中某一弹性元件的刚度来限制其相对位移的装置。

3.127

动力吸振器　dynamic vibration absorber

在某一需要的频率范围内，通过将能量转移到共振的辅助系统以减弱主系统振动的装置。调节辅助系统的作用力与主系统的激振力反相。

注1：动力吸振器可以是阻尼的或无阻尼的，因阻尼不是其主要目的。

注2：没有阻尼元件的动力吸振器犹如动态振动调和器，它只将能量反给振源，而并不吸收。

3.128

动力减振器　detuner

频率特性与振幅相关的辅助振动系统，它可用于改变与其相连的主系统的振动特性。

例如：由非线性弹簧控制的辅助质量块。

4　机械冲击

4.1

冲击　shock

能激起系统瞬态扰动的力、位置、速度或加速度的突然变化。

注：突然变化系指变化时间小于系统的基本周期。

4.2

冲击脉冲　shock pulse

用时变参数的突然上升和/或突然下降来表征的激励形式。

注1：宜使用描述性的力学术语，比如加速度冲击脉冲。

注2：也可以用运动、力或速度表征冲击脉冲。

4.3

冲击运动　shock motion

由冲击激励所产生的瞬态运动。

4.4

碰撞　impact

两个物体的单次互撞。

4.5

冲量　impulse

力与力作用时间的积分。

注1：在冲击使用时，时间间隔相对较短。

注 2：对于恒力，冲量为力与力作用时间的乘积。

注 3：由瞬态力引起的激励称之为脉冲激励。

4.6

连续冲击　bump

试验所用的多次重复的冲击形式。

4.7

理想冲击脉冲　ideal shock pulse

可以用简单时间函数描述的冲击脉冲。

例：见 4.8 到 4.14 所定义的冲击脉冲。

4.8

半正弦冲击脉冲　half-sine shock pulse

时间历程曲线为一个周期正弦波的正半周期（或负半周期）的冲击脉冲。

4.9

后峰锯齿冲击脉冲　final peak sawtooth shock pulse；terminal peak sawtooth shock pulse

时间历程曲线是三角形的，即运动量由零线性地增加到最大值，然后在一瞬间降落到零的冲击脉冲。

4.10

前峰锯齿冲击脉冲　initial peak sawtooth shock pulse

运动量在一瞬间上升到最大值，然后线性地减少到零的冲击脉冲。

4.11

对称三角形冲击脉冲　symmetrical triangular shock pulse

时间历程曲线为等腰三角形的冲击脉冲。

4.12

正矢冲击脉冲　versine shock pulse

半正矢冲击脉冲　haversine shock pulse

时间历程曲线为自零开始的、且包含一个完整周期的正矢（正弦平方）冲击脉冲。

4.13

矩形冲击脉冲　rectangular shock pulse

时间历程曲线为自零开始瞬间上升到一给定值并保持脉冲期间该定值不变，随后瞬间降落到零的冲击脉冲。

4.14

梯形冲击脉冲　trapezoidal shock pulse

时间历程曲线为自零开始线性上升到一给定值并保持一段时间该定值不变，随后线性地降落到零的冲击脉冲。

4.15

标称冲击脉冲　nominal shock pulse

标称脉冲　nominal pulse

带有给定公差的特定冲击脉冲。

注 1：标称冲击脉冲是一般性术语，需要附加修饰词使其含义明确，比如标称半正弦冲击脉冲或标称锯齿脉冲。

注 2：理想标称脉冲的公差可以用脉冲形状（包括面积）或相应的谱来表示。

4.16

冲击脉冲的标称值　nominal value of a shock pulse

针对规定公差所给出的规定值（如峰值或持续时间）。

4.17

冲击脉冲的持续时间 duration of shock pulse

冲击脉冲的运动量上升到某一设定最大值的分数值和下降到该值的时间间隔。

注：对实测脉冲，“设定值”通常取最大值的 1/10；对理想脉冲，“设定值”取为 0。

4.18

上升时间 rise time

脉冲上升时间 pulse rise time

脉冲值从某一设定的最大值的较小分数值上升到设定的该最大值的较大分数值所需要的时间间隔。

注：对实测脉冲，“设定的较小分数值”通常取 1/10，“设定的较大分数值”通常取 9/10。对理想脉冲，相应的分数值通常取为 0 和 1。

4.19

脉冲下降时间 pulse drop-off time

脉冲衰减时间 pulse decay time

脉冲值从某一设定的最大值的较大分数值下降到设定的该最大值的较小分数值所需要的时间间隔。

注：参见脉冲上升时间(4.18)的注。

4.20

冲击波 shock wave

通过介质或结构传播的冲击时间历程(如位移、压力或其他变量等)。

注：在液体和气体介质中，冲击波通常用压力突然上升到相当大值时的波阵面来表征。

4.21

冲击试验机 shock testing machine

冲击机 shock machine

对系统施加可控的和可再现的机械冲击的试验设备。

4.22

冲击响应谱 shock response spectrum

一系列均匀阻尼的单自由度系统对施加的冲击输入的最大响应。

注 1：冲击响应谱是一般性术语。需要附加修饰词使其含义明确，比如加速度、速度或位移冲击响应谱。

注 2：如果没有给定系统阻尼的大小和类型，就假定为无阻尼。除非另外说明，冲击响应为最大绝对值，它与最大值的符号和出现的时刻无关。该响应经常被称为最大冲击响应谱。若提及的是其他类型的冲击响应谱，则需要特别说明。

注 3：在振动发生器系统上测试施加特定地面地震运动得到的结构冲击响应谱，称之为地面响应谱。

5 冲击与振动测量传感器

5.1

传感器 transducer

将一种能量转换为另一种能量形式的装置，这种转换将输入能量所期望的特征在输出中表现出来。

注 1：输出通常为电参数。

注 2：不推荐使用英语术语“pick up”。

5.2

机电传感器 electromechanical transducer

将被测的机械量(应变、力、运动等)按一定规律转换成电量或电参数(反之亦然)的传感装置。

注 1：不推荐使用英语术语“pick up”。

注2：用于振动和冲击的机电传感器的主要类型有：

a) 压电加速度计；
b) 压阻加速度计；
c) 应变计式加速度计；
d) 可变电阻传感器；
e) 静电(电容)传感器；
f) 金属丝(片)应变计；
g) 可变磁阻传感器；
h) 磁致伸缩传感器；
i) 移动导体传感器；
j) 动圈式传感器；
k) 感应传感器；
l) 电子传感器；
m) 激光多普勒振动计；
n) 电涡流传感器。

5.3

惯性传感器 seismic transducer

由惯性系统中质量与基座之间的差动产生电参数输出的传感器。

注：加速度传感器的工作频率范围低于惯性系统的固有频率；速度和位移传感器的工作频率高于惯性系统的固有频率。

5.4

线性传感器 linear transducer

对给定的频率范围和幅值范围，输出量与输入量在指定的允差内成线性关系的传感器。

5.5

不可逆传感器 unilateral transducer

只能做单向传输，即输出端不能受外来信号激励的传感器。

5.6

可逆传感器 bilateral transducer

能在输入端和输出端之间作双向传输的传感器。

注：可逆传感器通常满足互易原理。

5.7

敏感元件 sensing element

由输入激励激活且提供输出信号的传感器的部件。

5.8

直线传感器 rectilinear transducer

测量平移运动特征量的传感器。

注：修饰词“直线(rectilinear)”仅用于需要区别该类传感器与那些对旋转运动敏感的传感器。

5.9

角传感器 angular transducer

测量旋转运动特征量的传感器。

5.10

加速度计 accelerometer

加速度传感器 acceleration transducer

将输入加速度转换成与其成比例的输出量(通常为电参数)的传感器。

5.11

速度传感器　velocity transducer

将输入速度转换成与其成比例的输出量(通常为电参数)的传感器。

5.12

位移传感器　displacement transducer

将输入位移转换成与其成比例的输出量(通常为电参数)的传感器。

5.13

示振仪　vibrograph

能显示振动波形的振荡纪录，通常自成系统的机械式仪器。

5.14

振动计　vibrometer

具有一路或多路与位移或速度成比例的输出(通常为电压)的仪器。

5.15

力传感器　force transducer

将输入力转换成与其成比例的输出量(通常为电参数)的传感器。

5.16

(传感器的)灵敏度　sensitivity (of a transducer)

传感器的指定输出量与指定输入量之比。

注：作为频率的函数的传感器灵敏度通常用正弦激励的方法测定。

5.17

(传感器的)动态范围　dynamic range (of a transducer)

传感器能够测量到的数值范围。

5.18

(传感器的)校准系数　calibration factor (of a transducer)

在规定的频率范围内的平均灵敏度。

注：参见灵敏度(5.16)。

5.19

(直线传感器的)灵敏轴　sensitive axis (of a rectilinear transducer)

直线传感器具有最大灵敏度的标称轴。

5.20

(传感器的)横向轴　transverse axis(of a transducer)

任一与灵敏轴垂直的标称轴。

5.21

(直线传感器的)横向灵敏度　transverse sensitivity(of a rectilinear transducer)

横向灵敏度　cross axis sensitivity

传感器在与其灵敏轴垂直的标称方向被激励时的灵敏度。

注：横向灵敏度通常是选定轴的标称方向上的函数。

5.22

(直线传感器的)横向灵敏度比　transverse sensitivity ratio (of a rectilinear transducer)

横向灵敏度比　cross axis sensitivity ratio

直线传感器的横向灵敏度与沿灵敏轴方向的灵敏度之比。

注：横向灵敏度比有时用百分比表示。

5.23

传感器相移 transducer phase shift

正弦激励时传感器的输出与输入之间的相位角。

5.24

传感器失真 transducer distortion

传感器的输出与输入不成比例时所呈现的失真。

5.25

(传感器的)幅值失真 amplitude distortion (of a transducer)

传感器在给定频率的输出与其输入之比随输入幅值而变化所呈现的失真。

5.26

(传感器的)频率失真 frequency distortion (of a transducer)

在给定的频率范围内,对于给定的激励振幅,当传感器的振幅灵敏度不是常数时所呈现的失真或响应。

5.27

(传感器的)相位失真 phase distortion (of a transducer)

当传感器的输出与它的输入间的相位角不是频率的线性函数时所呈现的失真。

6 信号处理

6.1

数据 data

对某物理量进行测量的采样值。

6.2

采样 sampling

以时间、角度、转数或其他独立机械变量的值为序对一个变化的物理量进行的测量。

注:这个词的其他意思可能被用于特定的领域中,如统计学。

6.3

采样频率 sampling frequency

对于均匀的采样数据,单位时间内采样的点数。

6.4

采样周期 sampling period

两个连续采样点之间的持续时间。

6.5

奈奎斯特频率 Nyquist frequency

以给定的采样速率采集的数据之最大可用频率。

注:奈奎斯特频率 $f_N = f_s/2$

其中:f_s——采样频率。

6.6

采样速率 sampling rate

对均匀采样数据,每单位时间、角度、转数或其他独立机械变量下的采样个数。

6.7

采样间隔 sampling interval

两连续采样之间以物理单位或工程单位(例如:时间,角度,转数)表示的数量。

6.8

频率分辨率　frequency resolution

两相邻谱线之间的频率差。

注：这等于进行傅里叶变换的数据块时间总长的倒数。

6.9

傅里叶变换　Fourier transform

某瞬态振动的频率描述。

注1：瞬时振动 $x(t)$ 的傅里叶变换为：

$$X(f)=\int_{-\infty}^{\infty}x(t)\mathrm{e}^{-2\pi ift}\,\mathrm{d}t$$

注2：时间间隔 T 内测量的振动数据 $x(t)$ 的傅里叶变换为：

$$X(f_m)=\int_{0}^{T}x(t)\mathrm{e}^{-2\pi if_m t}\,\mathrm{d}t$$

式中：

$f_m=\frac{m}{T}$；

m——整数。

6.10

傅里叶级数　Fourier series

一组振动采样数据的频率描述。

注1：在 $n\Delta t$ 时间内采样的振动数据 $x(n)$ 的傅里叶级数 X 为(其中 $0\leqslant n\leqslant N-1$ 且 Δt 为采样间隔)：

$$X(m)=\frac{1}{f_s}\sum_{n=0}^{N-1}x(n)\mathrm{e}^{-2\pi inm}$$

式中：

$f_s=1/\Delta t$——采样频率；

$X(m)$——在频率为 $m/(N\Delta t)$ 处的采样值；

m——整数，且 $0\leqslant m\leqslant N-1$。

6.11

均方根谱　rms spectrum

幅值谱用来量化正弦、谐波和非谐波信号的分量，例如来自不平衡转子、齿轮或滚动轴承的振动。

注1：对时间间隔 T 内测量的数据块，有物理单位或工程单位 U 的采样信号 $x(n)$ $(0\leqslant n\leqslant N)$ 的均方根谱 R_{xx} 表达为：

$$R_{xx}(0)=\frac{f_s}{NC_a}\mid X(0)\mid$$

$$R_{xx}(f_m)=\frac{\sqrt{2}f_s}{NC_a}\mid X(f_m)\mid\quad\left(1\leqslant m\leqslant\frac{N}{2}-1\right)$$

式中：

$f_s=1/\Delta t$——采样频率；

C_a——振幅比例因子；

N——数据块的采样数；

n——时间序号；

R_{xx}——频率 $m/(N\Delta t)$ 处的采样值；

Δt——两连续时域采样点之间的时间间隔；

m——整数 $(0\leqslant m\leqslant N-1)$。

注2：均方根谱的物理单位或工程单位为 U_{rms}。

6.12

功率谱密度　power spectral density

自功率谱密度　auto-spectral density

随机、连续信号的频域描述的量值。

注1：时间间隔 T 内测量的采样数据块的功率谱密度 P_{xx} 为下列平均：

$$P_{xx}(m)=E\left\{\frac{2}{T}\mid X(m)\mid^2\right\}\quad(0\leqslant m\leqslant\frac{N}{2}-1)$$

注2：功率谱密度的物理单位或工程单位为 U^2/Hz。

注3：功率谱密度是一个通称术语，使用时不考虑时间历程所代表的物理过程。对于涉及到的物理过程，根据特定的数据加以说明。例如，当要描述加速度谱时，用“加速度功率谱密度”或“加速度谱密度”术语来代替功率谱密度。

6.13

能量谱密度　energy spectral density

瞬态信号的频域描述的量值。

注1：包括完整信号的一个时间间隔内采集的数据块的能量谱密度 e_{xx} 为：

$$e_{xx}(m)=2\mid X(m)\mid^2\quad(0\leqslant m\leqslant\frac{N}{2}-1)$$

注2：如果数据 $x(n)$ 是从一个随机过程中采集的，那么就取上式的平均。

6.14

互功率谱密度　cross spectral density

两信号在频域内关系的量值。

注1：对于由能量谱密度描述的信号，互谱为互能量谱密度 e_{xy}：

$$e_{xy}(m)=2X^*(m)Y(m)\quad(0\leqslant m\leqslant\frac{N}{2}-1)$$

其中对随机信号取平均值。

注2：对由功率谱描述的随机信号，互功率谱密度是 P_{xy}：

$$P_{xy}(m)=\frac{2}{T}E\{X^*(m)Y(m)\}\quad(0\leqslant m\leqslant\frac{N}{2}-1)$$

6.15

相干函数　coherence function

在频域内两信号之间关系的无量纲度量。

注1：对由能量谱密度描述的信号，其相干函数 γ_{xy} 为：

$$\gamma_{xy}^2(m)=\frac{\mid e_{xy}(m)\mid^2}{e_{xx}(m)e_{yy}(m)}\quad(0\leqslant m\leqslant\frac{N}{2}-1)$$

注2：对由功率谱密度描述的信号，其相干函数 γ_{xy} 为：

$$\gamma_{xy}^2(m)=\frac{\mid P_{xy}(m)\mid^2}{P_{xx}(m)P_{yy}(m)}\quad(0\leqslant m\leqslant\frac{N}{2}-1)$$

注3：相干函数的取值介于0和1之间。

6.16

统计自由度　statistical degrees of freedom

某概率的统计学估计中独立变量的个数。

注：自由度的个数决定了估计的统计精度。

6.17

迭混误差　aliasing error

迭混　aliasing

由高于奈奎斯特频率和低于奈奎斯特频率的谱分量混合而引起的谱能量的误差。

同义词：混迭误差。

6.18

窗函数　window function

窗　window

预定义的数学函数,它与数据块相乘用以改善频率描述的某些特性。

注1:如果用了窗函数,就必须用振幅比例常数。

注2:窗函数用于减小处理加权数据点的误差。

6.19

振幅比例因子　amplitude scaling factor

由窗函数导出的常数,用来修正窄带信号频率描述的振幅。

注:振幅比例因子可表示为:

$$C_a = \frac{1}{N}\sum_{n=0}^{N-1} w(n)$$

式中:

$w(n)$——窗函数。

6.20

有效噪声带宽　effective noise bandwidth

加窗信号频线之间的带宽,用来量化噪声的频率描述。

6.21

时间历程　time history

作为时间函数的物理或工程量的取值序列。

6.22

旁瓣　sidelobes

由有限时间窗傅里叶变换引起的频域上的虚假峰值。

6.23

谱泄漏　spectral leakage

由窗函数傅里叶变换引起的频域峰值的加宽。

6.24

泄漏误差　leakage error

由记录时间与关注频率的不匹配引起的频谱误差。

6.25

确定性振动　deterministic vibration

能够预测在某一时刻瞬时值的振动。

注:振动可由一个已知输入(例如冲击)的响应来产生,或能够从另一个测量量(例如轴位置)来预测。

6.26

集合　ensemble

集　set

时间历程的总体。

6.27

谱线数　number of lines

显示出来的谱线数目。

6.28

记录长度　record length

采样数据点的一个连续集合中所包含的数据点的个数。

6.29

平稳过程　stationary process

统计特性不随时间而变的时间历程的集合。

6.30

各态历经过程　ergodic process

具有时间平均可替代总体平均的统计特性的平稳过程。

注：对任意时间历程进行的时间平均将和相应的集合统计平均相等。

6.31

随机过程　random process; stochastic process

以统计特性来表达特征的时间历程的集合。

6.32

自相关函数　autocorrelation function

数据在某时刻的值与另一时刻的值乘积的平均。

注1：随机振动 $x(t)$ 的自相关函数 r_{xx} 为平均 E：

$$r_{xx}(t,\tau)=E\{x(t)x(t-\tau)\}$$

注2：如果振动是平稳的，那么自相关函数仅是时延 τ 的函数。如果振动为各态历经的，那么取时间段上的平均。如果振动为非各态历经的，那么必须对独立样本取统计平均。

6.33

互相关函数　cross-correlation function

不同时刻两个物理量或工程量的两组数据集 $x(t)$ 和 $y(t)$ 乘积的平均值，即某时刻一组数据的值与另外一组数据另一时刻的值乘积的平均值。

注1：随机振动 $x(t)$ 和 $y(t)$ 的互相关函数 r_{xy} 为平均 E：

$$r_{xy}(t,\tau)=E\{x(t)y(t-\tau)\}$$

注2：见自相关函数(6.32)的注2。

6.34

标准化自相关函数　normalized autocorrelation function

自相关函数与其零时延时的值之比。

注：标准化自相关系数 ρ_{xx} 为：

$$\rho_{xx}(t,\tau)=\frac{r_{xx}(t,\tau)}{r_{xx}(t,0)}$$

6.35

标准化互相关系数　normalized cross-correlation coefficient

互相关函数与两个零时延自相关函数乘积的平方根之比。

注1：标准化互相关系数 ρ_{xy} 为：

$$\rho_{xy}(t,\tau)=\frac{r_{xy}(t,\tau)}{\sqrt{r_{xx}(t,0)r_{yy}(t,0)}}$$

注2：对任一时延 τ，标准化互相关系数满足 $-1\leqslant\rho_{xy}(\tau)\leqslant 1$。

6.36

有效带宽(某特定带通滤波器的)　effective bandwidth (of a specified band-pass filter)

当某特定带通滤波器与某理想滤波器接受同样的白噪声信号时，如果理想滤波器在通带内有平坦的响应，且与特定带通滤波器传输的功率相同，则称理想滤波器的带宽为该带通滤波器的有效带宽。

注：有效带宽可以由滤波器对白噪声激励均方响应除以激励谱密度与最大传递平方的积来测量。

6.37

信号带宽　signal bandwidth

关注的频率上限和频率下限之间的频率间隔。

6.38

置信水平　confidence level

统计量真值落在给定的范围内的概率值。

6.39

概率　probability

某一振动事件发生的可能性的表示。

注1：某一特定事件发生的概率通常用此事件发生的次数与所考虑的所有类型事件发生的总次数的比来估计。

注2：对平稳随机振动，其幅值位于某一给定幅值范围内的概率等于振动幅值在此范围内的时间与总观测时间之比。

注3：在确定概率时需要大量的事件或很长的观察时间。

注4：概率为1意味着事件的发生是必然的。概率为0意味着它不会发生。

注5：振动幅值在某一给定范围的概率等于振动概率密度函数在给定范围内的积分。见概率密度函数(6.41)。

6.40

概率密度　probability density

〈振动理论〉对于某一指定振动幅值，其概率密度为振动幅值在某给定增量范围内的概率与增量范围的大小之比。

注1：振动量 x 的概率密度为：

$$p(x_m) = \lim_{\Delta x_m \to 0} \frac{P(\Delta x_m)}{\Delta x_m}$$

或

$$p(x) = \frac{\mathrm{d}P(x)}{\mathrm{d}x}$$

式中：

$p(x_m)$——在 x_m 的概率密度；

Δx_m——从幅值 x_m 处开始的幅值增量范围；

$P(\Delta x_m)$——振动幅值在 x_m 和 $x_m+\Delta x_m$ 之间取值的概率。

注2：概率密度 $p(x)$ 是累积概率分布函数 $P(x)$ 对 x 的导数(见6.41)。

6.41

概率密度函数　probability density function

概率密度分布曲线　probability density distribution curve

〈振动理论〉涉及振动的概率密度的表达式。

注1：概率密度给定的函数 $p(x)$、正态分布和瑞利分布均为概率密度函数。

注2：概率密度分布曲线是概率密度函数图形化的表示。概率密度曲线下的总面积为1。

6.42

置信区间　confidence interval

给定概率的统计量真值所在的范围。

7　状态监测与诊断

7.1

滚珠通过内圈频率　ball pass frequency, inner

f_{BPI}

减摩轴承的滚动元件通过内圈上的缺陷时产生的频率。

注：产生的频率为：

$$f_{\mathrm{BPI}} = \frac{N_b}{2} \mid S \mid \left(1 + \frac{d_{\mathrm{B}}}{d_{\mathrm{P}}} \cos\theta\right)$$

式中：

f_{BPI}——滚珠通过内圈的频率，单位为赫兹(Hz)；

N_b——滚动元件数；

d_B——滚珠直径，单位为毫米(mm)；

d_P——轴承节径，单位为毫米(mm)；

S——转速，单位为转每秒(r/s)；

θ——接触角，单位为度(°)。

7.2

滚珠通过外圈频率　ball pass frequency, outer

f_{BPO}

减摩轴承的滚动元件通过外圈上的缺陷时产生的频率。

注：当外圈静止时产生的频率为：

$$f_{BPO}=\frac{N_b}{2}\mid S\mid\left(1-\frac{d_B}{d_P}\cos\theta\right)$$

式中：

f_{BPO}——滚珠通过外圈的频率，单位为赫兹(Hz)；

N_b——滚动元件数；

d_B——滚珠直径，单位为毫米(mm)；

d_P——轴承节径，单位为毫米(mm)；

S——转速，单位为转每秒(r/s)；

θ——接触角，单位为度(°)。

7.3

滚珠自旋频率　ball spin frequency

f_{BS}

减摩轴承绕轴承外壳旋转时其每个滚动元件的自旋频率。

注：滚珠自旋频率为：

$$f_{BS}=\frac{d_P}{2d_B}\mid S\mid\left[1-\left(\frac{d_B}{d_P}\right)^2\cos^2\theta\right]$$

式中：

f_{BS}——滚珠自旋频率，单位为赫兹(Hz)；

d_B——滚珠直径，单位为毫米(mm)；

d_P——轴承节径，单位为毫米(mm)；

S——转速，单位为转每秒(r/s)；

θ——接触角，单位为度(°)。

7.4

轴承保持架损坏频率　fundamental train frequency

f_{FT}

当保持架存在故障时减摩轴承产生的振动频率。

注1：当外圈静止时产生的频率为：

$$f_{FT}=\frac{S}{2}\left(1-\frac{d_B}{d_P}\cos\theta\right)$$

注2：当外圈旋转时产生的频率为：

$$f_{FT}=\frac{S}{2}\left(1+\frac{d_B}{d_P}\cos\theta\right)$$

式中：

f_{FT}——轴承保持架损坏频率，单位为赫兹(Hz)；

S——转速，单位为转每秒(r/s)；

d_B——滚珠直径,单位为毫米(mm);

d_P——轴承节径,单位为毫米(mm);

θ——接触角,单位为度(°)。

注 3:如果内圈和外圈都旋转,则根据相对旋转方向来决定取正号还是负号。

7.5

主带频　primary belt frequency

f_b

传动带每秒钟完成循环的次数。

注:此频率为

$$f_b = -\frac{\pi d_s S}{B_l}$$

式中:

f_b——主带频,单位为赫兹(Hz);

d_s——带轮直径,单位为毫米(mm);

S——带轮的转速,单位为转每秒(r/s);

B_l——传动带带长,单位为毫米(mm)。

7.6

陀螺力矩　gyroscopic moment

对轴产生的能够增加或减少固有频率的振动涡动转矩的交叉效应。

注:在转子动力学中陀螺效应是由与旋转轴倾斜并具有角动量的转子涡动所产生的。

7.7

挠曲振动　flexural vibration

产生挠曲的物体的振动,这种挠曲能够产生物体内弹性(或塑性)变形。

注 1:它与振动系统的振型有关。

注 2:在由两个轴承支承的轴或梁中,挠曲振动是指相对于轴或梁在静平衡条件下的中性轴的位移。

7.8

涡动　whirling

转子的单个元件例如在不平衡力作用下偏离静挠曲线的变形引起的转子的运动。

注:相对于静挠曲线的运动被描述为轴的涡动。

7.9

油膜振荡　oil whip

液体轴承支承的转子由于液体轴承切向力的增加而产生的自激振动。

7.10

喘振　surging

由于系统背压不稳定引起的风机或压缩机中流体的振动。

7.11

颤振　flutter

由周围气体或流体的运动产生的动态交互作用而引起的结构的自激振动。

7.12

晃动　sloshing

充注部分液体的运动容器中液体自由液面的振荡。

注:充注部分液体的运动容器例子包括车用液体贮罐、抗地震贮水箱和船用燃油柜。

7.13

流体导致的振动　flow induced vibration

由流体流动波动导致的振动。

参 考 文 献

[1] GB/T 6444 机械振动 平衡词汇(GB/T 6444—2008,ISO 1925:2001,IDT).

[2] GB/T 15619 机械振动与冲击 人体暴露 词汇(GB/T 15619—2005,ISO 5805:1997,IDT).

[3] GB/T 20921 机器状态监测与诊断 词汇(GB/T 20921—2007,ISO 13372:2004,IDT).

[4] GB/T 23715 振动与冲击发生器系统 词汇(GB/T 23715—2009,ISO 15261:2004,IDT).

[5] ISO 18431-1 机械振动与冲击 信号处理 第1部分:一般引论.

[6] ISO 80000-3:2006 量和单位 第3部分:空间与时间.

[7] IEC 60050-801,国际电子技术词汇 801篇,声学与电子声学.

中 文 索 引

英 文 索 引

A

B

C

L

M

N

O

P

W

ICS 65.080
G 20

中华人民共和国国家标准

GB/T 2441.2—2010
代替 GB/T 2441.2—2001

尿素的测定方法 第2部分:缩二脲含量 分光光度法

Determination of urea—Part 2: Biuret content—Spectrophotometric method

2010-06-30 发布 2011-01-01 实施

中华人民共和国国家质量监督检验检疫总局
中国国家标准化管理委员会 发布

前　言

GB/T 2441《尿素的测定方法》分为以下九个部分：

——第1部分：总氮含量；

——第2部分：缩二脲含量　分光光度法；

——第3部分：水分　卡尔·费休法；

——第4部分：铁含量　邻菲啰啉分光光度法；

——第5部分：碱度　容量法；

——第6部分：水不溶物含量　重量法；

——第7部分：粒度　筛分法；

——第8部分：硫酸盐含量　目视比浊法；

——第9部分：亚甲基二脲含量　分光光度法。

本部分为GB/T 2441的第2部分。

本部分代替GB/T 2441.2—2001《尿素测定方法　缩二脲含量的测定　分光光度法》。

本部分与GB/T 2441.2—2001相比主要变化如下：

——删除了ISO前言。

本部分由中国石油和化学工业协会提出。

本部分由全国肥料和土壤调理剂标准化技术委员会(SAC/TC 105)归口。

本部分起草单位：国家化肥质量监督检验中心(上海)。

本部分主要起草人：张求真、孙丹。

本部分所代替标准的历次版本发布情况为：

——GB/T 2443—1981，GB/T 2443—1991，GB/T 2441.2—2001。

尿素的测定方法
第2部分:缩二脲含量 分光光度法

1 范围

GB/T 2441 的本部分规定了用铜复盐分光光度法测定尿素中缩二脲含量。

本部分适用于由氨和二氧化碳合成制得的尿素缩二脲含量的测定。

2 规范性引用文件

下列文件中的条款通过 GB/T 2441 的本部分的引用而成为本部分的条款。凡是注日期的引用文件,其随后所有的修改单(不包括勘误的内容)或修订版均不适用于本部分,然而,鼓励根据本部分达成协议的各方研究是否可使用这些文件的最新版本。凡是不注日期的引用文件,其最新版本适用于本部分。

HG/T 2843 化肥产品 化学分析常用标准滴定溶液、标准溶液、试剂溶液和指示剂溶液。

3 原理

缩二脲在硫酸铜、酒石酸钾钠的碱性溶液中生成紫红色配合物,在波长为 550 nm 处测定其吸光度。

4 试剂和溶液

本部分中所用试剂、溶液和水,在未注明规格和配制方法时,均应符合 HG/T 2843 的规定。

4.1 硫酸铜溶液,15 g/L;

4.2 酒石酸钾钠碱性溶液,50 g/L;

4.3 缩二脲标准溶液,2.00 g/L。

5 仪器

5.1 通常实验室用仪器;

5.2 水浴 30 ℃±5 ℃;

5.3 分光光度计,带有 3 cm 的吸收池。

6 分析步骤

做两份试料的平行测定。

6.1 标准曲线的绘制

6.1.1 标准比色溶液的制备。

6.1.2 按表 1 所示,将缩二脲标准溶液依次分别注入八个 100 mL 量瓶中。

表 1 缩二脲标准溶液加入量

缩二脲标准溶液体积/mL	缩二脲的对应量/mg
0	0
2.50	5.00
5.00	10.0
10.0	20.0

表 1（续）

缩二脲标准溶液体积/mL	缩二脲的对应量/mg
15.0	30.0
20.0	40.0
25.0	50.0
30.0	60.0

每个量瓶用水稀释至约 50 mL，然后依次加入 20.0 mL 酒石酸钾钠碱性溶液和 20.0 mL 硫酸铜溶液，摇匀，稀释至刻度，把量瓶浸入 30 ℃±5 ℃的水浴中约 20 min，不时摇动。

6.1.3 吸光度测定

在 30 min 内，以缩二脲为零的溶液作为参比溶液，在波长 550 nm 处，用分光光度计测定标准比色溶液的吸光度。

6.1.4 标准曲线的绘制

以 100 mL 标准比色溶液中所含缩二脲的质量(mg)为横坐标，相应的吸光度为纵坐标作图，或求线性回归方程。

6.2 测定

6.2.1 试液制备

根据尿素中缩二脲的不同含量，按表 2 确定称样量后称样，准确至 0.000 2 g。然后将称好的试料仔细转移至 100 mL 量瓶中，加少量水溶解(加水量不得大于 50 mL)，放置至室温，依次加入 20.0 mL 酒石酸钾钠碱性溶液和 20.0 mL 硫酸铜溶液，摇匀，稀释至刻度，将量瓶浸入 30 ℃±5 ℃的水浴中约 20 min，不时摇动。

表 2 不同缩二脲含量的称取试料量

缩二脲(w)/%	$w\leqslant 0.3$	$0.3<w\leqslant 0.4$	$0.4<w\leqslant 1.0$	$w>1.0$
称取试样量/g	10	7	5	3

6.2.2 空白试验

按上述操作步骤进行空白试验，除不加试料外，操作步骤和应用的试剂与测定时相同。

6.2.3 吸光度测定

与标准曲线绘制步骤相同，对试液和空白试验溶液进行吸光度的测定。

注 1：如果试液有色或浑浊有色，除按 6.2 测定吸光度外，另于 2 只 100 mL 量瓶中，各加入 20.0 mL 酒石酸钾钠碱性溶液，其中一个加入与显色时相同体积的试料，将溶液用水稀释至刻度，摇匀。以不含试料的试液作为参比溶液，用测定时的同样条件测定另一份溶液的吸光度，在计算时扣除之。

注 2：如果试液只是浑浊，则加入 0.3 mL 盐酸[$c(HCl)=1$ mol/L]，剧烈摇动，用中速滤纸过滤，用少量水洗涤，将滤液和洗涤液定量收集于量瓶中，然后按试液的制备进行操作。

7 分析结果的表述

从标准曲线查出所测吸光度对应的缩二脲的质量或由曲线系数求出缩二脲的质量。

缩二脲(Biu)含量 w，以质量分数(%)表示，按式(1)计算：

$$w=\frac{(m_1-m_2)\times 10^{-3}}{m}\times 100=\frac{m_1-m_2}{m\times 10} \qquad \cdots\cdots(1)$$

式中：

m_1——试料中测得缩二脲的质量的数值，单位为毫克(mg)；

m_2——空白试验所测得的缩二脲的质量的数值，单位为毫克(mg)；

m——试料的质量的数值，单位为克(g)。

计算结果表示到小数点后两位,取平行测定结果的算术平均值为测定结果。

8 允许差

平行测定结果的绝对差值不大于0.05%;

不同实验室测定结果的绝对差值不大于0.08%。

ICS 65.080
G 20

中华人民共和国国家标准

GB/T 2441.3—2010
代替 GB/T 2441.3—2001

尿素的测定方法 第3部分:水分 卡尔·费休法

Determination of urea—Part 3:Water content—Karl Fischer method

2010-06-30 发布　　2011-01-01 实施

中华人民共和国国家质量监督检验检疫总局
中国国家标准化管理委员会 发布

前　言

GB/T 2441《尿素的测定方法》分为以下九个部分：

——第1部分：总氮含量；

——第2部分：缩二脲含量　分光光度法；

——第3部分：水分　卡尔·费休法；

——第4部分：铁含量　邻菲啰啉分光光度法；

——第5部分：碱度　容量法；

——第6部分：水不溶物含量　重量法；

——第7部分：粒度　筛分法；

——第8部分：硫酸盐含量　目视比浊法；

——第9部分：亚甲基二脲含量　分光光度法。

本部分为GB/T 2441的第3部分。

本部分代替GB/T 2441.3—2001《尿素测定方法　水分的测定　卡尔·费休法》。

本部分与GB/T 2441.3—2001相比主要变化如下：

——删除了ISO前言。

本部分由中国石油和化学工业协会提出。

本部分由全国肥料和土壤调理剂标准化技术委员会(SAC/TC 105)归口。

本部分起草单位：国家化肥质量监督检验中心(上海)。

本部分主要起草人：张求真、房朋。

本部分所代替标准的历次版本发布情况为：

——GB/T 2444—1981，GB/T 2444—1991，GB/T 2441.3—2001。

尿素的测定方法
第3部分：水分　卡尔·费休法

1　范围

GB/T 2441 的本部分规定了用卡尔·费休法测定尿素中水分。

本部分适用于由氨和二氧化碳合成制得的尿素水分的测定。

仲裁时，采用含吡啶的卡尔·费休试剂。

2　规范性引用文件

下列文件中的条款通过 GB/T 2441 的本部分的引用而成为本部分的条款。凡是注日期的引用文件，其随后所有的修改单（不包括勘误的内容）或修订版均不适用于本部分，然而，鼓励根据本部分达成协议的各方研究是否可使用这些文件的最新版本。凡是不注日期的引用文件，其最新版本适用于本部分。

GB/T 6283　化工产品中水分含量的测定　卡尔·费休法（通用方法）

HG/T 2843　化肥产品　化学分析常用标准滴定溶液、标准溶液、试剂溶液和指示剂溶液

3　原理

存在于试料中的水分，与已知水滴定度的卡尔·费休试剂进行定量反应，反应式如下：

$$H_2O+I_2+SO_2+3C_5H_5N \longrightarrow 2C_5H_5N\cdot HI+C_5H_5N\cdot SO_3$$

$$C_5H_5N\cdot SO_3+CH_3OH \longrightarrow C_5H_5NH\cdot OSO_2OCH_3$$

4　试剂

下列的部分试剂和溶液易燃且对人体有毒有害，操作者应小心谨慎！如溅到皮肤上应立即用水冲洗或适合的方式进行处理，如有不适应立即就医。

本部分中所用试剂、溶液和水，在未注明规格和配制方法时，均应符合 HG/T 2843 的规定。

4.1　卡尔·费休试剂；

4.1.1　含吡啶的卡尔·费休试剂；

4.1.2　不含吡啶的卡尔·费休试剂；

4.2　甲醇（脱水）；

4.3　二水酒石酸钠。

5　仪器

卡尔·费休直接电量滴定仪器，其典型装置按 GB/T 6283 配置。

6　分析步骤

做两份试料的平行测定。

6.1　卡尔·费休试剂的标定

按 GB/T 6283 规定步骤，用水或二水酒石酸钠标定试剂对水的滴定度 T。

6.2　测定。

用称量管称量 1 g～5 g 实验室样品(精确至 0.000 2 g),要求称取的试料量消耗卡尔·费休试剂体积不超过 10 mL。

通过卡尔·费休仪器的排泄嘴,将滴定容器中残液放完,加 50 mL 甲醇于滴定容器中,甲醇用量须足以淹没电极,打开电磁搅拌器,与标定卡尔·费休试剂一样,用卡尔·费休试剂滴定至电流计产生与标定时同样的偏斜,并保持稳定 1 min。

打开加料口橡皮塞,迅速将已称量过的称量管中试料倒入滴定容器中,立即盖好橡皮塞,搅拌至试料溶解,用卡尔·费休试剂如上述滴定甲醇中水量一样滴定至终点,记录所消耗卡尔·费休试剂的体积(V)。

称量加完试料后称量管的质量,以确定所用试料的质量(m)。

7 分析结果的表述

水分 w,以质量分数(%)表示,按式(1)计算:

$$w=\frac{T\times V\times 100}{m\times 1\ 000}=\frac{T\times V}{m\times 10} \qquad (1)$$

式中:

T——卡尔·费休试剂对水的滴定度,单位为毫克每毫升(mg/mL);

V——滴定消耗卡尔·费休试剂的体积的数值,单位为毫升(mL);

m——试料的质量的数值,单位为克(g)。

计算结果表示到小数点后两位,取平行测定结果的算术平均值为测定结果。

8 允许差

平行测定结果的绝对差值不大于 0.03%。

ICS 65.080
G 20

中华人民共和国国家标准

GB/T 2441.4—2010
代替 GB/T 2441.4—2001

尿素的测定方法 第4部分:铁含量 邻菲啰啉分光光度法

Determination of urea—
Part 4: Iron content—1,10-Phenanthroline spectrophotometric method

(ISO 6685:1982, Chemical products for industrial use—General method for determination of iron content—1,10-Phenanthroline spectrophotometric method, MOD)

2010-06-30 发布 2011-01-01 实施

中华人民共和国国家质量监督检验检疫总局
中国国家标准化管理委员会 发布

前　言

GB/T 2441《尿素的测定方法》分为以下九个部分：

——第1部分：总氮含量；

——第2部分：缩二脲含量　分光光度法；

——第3部分：水分　卡尔·费休法；

——第4部分：铁含量　邻菲啰啉分光光度法；

——第5部分：碱度　容量法；

——第6部分：水不溶物含量　重量法；

——第7部分：粒度　筛分法；

——第8部分：硫酸盐含量　目视比浊法；

——第9部分：亚甲基二脲含量　分光光度法。

本部分为GB/T 2441的第4部分。

本部分修改采用ISO 6685:1982(E)《工业用化学品铁含量测定的通用方法　邻菲啰啉分光光度法》。

本部分与ISO 6685:1982(E)的技术性差异如下：

——试剂和溶液中对部分试剂溶液浓度进行了修改；

——仪器中吸收池修改为3 cm或1 cm。

本部分代替GB/T 2441.4—2001《尿素测定方法　铁含量的测定　邻菲啰啉分光光度法》。

本部分与GB/T 2441.4—2001相比主要变化如下：

——删除了ISO前言。

本部分由中国石油和化学工业协会提出。

本部分由全国肥料和土壤调理剂标准化技术委员会(SAC/TC 105)归口。

本部分起草单位：国家化肥质量监督检验中心(上海)。

本部分主要起草人：张求真、房朋。

本部分所代替标准的历次版本发布情况为：

——GB/T 2445—1981，GB/T 2445—1991，GB/T 2441.4—2001。

尿素的测定方法 第4部分:铁含量 邻菲啰啉分光光度法

1 范围

GB/T 2441 的本部分规定了用邻菲啰啉分光光度法测定工业用尿素中铁含量。

本部分适用于由氨和二氧化碳合成制得的尿素铁含量的测定。

2 规范性引用文件

下列文件中的条款通过本部分的引用而成为本部分的条款。凡是注日期的引用文件,其随后所有的修改单(不包括勘误的内容)或修订版均不适用于本部分,然而,鼓励根据本部分达成协议的各方研究是否可使用这些文件的最新版本。凡是不注日期的引用文件,其最新版本适用于本部分。

HG/T 2843 化肥产品 化学分析常用标准滴定溶液、标准溶液、试剂溶液和指示剂溶液

3 原理

用抗坏血酸将试液中的三价铁离子还原为二价铁离子,在 pH 值为 2～9 时(本标准选择 pH 值为 4.5),二价铁离子与邻菲啰啉生成橙红色配合物,在吸收波长 510 nm 处,用分光光度计测定其吸光度。

4 试剂和溶液

下列的部分试剂和溶液具有腐蚀性,操作者应小心谨慎!如溅到皮肤上应立即用水冲洗或适合的方式进行处理,严重者应立即治疗。

本部分中所用试剂、溶液和水,在未注明规格和配制方法时,均应符合 HG/T 2843 的规定。

4.1 盐酸溶液,1+1;

4.2 氨水溶液,1+1;

4.3 乙酸-乙酸钠缓冲溶液,pH≈4.5;

4.4 抗坏血酸溶液,20 g/L(该溶液使用期限 10 d);

4.5 邻菲啰啉溶液,2 g/L;

4.6 铁标准溶液,0.100 mg/mL;

4.7 铁标准溶液,0.010 mg/mL,用铁标准溶液(4.6),稀释 10 倍,只限当日使用。

5 仪器

5.1 通常实验室用仪器;

5.2 分光光度计,带有 3 cm 或 1 cm 的吸收池。

6 分析步骤

做两份试料的平行测定。

6.1 标准曲线的绘制

6.1.1 标准比色溶液的制备

按表 1 所示,在 7 个 100 mL 量瓶中,分别加入给定体积的铁标准溶液(4.7)。

每个量瓶都按下述规定同时同样处理：

加水至约 40 mL，用盐酸溶液调整溶液的 pH 接近 2，加 2.5 mL 抗坏血酸溶液、10 mL 乙酸-乙酸钠缓冲溶液、5 mL 邻菲啰啉溶液，用水稀释至刻度，摇匀。

表 1 铁标准溶液加入量

铁标准溶液用量/mL	对应的铁含量/μg
0	0
1.00	10.0
2.00	20.0
4.00	40.0
6.00	60.0
8.00	80.0
10.00	100.0

6.1.2 吸光度测定

以铁含量为零的溶液作为参比溶液，在波长 510 nm 处，用 1 cm 或 3 cm 吸收池在分光光度计测定标准比色溶液(6.1.1)的吸光度。

6.1.3 标准曲线的绘制

以 100 mL 标准比色溶液中铁含量(μg)为横坐标，相应的吸光度为纵坐标作图，或求线性回归方程。

6.2 测定

6.2.1 试液制备

称取约 10 g 实验室样品(精确到 0.01 g)，置于 100 mL 烧杯中，加少量水使试料溶解，加入 10 mL 盐酸溶液，加热煮沸，并保持稳定 3 min，冷却后，将试液定量过滤于 100 mL 烧杯中，用少量水洗涤几次，使溶液体积约为 40 mL。

用氨水溶液调整溶液的 pH 约为 2，将溶液定量转移到 100 mL 量瓶中，加 2.5 mL 抗坏血酸溶液，10 mL 乙酸-乙酸钠缓冲溶液，5 mL 邻菲啰啉溶液，用水稀至刻度，混匀。

注：若试料含铁量≤15 μg，可在调整 pH 前加入 5.00 mL 铁标准溶液(4.7)，然后在结果中扣除。

6.2.2 空白试验

按上述操作步骤进行空白试验，除不加试料外，操作手续和应用的试剂与测定时相同。

6.2.3 吸光度测定

与标准曲线绘制步骤相同，对试液和空白试验溶液进行吸光度的测定。

7 分析结果的表述

从标准曲线查出所测吸光度对应的铁含量或由曲线系数求出铁含量。

铁(Fe)含量 w，以质量分数(%)表示，按式(1)计算：

$$w = \frac{m_1 - m_2}{m} \times 100 \qquad \cdots\cdots(1)$$

式中：

m_1——试料中测得铁的质量的数值，单位为克(g)；

m_2——空白试验所测得的铁的质量的数值，单位为克(g)；

m——试料的质量的数值，单位为克(g)。

计算结果表示到小数点后五位，取平行测定结果的算术平均值为测定结果。

8 允许差

平行测定结果的相对偏差不大于100%。

ICS 65.080
G 20

中华人民共和国国家标准

GB/T 2441.5—2010
代替 GB/T 2441.5—2001

尿素的测定方法 第5部分:碱度 容量法

Determination of urea—Part 5:Alkalinity—Titrimetric method

2010-06-30 发布 2011-01-01 实施

中华人民共和国国家质量监督检验检疫总局
中国国家标准化管理委员会 发布

前　言

GB/T 2441《尿素的测定方法》分为以下九个部分：

——第1部分：总氮含量；

——第2部分：缩二脲含量　分光光度法；

——第3部分：水分　卡尔·费休法；

——第4部分：铁含量　邻菲啰啉分光光度法；

——第5部分：碱度　容量法；

——第6部分：水不溶物含量　重量法；

——第7部分：粒度　筛分法；

——第8部分：硫酸盐含量　目视比浊法；

——第9部分：亚甲基二脲含量　分光光度法。

本部分为GB/T 2441的第5部分。

本部分代替GB/T 2441.5—2001《尿素测定方法　碱度的测定　容量法》。

本部分与GB/T 2441.5—2001相比主要变化如下：

——删除了ISO前言。

本部分由中国石油和化学工业协会提出。

本部分由全国肥料和土壤调理剂标准化技术委员会(SAC/TC 105)归口。

本部分起草单位：国家化肥质量监督检验中心(上海)。

本部分主要起草人：张求真、孙丹。

本部分所代替标准的历次版本发布情况为：

——GB/T 2446—1981，GB/T 2446—1991，GB/T 2441.5—2001。

尿素的测定方法
第5部分:碱度 容量法

1 范围

GB/T 2441 的本部分规定了用容量法测定工业用尿素中碱度。

本部分适用于由氨和二氧化碳合成制得的尿素碱度含量的测定。

2 规范性引用文件

下列文件中的条款通过 GB/T 2441 的本部分的引用而成为本部分的条款。凡是注日期的引用文件,其随后所有的修改单(不包括勘误的内容)或修订版均不适用于本部分,然而,鼓励根据本部分达成协议的各方研究是否可使用这些文件的最新版本。凡是不注日期的引用文件,其最新版本适用于本部分。

HG/T 2843 化肥产品 化学分析常用标准滴定溶液、标准溶液、试剂溶液和指示剂溶液

3 原理

在指示液存在下,用盐酸标准滴定溶液滴定试料的游离氨。

4 试剂和溶液

本部分中所用试剂、溶液和水,在未注明规格和配制方法时,均应符合 HG/T 2843 的规定。

4.1 甲基红-亚甲基蓝混合指示液;

4.2 盐酸标准滴定溶液,$c(HCl)=0.1$ mol/L。

5 仪器

通常实验室用仪器。

6 分析步骤

做两份试料的平行测定。

称取约 50 g 实验室样品(精确到 0.05 g),将试料置于 500 mL 锥形瓶中,加约 350 mL 水,溶解试料,加入 3～5 滴混合指示液,然后用盐酸标准滴定溶液滴定到溶液呈灰绿色。

7 分析结果的表述

碱度 w,以氨(NH_3)的质量分数(%)表示,按下式计算:

$$w=\frac{c\times V\times 0.017\times 100}{m}$$
$$=\frac{c\times V\times 1.7}{m}$$

式中:

c——盐酸标准滴定溶液的浓度的准确数值,单位为摩尔每升(mol/L);

V——测定时消耗盐酸标准滴定溶液的体积的数值,单位为毫升(mL);

m——试料的质量的数值,单位为克(g);

0.017——氨的毫摩尔质量的数值，单位为克每毫摩尔(g/mmol)。

计算结果表示到小数点后三位，取平行测定结果的算术平均值作为测定结果。

8 允许差

平行测定结果的绝对差值不大于0.001%；

不同实验室测定结果的绝对差值不大于0.002%。

ICS 65.080
G 20

中华人民共和国国家标准

GB/T 2441.6—2010
代替 GB/T 2441.6—2001

尿素的测定方法
第6部分：水不溶物含量
重量法

Determination of urea—
Part 6: Water insoluble matter content—
Weight method

2010-06-30 发布　　2011-01-01 实施

中华人民共和国国家质量监督检验检疫总局
中国国家标准化管理委员会　发布

前 言

GB/T 2441《尿素的测定方法》分为以下九个部分：

——第1部分：总氮含量；

——第2部分：缩二脲含量　分光光度法；

——第3部分：水分　卡尔·费休法；

——第4部分：铁含量　邻菲啰啉分光光度法；

——第5部分：碱度　容量法；

——第6部分：水不溶物含量　重量法；

——第7部分：粒度　筛分法；

——第8部分：硫酸盐含量　目视比浊法；

——第9部分：亚甲基二脲含量　分光光度法。

本部分为GB/T 2441的第6部分。

本部分代替GB/T 2441.6—2001《尿素测定方法　水不溶物含量的测定　重量法》。

本部分由中国石油和化学工业协会提出。

本部分由全国肥料和土壤调理剂标准化技术委员会(SAC/TC 105)归口。

本部分起草单位：国家化肥质量监督检验中心(上海)。

本部分主要起草人：张求真、房朋。

本部分所代替标准的历次版本发布情况为：

——GB/T 2447—1981，GB/T 2447—1991，GB/T 2441.6—2001。

尿素的测定方法
第6部分：水不溶物含量
重量法

1 范围

GB/T 2441的本部分规定了用重量法测定工业用尿素中水不溶物含量。

本部分适用于由氨和二氧化碳合成制得的尿素水不溶物含量的测定。

2 原理

用玻璃坩埚式滤器减压过滤尿素水溶液，残渣量表示为水不溶物量。

3 仪器

3.1 通常实验室用仪器；

3.2 玻璃坩埚式过滤器，4号（孔径4 μm～16 μm），容积30 mL；

3.3 恒温干燥箱；

3.4 水浴。

4 分析步骤

做两份试料的平行测定。

称量约50 g实验室样品（精确至0.05 g），将试料溶于150 mL～200 mL水中。将溶液置于90 ℃的水浴中保温30 min，立即用已恒重的4号玻璃坩埚式滤器趁热减压过滤，用热水洗涤滤渣3～5次，每次用量约15 mL，取下过滤器，于105 ℃～110 ℃恒温干燥箱中干燥至恒量。

5 分析结果的表述

水不溶物含量 w，用质量分数（%）表示，按下式计算：

$$w = \frac{m_1 \times 100}{m}$$

式中：

m_1——干燥后残渣质量的数值，单位为克（g）；

m——试料的质量的数值，单位为克（g）。

计算结果表示到小数点后四位，取平行测定结果的算术平均值作为测定结果。

6 允许差

平行测定结果的绝对差值不大于0.005 0%。

ICS 65.080
G 20

中华人民共和国国家标准

GB/T 2441.7—2010
代替 GB/T 2441.7—2001

尿素的测定方法
第7部分:粒度　筛分法

Determination of urea—
Part 7: Particle size—Sieve method

2010-06-30 发布　　2011-01-01 实施

中华人民共和国国家质量监督检验检疫总局
中国国家标准化管理委员会　发布

前　言

GB/T 2441《尿素的测定方法》分为以下九个部分：

——第1部分：总氮含量；

——第2部分：缩二脲含量　分光光度法；

——第3部分：水分　卡尔·费休法；

——第4部分：铁含量　邻菲啰啉分光光度法；

——第5部分：碱度　容量法；

——第6部分：水不溶物含量　重量法；

——第7部分：粒度　筛分法；

——第8部分：硫酸盐含量　目视比浊法；

——第9部分：亚甲基二脲含量　分光光度法。

本部分为GB/T 2441的第7部分。

本部分代替GB/T 2441.7—2001《尿素测定方法　粒度的测定　筛分法》。

本部分与GB/T 2441.7—2001相比主要变化是：分析步骤中增加了人工筛分。

本部分由中国石油和化学工业协会提出。

本部分由全国肥料和土壤调理剂标准化技术委员会(SAC/TC 105)归口。

本部分起草单位：国家化肥质量监督检验中心(上海)。

本部分主要起草人：张求真、孙丹。

本部分所代替标准的历次版本发布情况为：

——GB/T 2448—1981，GB/T 2448—1991，GB/T 2441.7—2001。

尿素的测定方法
第7部分：粒度　筛分法

1　范围

GB/T 2441 的本部分规定了用筛分法测定尿素的粒度。

本部分适用于由氨和二氧化碳合成制得的尿素粒度的测定。

2　规范性引用文件

下列文件中的条款通过 GB/T 2441 的本部分的引用而成为本部分的条款。凡是注日期的引用文件，其随后所有的修改单(不包括勘误的内容)或修订版均不适用于本部分，然而，鼓励根据本部分达成协议的各方研究是否可使用这些文件的最新版本。凡是不注日期的引用文件，其最新版本适用于本部分。

GB/T 6003.1—1997　金属丝编织网试验筛(ISO 3310-1:1990,EQV)

3　原理

用筛分法将尿素分成不同粒径的颗粒，称量，计算质量分数。

4　仪器

4.1　孔径 0.85 mm、1.18 mm、2.00 mm、2.80 mm、3.35 mm、4.00 mm、4.75 mm 和 8.00 mm 试验筛(GB 6003.1 中 R40/3 系列)，附筛盖和底盘；

4.2　感量 0.5 g 的天平；

4.3　振荡器，能垂直和水平振荡。

5　分析步骤

5.1　根据被测物料，按粒度 d(0.85 mm～2.8 mm、1.18 mm～3.35 mm、2.00 mm～4.75 mm、4.00 mm～8.00 mm)选取一套(两个)相应的试验筛。

5.2　将筛子按孔径大小依次叠好(大在上，小在下)，装上底盘，称量约 100 g 实验室样品(精确到 0.5 g)，将试料置于依次叠好的筛子上，盖好筛盖，置于振荡器上，夹紧，振荡 3 min，或人工筛分。称量通过大孔径筛子及未通过小孔径筛子试料，夹在筛孔中的颗粒按不通过计。

6　分析结果的表述

粒度 w，以质量分数(%)表示，按式(1)计算：

$$w = \frac{m_1 \times 100}{m} \qquad \cdots\cdots(1)$$

式中：

m_1——通过大孔径筛子和未通过小孔径筛子试料的质量的数值，单位为克(g)；

m——试料的质量的数值，单位为克(g)。

计算结果表示到小数点后一位。

ICS 65.080
G 20

中华人民共和国国家标准

GB/T 2441.8—2010
代替 GB/T 2441.8—2001

尿素的测定方法
第8部分：硫酸盐含量 目视比浊法

Determination of urea—Part 8: Sulphate content—Visible turbidimetric method

2010-06-30 发布 2011-01-01 实施

中华人民共和国国家质量监督检验检疫总局
中国国家标准化管理委员会 发布

前　言

GB/T 2441《尿素的测定方法》分为以下九个部分：

——第1部分：总氮含量；

——第2部分：缩二脲含量　分光光度法；

——第3部分：水分　卡尔·费休法；

——第4部分：铁含量　邻菲啰啉分光光度法；

——第5部分：碱度　容量法；

——第6部分：水不溶物含量　重量法；

——第7部分：粒度　筛分法；

——第8部分：硫酸盐含量　目视比浊法；

——第9部分：亚甲基二脲含量　分光光度法。

本部分为GB/T 2441的第8部分。

本部分代替GB/T 2441.8—2001《尿素测定方法　硫酸盐含量的测定　目视比浊法》。

本部分由中国石油和化学工业协会提出。

本部分由全国肥料和土壤调理剂标准化技术委员会(SAC/TC 105)归口。

本部分起草单位：国家化肥质量监督检验中心(上海)。

本部分主要起草人：张求真、房朋。

本部分所代替标准的历次版本发布情况为：

——GB/T 13256—1991，GB/T 2441.8—2001。

尿素的测定方法
第8部分:硫酸盐含量 目视比浊法

1 范围

GB/T 2441 的本部分规定了用目视比浊法测定工业用尿素中硫酸盐含量。

本部分适用于由氨和二氧化碳合成制得的尿素中硫酸盐含量的测定。

2 规范性引用文件

下列文件中的条款通过 GB/T 2441 的本部分的引用而成为本部分的条款。凡是注日期的引用文件,其随后所有的修改单(不包括勘误的内容)或修订版均不适用于本部分,然而,鼓励根据本部分达成协议的各方研究是否可使用这些文件的最新版本。凡是不注日期的引用文件,其最新版本适用于本部分。

HG/T 2843 化肥产品 化学分析常用标准滴定溶液、标准溶液、试剂溶液和指示剂溶液

3 原理

在酸性介质中,加入氯化钡溶液,与硫酸根离子生成硫酸钡白色悬浮微粒所形成的浊度与标准浊度进行比较。

4 试剂和溶液

本部分中所用试剂、溶液和水,在未注明规格和配制方法时,均应符合 HG/T 2843 的规定。

4.1 氯化钡溶液,50 g/L;

4.2 盐酸溶液,1+3;

4.3 硫酸盐(SO_4^{2-})标准溶液,0.1 mg/mL。

5 仪器

5.1 通常实验室用仪器;

5.2 50 mL 比色管。

6 分析步骤

6.1 于 8 支 50 mL 比色管中,分别加入 0,0.50 mL、1.00 mL、1.50 mL、2.00 mL、2.50 mL、3.00 mL、3.50 mL 硫酸盐标准溶液,加 5 mL 盐酸溶液,加水至 40 mL,待用。

6.2 测定

称量约 10 g 实验室样品(精确至 0.1 g),将试料溶于 25 mL~30 mL 热水中,加 20 mL 盐酸溶液,加热煮沸 1 min~2 min,若溶液浑浊,用紧密滤纸过滤,并用热水洗涤 3~4 次,滤液和洗液收集于 100 mL 量瓶中,冷却,用水稀释至刻度,混匀。

吸取 25.0 mL 试液于 50 mL 比色管中,加水至 40 mL,与 6.1 中标准比色管同时在不断摇动下,滴加 5 mL 氯化钡溶液,用水稀释至刻度,摇匀后放置 20 min,与标准比色管进行比较。

7 分析结果的表述

硫酸盐(SO_4^{2-})含量 w,以质量分数(%)表示,按式(1)计算:

$$w = \frac{V(0.1/1\,000)}{(25/100)m} \times 100 = \frac{0.04V}{m} \qquad \cdots\cdots(1)$$

式中：

V——与试验部分浊度相同的标准比浊液中硫酸盐标准溶液的体积的数值，单位为毫升(mL)；

m——试料的质量的数值，单位为克(g)。

计算结果表示到小数点后四位。

ICS 65.080
G 20

中华人民共和国国家标准

GB/T 2441.9—2010
代替 GB/T 2441.9—2001

尿素的测定方法
第9部分:亚甲基二脲含量 分光光度法

Determination of urea—
Part 9:Methylenediurea content—Spectrophotometric method

2010-06-30 发布　　2011-01-01 实施

中华人民共和国国家质量监督检验检疫总局
中国国家标准化管理委员会 发布

前　言

GB/T 2441《尿素的测定方法》分为以下九个部分：
——第1部分：总氮含量；
——第2部分：缩二脲含量　分光光度法；
——第3部分：水分　卡尔·费休法；
——第4部分：铁含量　邻菲啰啉分光光度法；
——第5部分：碱度　容量法；
——第6部分：水不溶物含量　重量法；
——第7部分：粒度　筛分法；
——第8部分：硫酸盐含量　目视比浊法；
——第9部分：亚甲基二脲含量　分光光度法。

本部分为GB/T 2441的第9部分。

本部分代替GB/T 2441.9—2001《尿素测定方法　亚甲基二脲含量的测定　分光光度法》。

本部分由中国石油和化学工业协会提出。

本部分由全国肥料和土壤调理剂标准化技术委员会(SAC/TC 105)归口。

本部分起草单位：国家化肥质量监督检验中心(上海)。

本部分主要起草人：张求真、孙丹。

本部分于2001年首次发布。

尿素的测定方法
第9部分:亚甲基二脲含量　分光光度法

1　范围

GB/T 2441 的本部分规定了用萘二磺酸二钠盐(变色酸)法测定尿素中亚甲基二脲含量。

本部分仅适用于尿素中含少量亚甲基二脲含量的测定。

2　规范性引用文件

下列文件中的条款通过 GB/T 2441 的本部分的引用而成为本部分的条款。凡是注日期的引用文件,其随后所有的修改单(不包括勘误的内容)或修订版均不适用于本部分,然而,鼓励根据本部分达成协议的各方研究是否可使用这些文件的最新版本。凡是不注日期的引用文件,其最新版本适用于本部分。

HG/T 2843　化肥产品　化学分析常用标准滴定溶液、标准溶液、试剂溶液和指示剂溶液

3　原理

在浓硫酸作用下,尿素中亚甲基二脲分解生成甲醛与尿素,生成的甲醛与萘二磺酸二钠盐(变色酸)反应,生成紫红色配合物,在吸收波长 570 nm 处,用分光光度计测定其吸光度。

4　试剂和溶液

下列的部分试剂和溶液具有腐蚀性,操作者应小心谨慎!如溅到皮肤上应立即用水冲洗或适合的方式进行处理,严重者应立即治疗。

本部分中所用试剂、溶液和水,在未注明规格和配制方法时,均应符合 HG/T 2843 的规定。

4.1　硫酸。

4.2　萘二磺酸二钠盐(变色酸)溶液(10 g/L)

溶解 1 g 萘二磺酸二钠盐(变色酸)在 100 mL 水中(溶液贮存于棕色瓶中,10 天内稳定)。

4.3　甲醛标准溶液

4.3.1　甲醛含量测定:量取 50 mL 亚硫酸钠溶液(126 g/L),置于 250 mL 锥形瓶中,加 3 滴百里香酚酞指示液(1 g/L),用硫酸标准滴定溶液$[c(\frac{1}{2}H_2SO_4)=1\ mol/L]$滴定至无色。称取 3 mL 甲醛溶液(称准至 0.000 2 g),置于上述溶液中,摇匀,用硫酸标准滴定溶液$[c(\frac{1}{2}H_2SO_4)=1\ mol/L]$滴定至溶液由蓝色变为无色。

甲醛(HCHO)含量 w_1,以质量分数(%)表示,按式(1)计算:

$$w_1=\frac{c\times V\times 0.030\ 03\times 100}{m_1}\qquad\cdots\cdots(1)$$

式中:

c——硫酸标准滴定溶液的浓度的准确数值,单位为摩尔每升(mol/L);

V——消耗硫酸标准滴定溶液的体积的数值,单位为毫升(mL);

m_1——甲醛溶液的质量的数值,单位为克(g);

0.030 03——甲醛的毫摩尔质量,单位为克每毫摩尔(g/mmol)。

4.3.2 甲醛标准溶液 1 mg/mL 制备：根据式(2)计算，称取甲醛溶液(4.3.1)，置于 1 000 mL 量瓶中，加水稀释至刻度，摇匀。

甲醛溶液质量(m_2)计算：

$$m_2 = \frac{1.000}{w_1} \quad \cdots\cdots\cdots\cdots\cdots\cdots(2)$$

式中：

w_1——甲醛含量的数值，以质量分数(%)表示；

1.000——1 000 mL 甲醛标准溶液中含甲醛的质量的数值，单位为克(g)。

4.3.3 甲醛标准溶液(0.02 mg/mL)制备：移取 10.0 mL 甲醛标准溶液(4.3.2)，置于 500 mL 量瓶中，加水稀释至刻度，摇匀(此溶液使用前制备)。

5 仪器

5.1 通常实验室用仪器；

5.2 分光光度计，带有 1 cm 吸收池。

6 分析步骤

做两份试料的平行测定。

6.1 标准曲线的绘制

6.1.1 标准比色溶液的制备

按表 1，在 6 个 100 mL 量瓶中，分别加入甲醛标准溶液(4.3.3)。

表 1 甲醛标准溶液加入量

甲醛标准溶液/mL	0.00	0.50	1.00	2.00	3.00	4.00
对应甲醛含量/mg	0.00	0.01	0.02	0.04	0.06	0.08

每个量瓶都按下述规定同时处理：

加入 1 mL 萘二磺酸二钠盐(变色酸)溶液，靠壁缓慢加入 10 mL 硫酸，摇匀，静置 15 min。小心加水稀释至约 80 mL，摇匀。待再次冷却后，用水稀释至刻度，摇匀。

6.1.2 吸光度测定

以甲醛含量为零的溶液为参比溶液，在波长 570 nm 处，用分光光度计测定各标准比色溶液(6.1.1)的吸光度。

6.1.3 标准曲线的绘制

以 100 mL 标准比色溶液中甲醛含量(mg)为横坐标，相应的吸光度为纵坐标作图，或求线性回归方程。

6.2 测定

6.2.1 试液制备

按表 2 称取试样(称准至 0.000 2 g)，置于 100 mL 的烧杯中，加少量水使试料溶解，定量转移到 500 mL 量瓶中，加水稀释至刻度，摇匀后移取 5.0 mL 于 100 mL 量瓶中。以下操作按 6.1.1 步骤进行显色反应。

表 2 实验室样品的称取量

亚甲基二脲 w/%	$w \leqslant 0.10$	$0.10 < w \leqslant 0.15$	$0.15 < w \leqslant 0.20$	$0.20 < w \leqslant 0.40$	$w > 0.40$
试料质量/g	6	4	3	2	1

6.2.2 空白试验

按上述操作步骤进行空白试验，除不加试料外，操作步骤和应用的试剂与测定时相同。

6.2.3 吸光度测定

与标准曲线绘制步骤相同，对试液和空白试验溶液进行吸光度的测定。

7 分析结果的表述

从标准曲线查出所测吸光度对应的甲醛的量或由曲线系数求出甲醛的量。

亚甲基二脲(HCHO)含量 w，以质量分数(%)表示，按式(3)计算：

$$w=\frac{(m_4-m_3)\times 10^{-3}}{m\times 5/500}\times 100=\frac{m_4-m_3}{m}\times 10 \quad\cdots\cdots(3)$$

式中：

m_4——试料中测得缩二脲的质量的数值，单位为毫克(mg)；

m_3——空白试验所测得的缩二脲的质量的数值，单位为毫克(mg)；

m——试料的质量的数值，单位为克(g)。

计算结果表示到小数点后两位，取平行测定结果的算术平均值为测定结果。

8 允许差

平行测定结果的绝对差值不大于0.03%；

不同实验室测定结果的绝对差值不大于0.08%。

ICS 23.040.60
J 15

中华人民共和国国家标准

GB/T 2501—2010
代替 GB/T 2501—1989

船用法兰连接尺寸和密封面

Connection dimensions and mating face of marine flanges

2011-01-10 发布

2011-10-01 实施

中华人民共和国国家质量监督检验检疫总局
中国国家标准化管理委员会 发布

前　言

本标准按照 GB/T 1.1—2009 给出的规则起草。

本标准代替 GB/T 2501—1989《船用法兰连接尺寸和密封面(四进位)》。

本标准与原标准相比主要变化如下：

——修改了标准名称，原船用法兰国家标准有二进位和四进位两种系列，因二进位现已修订为行业标准，故本标准名称中删除了四进位字样；

——增加了法兰密封面结构；

——修改了标记代号；

——修改了部分密封面尺寸。

本标准由中国机械工业联合会提出。

本标准由全国管路附件标准化技术委员会归口。

本标准起草单位：沪东中华造船(集团)有限公司、上海金鹏钢结构有限公司、中机生产力促进中心、中国船舶工业综合技术经济研究院。

本标准主要起草人：贺慧琼、陈必元、李俊英、罗发元、耿海平、唐钰明、张美玲。

本标准所代替标准的历次版本发布情况为：

——GB 2501—1981、GB/T 2501—1989。

船用法兰连接尺寸和密封面

1 范围

本标准规定了公称压力为 PN 2.5、PN 6、PN 10、PN 16、PN 25、PN 40、PN 63，公称尺寸为 DN 10～DN 2000 的法兰连接尺寸和密封面型式与尺寸。

本标准适用于船用设备与管子或附件相连接的法兰设计，亦可用于一般用途的各类管路法兰设计。

2 分类

2.1 法兰按形状可分为以下两种：

a) 圆形法兰；

b) 扁圆形法兰。

2.2 法兰按密封面型式可分为以下三种：

a) 平面(FF 型)法兰；

b) 突面(RF 型)法兰；

c) 榫槽面(TG 型)法兰。

3 结构型式和连接尺寸

3.1 圆形法兰的结构和连接尺寸见图 1 和表 1。

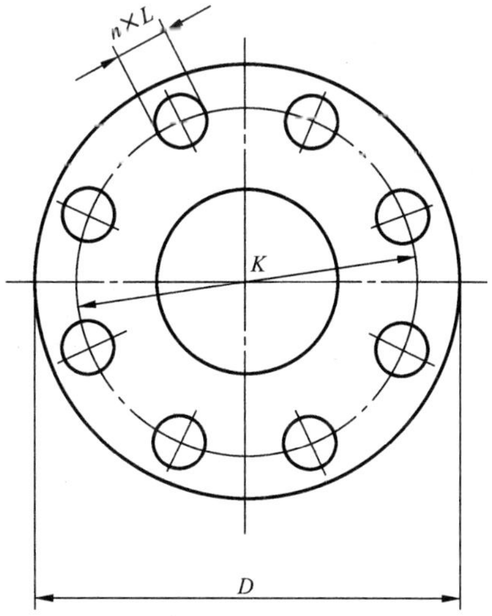

图 1 圆形法兰

表 1 圆形法兰连接尺寸

单位为毫米

公称尺寸 DN	公称压力																			
	PN 2.5					PN 6					PN 10					PN 16				
	法兰外径 D	螺栓孔中心圆直径 K	螺栓孔直径 L	螺栓		法兰外径 D	螺栓孔中心圆直径 K	螺栓孔直径 L	螺栓		法兰外径 D	螺栓孔中心圆直径 K	螺栓孔直径 L	螺栓		法兰外径 D	螺栓孔中心圆直径 K	螺栓孔直径 L	螺栓	
				数量 n/个	螺纹规格				数量 n/个	螺纹规格				数量 n/个	螺纹规格				数量 n/个	螺纹规格
10						75	50	11	4	M10										
15						80	55	11	4	M10										
20						90	65	11	4	M10										
25						100	75	11	4	M10	使用 PN 40 的连接尺寸					使用 PN 40 的连接尺寸				
32						120	90	14	4	M12										
40						130	100	14	4	M12										
50						140	110	14	4	M12										
65	使用 PN 6 的连接尺寸					160	130	14	4	M12						185	145	18	8[b]	M16
80						190	150	18	4	M16						使用 PN 40 的连接尺寸				
100						210	170	18	4	M16						220	180	18	8	M16
125						240	200	18	8	M16	使用 PN 16 的连接尺寸					250	210	18	8	M16
150						265	225	18	8	M16						285	240	22	8	M20
(175)[a]						295	255	18	8	M16						315	270	22	8	M20
200						320	280	18	8	M16	340	295	22	8	M20	340	295	22	12	M20
(225)[a]						345	305	18	8	M16	370	325	22	8	M20	370	325	22	12	M20

表 1（续）

单位为毫米

公称尺寸 DN	公称压力 PN 2.5 法兰外径 D	PN 2.5 螺栓孔中心圆直径 K	PN 2.5 螺栓孔直径 L	PN 2.5 螺栓 数量 n/个	PN 2.5 螺栓 螺纹规格	PN 6 法兰外径 D	PN 6 螺栓孔中心圆直径 K	PN 6 螺栓孔直径 L	PN 6 螺栓 数量 n/个	PN 6 螺栓 螺纹规格	PN 10 法兰外径 D	PN 10 螺栓孔中心圆直径 K	PN 10 螺栓孔直径 L	PN 10 螺栓 数量 n/个	PN 10 螺栓 螺纹规格	PN 16 法兰外径 D	PN 16 螺栓孔中心圆直径 K	PN 16 螺栓孔直径 L	PN 16 螺栓 数量 n/个	PN 16 螺栓 螺纹规格
250	使用 PN 6 的连接尺寸					375	335	18	12	M16	395	350	22	12	M20	405	355	26	12	M24
300						440	395	22	12	M20	445	400	22	12	M20	460	410	26	12	M24
350						490	445	22	12	M20	505	460	22	16	M20	520	470	26	16	M24
400						540	495	22	16	M20	565	515	26	16	M24	580	525	30	16	M27
450						595	550	22	16	M20	615	565	26	20	M24	640	585	30	20	M27
500						645	600	22	20	M20	670	620	26	20	M24	715	650	33	20	M30
600						755	705	26	20	M24	780	725	30	20	M27	840	770	36	20	M33
700						860	810	26	24	M24	895	840	30	24	M27	910	840	36	24	M33
800						975	920	30	24	M27	1 015	950	33	24	M30	1 025	950	39	24	M36
900						1 075	1 020	30	24	M27	1 115	1 050	33	28	M30	1 125	1 050	39	28	M36
1 000						1 175	1 120	30	28	M27	1 230	1 160	36	28	M33	1 255	1 170	42	28	M39
1 200	1 375	1 320	30	32	M27	1 405	1 340	33	32	M30	1 455	1 380	39	32	M36	1 485	1 390	48	32	M45
1 400	1 575	1 520	30	36	M27	1 630	1 560	36	36	M33	1 675	1 590	42	36	M39	1 685	1 590	48	36	M45
1 600	1 790	1 730	30	40	M27	1 830	1 760	36	40	M33	1 915	1 820	48	40	M45	1 930	1 820	56	40	M52
1 800	1 990	1 930	30	44	M27	2 045	1 970	39	44	M36	2 115	2 020	48	44	M45	2 130	2 020	56	44	M52
2 000	2 190	2 130	30	48	M27	2 265	2 180	42	48	M39	2 325	2 230	48	48	M45	2 345	2 230	62	48	M56

表 1（续）

单位为毫米

公称尺寸 DN	公称压力														
	PN 25					PN 40					PN 63				
	法兰外径 D	螺栓孔中心圆直径 K	螺栓孔直径 L	螺栓		法兰外径 D	螺栓孔中心圆直径 K	螺栓孔直径 L	螺栓		法兰外径 D	螺栓孔中心圆直径 K	螺栓孔直径 L	螺栓	
				数量 n/个	螺纹规格				数量 n/个	螺纹规格				数量 n/个	螺纹规格
10	使用 PN 40 的连接尺寸					90	60	14	4	M12	100	70	14	4	M12
15						95	65	14	4	M12	105	75	14	4	M12
20						105	75	14	4	M12	130	90	18	4	M16
25						115	85	14	4	M12	140	100	18	4	M16
32						140	100	18	4	M16	155	110	22	4	M20
40						150	110	18	4	M16	170	125	22	4	M20
50						165	125	18	4	M16	180	135	22	4	M20
65						185	145	18	8	M16	205	160	22	8	M20
80						200	160	18	8	M16	215	170	22	8	M20
100						235	190	22	8	M20	250	200	26	8	M24
125						270	220	26	8	M24	295	240	30	8	M27
150						300	250	26	8	M24	345	280	33	8	M30
(175)[a]	330	280	26	12	M24	350	295	30	12	M27	375	310	33	12	M30
200	360	310	26	12	M24	375	320	30	12	M27	415	345	36	12	M33
(225)[a]	395	340	30	12	M27	420	355	33	12	M30	440	370	36	12	M33

表 1（续）

单位为毫米

公称尺寸 DN	公称压力														
	PN 25					PN 40					PN 63				
	法兰外径 D	螺栓孔中心圆直径 K	螺栓孔直径 L	螺栓 数量 n/个	螺栓 螺纹规格	法兰外径 D	螺栓孔中心圆直径 K	螺栓孔直径 L	螺栓 数量 n/个	螺栓 螺纹规格	法兰外径 D	螺栓孔中心圆直径 K	螺栓孔直径 L	螺栓 数量 n/个	螺栓 螺纹规格
250	425	370	30	12	M27	450	385	33	12	M30	470	400	36	12	M33
300	485	430	30	16	M27	515	450	33	16	M30	530	460	36	16	M33
350	555	490	33	16	M30	580	510	36	16	M33	600	525	39	16	M36
400	620	550	36	16	M33	660	585	39	16	M36	670	585	42	16	M39
450	670	600	36	20	M33	685	610	39	20	M36	715	630	42	20	M39
500	730	660	36	20	M33	755	670	42	20	M39	800	705	48	20	M45
600	845	770	39	20	M36	890	795	48	20	M45	—	—	—	—	—
700	960	875	42	24	M39	—	—	—	—	—	—	—	—	—	—
800	1 085	990	48	24	M45	—	—	—	—	—	—	—	—	—	—
900	1 185	1 090	48	28	M45	—	—	—	—	—	—	—	—	—	—
1 000	1 320	1 210	56	28	M52	—	—	—	—	—	—	—	—	—	—

[a] 带括号尺寸不推荐使用。

[b] 对于铸铁法兰和铜合金法兰，该规格的法兰可能是 4 个螺栓孔，因此当制造厂和用户协商同意后，钢法兰也可以采用 4 个螺栓孔。

3.2 扁圆形法兰的结构和连接尺寸见图 2 和表 2。

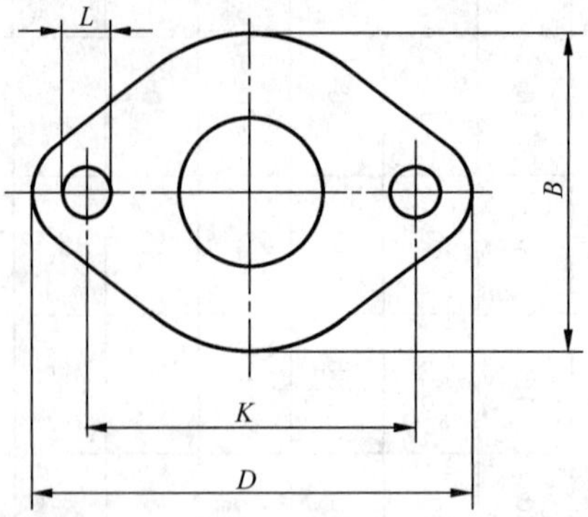

图 2 扁圆形法兰

表 2 扁圆形法兰连接尺寸

单位为毫米

公称尺寸 DN	公称压力 PN 6				
	法兰尺寸		螺栓孔中心距 K	螺栓孔直径 L	螺纹规格
	D	B			
10	75	40	50	11	M10
15	80	45	55	11	M10
20	90	64	65	11	M10
25	100	72	75	11	M10
32	118	85	90	14	M12
40	132	95	100	14	M12

3.3 平面(FF 型)法兰和突面(RF 型)法兰的密封面型式和尺寸见图 3、图 4 和表 3。

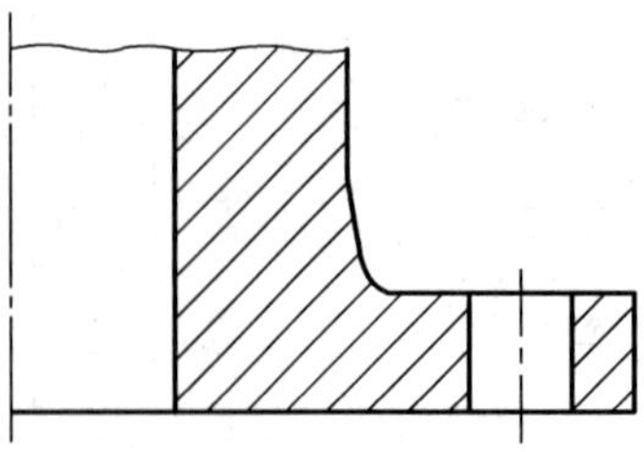

图 3 平面(FF 型)法兰密封面

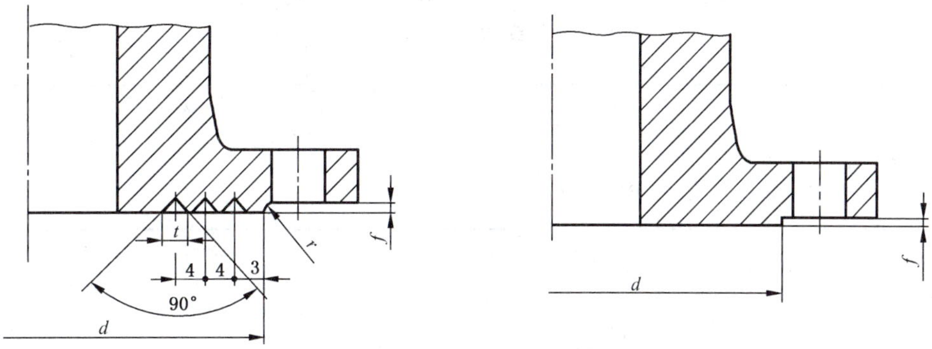

a) 沟槽水线　　　　b) 密纹水线

注：两种密封面结构由用户自定。

图 4　突面(RF 型)法兰密封面

表 3　平面(FF 型)和突面(RF 型)法兰密封面尺寸

单位为毫米

公称尺寸 DN	d							f	r^a	t^b	沟槽水线个数
	PN 2.5	PN 6	PN 10	PN 16	PN 25	PN 40	PN 63				
10	使用 PN 6 的密封面尺寸	33	使用 PN 63 的密封面尺寸				41	2	2	1.0	2
15		38					46	2	2	1.0	2
20		48					56	2	2	1.0	2
25		58					65	2	2	1.0	2
32		69					76	2	2	1.0	2
40		78					84	2	2	1.0	2
50		88					99	2	2	1.0	2
65		108					118	2	2	1.0	2
80		124					132	2	2	1.0	2
100		144					156	2	2	1.0	2
125		174					184	2	2	1.0	2
150		199					211	2	2	1.0	2
(175)[c]		232					242	2	2	1.0	2
200		254	266	266	274	使用 PN 63 的密封面尺寸	284	2	2	1.5	2
(225)[c]		282	295	295	305		315	2	2	1.5	2
250		309	319	319	330		345	2	2	1.5	2
300		363	370	370	389		409	2	2	1.5	2
350		413	429	429	448		465	2	2	1.5	3
400		463	480	480	503		535	2	2	1.5	3
450		518	530	548	548		560	2	2	1.5	3
500		568	582	609	609		615	2	2	1.5	3
600		667	682	720	720		735	2	2	1.5	3

表 3（续） 单位为毫米

公称尺寸 DN	d							f	r^a	t^b	沟槽水线个数
	PN 2.5	PN 6	PN 10	PN 16	PN 25	PN 40	PN 63				
700	使用PN 6的密封面尺寸	772	794	794	820	—	—	5	5	1.5	3
800		878	901	901	928	—	—	5	5	1.5	3
900		978	1 001	1 001	1 028	—	—	5	5	1.5	3
1 000		1 078	1 112	1 112	1 140	—	—	5	5	1.5	4
1 200		1 295	1 328	1 328	1 350	—	—	5	5	1.5	4
1 400		1 510	1 530	1 530	1 560	—	—	5	5	1.5	5
1 600		1 710	1 750	1 750	1 780	—	—	5	5	1.5	5
1 800		1 918	1 950	1 950	1 985	—	—	5	5	1.5	5
2 000		2 125	2 150	2 150	2 210	—	—	5	5	1.5	5

a 允许用 45°倒角代替半径 r。

b 用户自定是否采用带沟槽水线的密封面(RF)结构。

c 带括号尺寸不推荐使用。

3.4 榫槽面(TG 型)法兰的密封面型式和尺寸见图 5 和表 4。

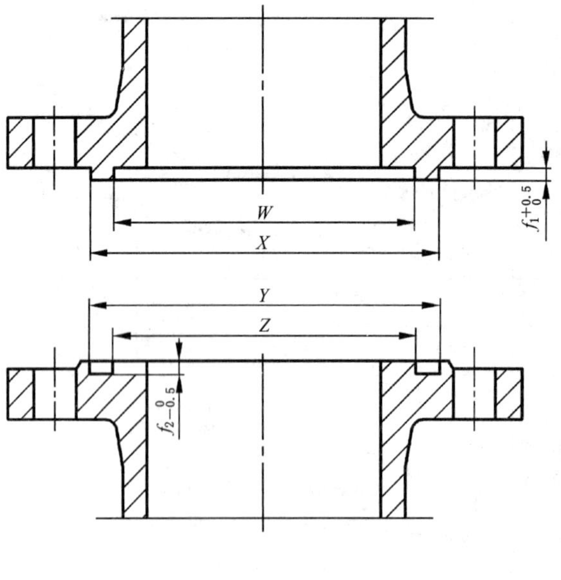

图 5 榫槽面(TG 型)法兰密封面结构

表 4　榫槽面(TG 型)法兰密封面尺寸

单位为毫米

公称尺寸 DN	公称压力 PN 40 和 PN 63					
	W	X	Y	Z	f_1	f_2
10	24	34	35	23	4.0	3.0
15	29	39	40	28	4.0	3.0
20	36	50	51	35	4.0	3.0
25	43	57	58	42	4.0	3.0
32	51	65	66	50	4.0	3.0
40	61	75	76	60	4.0	3.0
50	73	87	88	72	4.0	3.0
65	95	109	110	94	4.0	3.0
80	106	120	121	105	4.0	3.0
100	129	149	150	128	4.5	3.5
125	155	175	176	154	4.5	3.5
150	183	203	204	182	4.5	3.5
(175)[a]	213	233	234	212	4.5	3.5
200	239	259	260	238	4.5	3.5
(225)[a]	266	286	287	265	4.5	3.5
250	292	312	313	291	4.5	3.5
300	343	363	364	342	4.5	3.5
350	395	421	422	394	5.0	4.0
400	447	473	474	446	5.0	4.0
450	497	523	524	496	5.0	4.0
500	549	575	576	548	5.0	4.0
600	649	675	676	648	5.0	4.0

[a] 带括号尺寸不推荐使用。

ICS 77.150.50
H 64

GB

中华人民共和国国家标准

GB/T 2524—2010
代替 GB/T 2524—2002

海绵钛

Titanium sponge

2011-01-10 发布　　　　2011-10-01 实施

中华人民共和国国家质量监督检验检疫总局
中国国家标准化管理委员会　发布

前 言

本标准代替 GB/T 2524—2002《海绵钛》，与 GB/T 2524—2002 相比，主要技术变化如下：

——增加了 0_A 级（牌号为 MHT-95）产品；

——降低了产品中 Fe、Si、N、O、C、Mg、H 等主要杂质元素含量；

——将产品粒度规格由 0.83 mm～12.7 mm 和 0.83 mm～25.4 mm 修改为 0.83 mm～25.4 mm；

——将每批产品的批量由 250 kg～8 500 kg 调整为 500 kg～12 000 kg；

——增加了产品包装、运输、贮存等过程中的防火要求和灭火方式；

——修改了规范性附录 A 中关于取样和制样的相关条款；

——增加了产品粒度检验方法的具体要求。

本标准由全国有色金属标准化技术委员会（SAC/TC 243）归口。

本标准起草单位：遵义钛业股份有限公司、抚顺钛业有限公司、宝钛集团有限公司。

本标准主要起草人：翁启钢、余家华、赵以容、罗霖、刘禹明、庄军、刘洪贵、李林、刘群、乔璐、盛远禄。

本标准所代替标准的历次版本发布情况为：

——GB/T 2524—1981、GB/T 2524—2002。

海 绵 钛

1 范围

本标准规定了海绵钛的要求、试验方法、检验规则及标志、包装、运输、贮存、质量证明书和合同(或订货单)内容。

本标准适用于四氯化钛以镁还原真空蒸馏法(简称镁法)生产的海绵钛。

2 规范性引用文件

下列文件对于本文件的应用是必不可少的。凡是注日期的引用文件,仅注日期的版本适用于本文件。凡是不注日期的引用文件,其最新版本(包括所有的修改单)适用于本文件。

GB/T 231.1 金属材料 布氏硬度试验 第1部分:试验方法

GB/T 4698(所有部分) 海绵钛、钛及钛合金化学分析方法

GB/T 6005 试验筛 金属丝编织网、穿孔板和电成型薄板 筛孔的基本尺寸

GB/T 8170 数值修约规则与极限数值的表示和判定

3 要求

3.1 产品分类

海绵钛产品按化学成分及布氏硬度分为7个牌号(等级):MHT-95、MHT-100、MHT-110、MHT-125、MHT-140、MHT-160、MHT-200。

3.2 化学成分及布氏硬度

3.2.1 海绵钛产品的化学成分及布氏硬度应符合表1的规定。

表1 海绵钛的化学成分及布氏硬度

产品等级	产品牌号	化学成分(质量分数)/%										布氏硬度 HBW10/1500/30 不大于
		Ti 不小于	杂质,不大于									
			Fe	Si	Cl	C	N	O	Mn	Mg	H	
0_A 级	MHT-95	99.8	0.03	0.01	0.06	0.01	0.01	0.05	0.01	0.01	0.003	95
0级	MHT-100	99.7	0.05	0.02	0.06	0.02	0.01	0.06	0.01	0.02	0.003	100
1级	MHT-110	99.6	0.08	0.02	0.08	0.02	0.02	0.08	0.01	0.03	0.005	110
2级	MHT-125	99.5	0.12	0.03	0.10	0.03	0.03	0.10	0.02	0.04	0.005	125
3级	MHT-140	99.3	0.20	0.03	0.15	0.03	0.04	0.15	0.02	0.06	0.010	140
4级	MHT-160	99.1	0.30	0.04	0.15	0.04	0.05	0.20	0.03	0.09	0.012	160
5级	MHT-200	98.5	0.40	0.06	0.30	0.05	0.10	0.30	0.08	0.15	0.030	200

3.2.2 钛的质量分数为100%减去表1中杂质实测值总和后的余量。

3.2.3 分析数值按GB/T 8170的规定进行修约。

3.2.4 对于海绵钛中Mn、Mg、H三种杂质元素的分析数据，需方不要求时，供方可不提供，但应符合表1中相应牌号的规定；需方对其他杂质有特殊要求时，供需双方应协商并在合同(或订货单)中注明。

3.3 粒度

3.3.1 海绵钛产品的粒度应为0.83 mm～25.4 mm。

3.3.2 产品中粒度大于25.4 mm的产品重量不大于批产品总量的5%，其中最大颗粒不应大于40 mm；粒度小于0.83 mm的产品重量不应超出批产品总量的5%。

3.3.3 如需其他粒度规格的产品，或对粒度有特殊要求时，供需方应协商，并在合同(或订货单)中注明。

3.4 外观质量

3.4.1 产品应为浅灰色海绵状金属，表面清洁，无目视可见夹杂物。

3.4.2 产品(5级品除外)中存在有缺陷的海绵钛块重量不允许超过批产品总量的0.1%。有缺陷的海绵钛块是指：过烧的海绵钛块；具有明显的暗黄色或亮黄色的氧化海绵钛块；带有暗黄色或亮黄色痕迹的氧化和富氮的海绵钛块；带有明显氯化物残余的海绵钛块；带有残渣的海绵钛块；高铁及其伴生元素的海绵钛块。

4 试验方法

4.1 产品的化学成分分析按GB/T 4698的规定进行。

4.2 产品的布氏硬度试验按GB/T 231.1的规定进行，其中压痕位置的确定见附录A.2.3。

4.3 产品的粒度检验按附录A.5.2的规定(或供需双方约定的方法)进行。

4.4 产品的外观质量检验按附录A.5.1的规定进行。

5 检验规则

5.1 检查和验收

5.1.1 海绵钛产品应由供方进行检验，保证产品质量符合本标准及合同(或订货单)的规定，并填写质量证明书。

5.1.2 需方应对收到的产品按本标准及合同(或订货单)的规定进行检验，如检验结果与本标准及合同(或订货单)的规定不符时，应在收到产品之日起3个月内向供方提出，由供需双方协商解决。如需仲裁，仲裁取样由供需双方在需方收到的产品中按附录A.3的规定进行。

5.2 组批

海绵钛产品应成批提交验收，每批应由同一炉次、同一牌号、同一粒度规格的产品组成。批量为500 kg～12 000 kg。

5.3 检验项目

每批产品应进行化学成分、布氏硬度、粒度、外观质量的检验。每批产品的质量一致性检验项目应符合表2的规定。

表 2 产品质量一致性检验项目

检验项目	取制样规定	要求的章条号	试验方法章条号
化学成分	附录 A	3.2.1	4.1
布氏硬度	附录 A	3.2.1	4.2
粒度	附录 A.5.2	3.3	4.3
外观质量	附录 A.5.1	3.4	4.4

5.4 检验结果判定

5.4.1 化学成分检验结果不合格，判该批产品不合格。
5.4.2 布氏硬度检验结果不合格，判该批产品不合格。
5.4.3 产品粒度检验结果不合格，判该批产品不合格。
5.4.4 产品外观质量检验结果不合格，判该批产品不合格。

6 标志、包装、运输、贮存及质量证明书

6.1 标志

产品应成桶包装，每桶外应注明：

a) 供方名称及产品注册商标；

b) 产品名称、粒度规格；

c) 批号、等级或牌号、净重、毛重；

d) 包装日期及防雨标志。

6.2 包装、运输、贮存

6.2.1 产品按每桶净重为 70 kg～250 kg 分装，包装桶为揭盖镀锌铁桶，桶内衬有聚氯乙烯薄膜袋，采用真空橡胶密封。
6.2.2 产品包装后，桶内进行抽空、充氩，并在桶盖与桶身结合处加装可识别包装是否完好的标识。
6.2.3 包装好的产品应存放于干燥仓库内，不得露天堆放或与酸、碱等腐蚀性物品混放。
6.2.4 产品运输时应小心轻放，严防受潮和包装桶密封处碰撞损坏。
6.2.5 产品在包装、运输、贮存过程中，应注意防火，避免与引火源接触。若包装过程产品着火，应用氩气灭火；若运输、贮存过程中着火，可使用干砂、亚氯酸钾（$KClO_2$）或氯化钠、或它们的混合物、白云石粉、石棉布灭火。不允许用水或泡沫灭火。

6.3 质量证明书

每批产品应附有质量证明书，其上注明：

a) 供方名称、地址、电话及传真；

b) 产品名称；

c) 批号、粒度、等级或牌号、重量、桶数；

d) 分析结果及检验部门印记；

e) 本标准编号、合同（或订货单）编号；

f) 检验日期。

7 合同(或订货单)内容

本标准所列产品的合同(或订货单)内应包括下列内容：

a) 产品名称；

b) 等级或牌号、粒度；

c) 杂质含量等特殊要求；

d) 数量；

e) 本标准编号；

f) 其他。

附 录 A
（规范性附录）
海绵钛产品的取样、试样与试锭的制备及外观质量和粒度检验方法

A.1 范围

本方法规定了海绵钛产品取样方法以及供产品化学成分分析和硬度测定用的试样与试锭的制备方法。

本方法适用于确定海绵钛批产品的质量。

A.2 海绵钛产品的供方取样与试锭的制备方法

A.2.1 采样方法

A.2.1.1 采样原则上要在海绵钛批产品包装之前。

A.2.1.2 试样的采取与制备过程必须使所采取的样本尽可能代表批产品的平均组分。

A.2.1.3 采取试样的包装，必须确保试样不变质、不被污染。

A.2.1.4 海绵钛试样的采取，按下述方法进行，对不适用本规定的一些特殊场合，可由供需双方协商解决。

A.2.1.4.1 一次试样的采取

每批海绵钛产品在挑选、包装过程中，按一定的时间间隔，从连续流出的海绵钛中以 300 g 以上小样数量采取试样；或者成批的海绵钛产品充分混和后，装进不锈钢长方形器皿中，摊成均一厚度，按其面积等分，使用容量不小于 1 000 g 的不锈钢方铲从各部分中以 300 g 以上的小样数量采取试样，试样采集总量需在批量的 0.5%以上，且最少不少于 20 kg。

A.2.1.4.2 二次试样的采取

将 A.2.1.4.1 采集的试样，平摊于不锈钢板上，用四分法缩分出不少于 4 kg 的样品，然后将此试样破碎筛分到 10 mm 以下，用永久磁铁吸出铁粉后得到二次试样，再将二次试样等分，得到 4 份试样，每份小样不少于 0.9 kg。二次试样代表本批海绵钛产品平均组分，作为制备产品化学成分分析和硬度测试试样的供给试样，其中一份为供方测试试样，其余为保存试样。

A.2.2 试样的制备

A.2.2.1 压制自耗电极

将供方测试试样约 0.9 kg(数量由压模的容量决定)放入干净的压模中，于液压机上将其压成自耗电极，电极成形压强为 300 MPa～500 MPa，保压时间为 3 s～5 s。

A.2.2.2 真空熔铸钛锭

将压成的自耗电极放入干燥箱内干燥 20 min～40 min，干燥温度为 90 ℃～105 ℃，干燥后装入真空自耗炉内熔铸，熔铸前检查系统并进行预抽空，炉内预真空度不得低于 0.133 Pa，漏气率不得大于 0.667 Pa/min，熔铸时的电流强度为 900 A～1 100 A，工作电压为 24 V～45 V，冷却水流量为 9 L/min～12 L/min，钛锭在炉内冷却时间不得低于 20 min。

A.2.2.3 试锭和试样的制备

将水冷铜坩埚中取出的钛锭夹于车床上，以不大于405 r/min的车速，除去锭帽部缩孔部分，车去锭下部10 mm厚，侧部5 mm厚钛层，车床的进刀量和吃刀量以试锭表面不产生氧化为宜。

A.2.2.3.1 氧、氮、氢分析试样的制备：于锭上中部车取外径不小于35 mm，宽6 mm，厚度为3 mm，质量不小于15 g的钛环，供分析氧、氮、氢使用。

A.2.2.3.2 硅、铁、锰、镁、碳及其他元素分析试样的制备：在车床主轴转速不大于450 r/min，进刀量为0.031 mm/r的条件下，制取宽度1 mm～3 mm，厚度0.05 mm～0.2 mm，外观无变色，质量不小于20 g的丝状车屑样品，供分析硅、铁、锰、镁、碳及其他元素使用(如图A.1)。

A.2.2.3.3 氯元素分析试样的制备：选用ϕ8 mm～ϕ10 mm碳钢麻花钻，在台式钻床的主轴转速560 r/min的条件下，在未熔自耗电极残端上，按其长度方向均匀钻取5个孔，去掉表面层3 mm～5 mm后，以不能将电极钻穿，钻屑以不变色为前提，钻取屑状试样20 g，供分析氯元素使用。

A.2.2.3.4 布氏硬度试验用锭的制备：制备完分析试样后的钛锭，在不大于450 r/min的车速，以钛锭表面不产生氧化为宜的进刀量和吃刀量的条件下，加工成布氏硬度试验用锭，锭直径不小于40 mm，高度不小于15 mm。布氏硬度试验用锭表面应光洁，粗糙度参数*Ra*不大于1.6 μm，上下面应平行，用千分尺于垂直方向测四个点，极差不大于0.05 mm，试锭表面不得有气孔或裂纹。

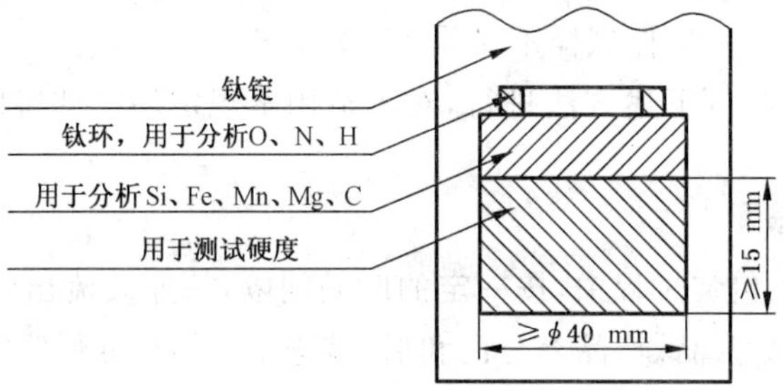

图 A.1

A.2.3 压痕位置确定

A.2.3.1 在布氏硬度试验用锭的上表面，按1/2*R*、2/3*R*菱形排列方式(如图A.2)确定压痕位置。

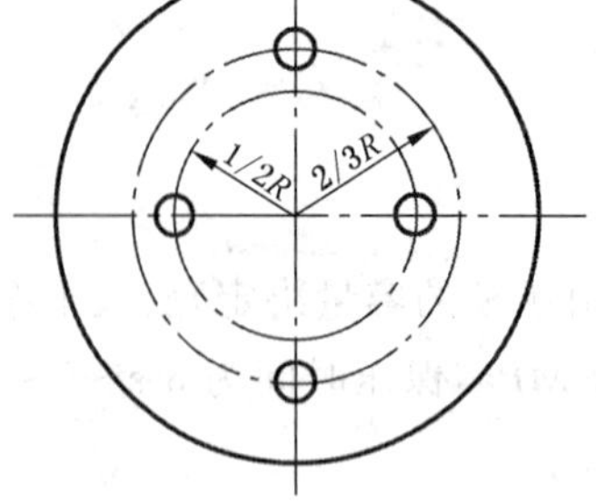

图 A.2

A.2.3.2 测得同一试锭上表面四个点的布氏硬度值，取其平均值作为该钛锭的平均布氏硬度值。如四个点中有一个点的布氏硬度值与平均布氏硬度值相差超过10个单位，则取另三个点的布氏硬度值平均值作为该钛锭的平均布氏硬度值;如有两个点的布氏硬度值与平均布氏硬度值相差超过 10 个单位时,则应重新铸锭测试。

A.3 海绵钛产品的需方取样及试锭的制备方法

A.3.1 取样

A.3.1.1 从到货的批产品中随机抽取桶数的 20%(不少于 3 桶,批量少于 3 桶时全数抽取),从桶中不同部位取出不少于 20 kg 产品,混匀后缩分出 4 kg 样品。

A.3.1.2 将缩分得到的 4 kg 样品破碎筛分到 10 mm 以下,用永久磁铁把破碎过程中混入的铁屑吸除,然后将其等分为三份,其中一份用于压制自耗电极,另二份作为备用样。

A.3.1.3 试锭的制备

自耗电极压制、熔铸,及各试样的制取按 A.2.2 进行。

A.4 海绵钛的仲裁取样与试锭的制备方法

A.4.1 取样

仲裁取样时应供需双方同时在现场,并按下述方法进行取样。

A.4.1.1 从有争议的批产品中随机抽取桶数的 20%(不少于 3 桶,批量少于 3 桶时全数抽取),从每桶中分上、中、下部均匀取出不少于 20 kg 产品,混匀后缩分出 4 kg 样品。

A.4.1.2 将缩分得到的 4 kg 样品破碎筛分到 10 mm 以下,用永久磁铁把破碎过程中混入的铁屑吸除,然后将其等分为三份,一份送仲裁单位,一份存供方,一份存需方。

A.4.2 试锭的制备

自耗电极压制、熔铸,及各试样的制备按 A.2.2 进行。

A.5 海绵钛外观质量和粒度检验方法

A.5.1 海绵钛外观质量

随机抽取批产品桶数的 10%(不少于 3 桶,批量少于 3 桶时全数抽取),置于洁净的不锈钢板上,按 3.4.2 的规定选出有缺陷的海绵钛块,称重;以确定其重量是否超出本标准规定。

A.5.2 粒度检验方法

A.5.2.1 参照 GB/T 6005 标准的要求选用不锈钢丝编织方孔筛,筛孔基本尺寸应与产品粒度要求的上、下限相对应。

A.5.2.2 随机抽取批产品桶数的 10%(不少于 2 桶)。

A.5.2.3 将与产品粒度要求的上、下限相对应两层筛置于振动机上,将抽出的产品分次置于上层筛中,振动筛分 2 min~5 min;确认筛分完全后取出下层筛筛下物和上层筛筛上物分别称重,计算;判定其重量是否符合本标准、合同(或订货单)要求。

ICS 73.040
D 21

中华人民共和国国家标准

GB/T 2566—2010
代替 GB/T 2566—1995

低煤阶煤的透光率测定方法

Determination of transmittance for low rank coal

2010-09-26 发布 2011-02-01 实施

中华人民共和国国家质量监督检验检疫总局
中国国家标准化管理委员会 发布

前　言

本标准代替 GB/T 2566—1995《低煤阶煤的透光率测定方法》。

与 GB/T 2566—1995 相比，本标准主要作了如下修改：

——按 GB/T 1.1 要求，对标准的编写格式等进行了相应修改；

——对标准有关章节进行了重新编排；

——增加了附录 A 表 A.2；

——调整了不同透光率范围的重复性、再现性数值(见第 7 章)。

本标准的附录 A、附录 B 为资料性附录。

本标准由中国煤炭工业协会提出。

本标准由全国煤炭标准化技术委员会归口。

本标准起草单位：煤炭科学研究总院北京煤化工研究分院、河北省煤田地质研究所。

本标准主要起草人：刘淑云、宋栓臣、罗陨飞、张路锁。

本标准所代替标准的历次版本发布情况为：

——GB 2566—1981；

——GB/T 2566—1995。

低煤阶煤的透光率测定方法

1 范围

本标准规定了测定低煤阶煤透光率用的试剂和材料、仪器和设备、测定步骤、测定结果的表述和精密度。

本标准适用于褐煤和低煤阶烟煤。

2 方法原理

低煤阶煤与硝酸和磷酸的混合酸在规定试验条件下反应后产生有色溶液。根据溶液颜色深浅，以不同浓度的重铬酸钾硫酸溶液作为标准，用目视比色法测定煤样的透光率。

3 试剂和材料

3.1 10%硫酸(GB/T 625，化学纯)溶液(体积分数)。

3.2 重铬酸钾(GB/T 642，分析纯)：使用前需在 110 ℃～120 ℃下干燥 2 h。

3.3 (1+9)磷酸(GB/T 1282，化学纯)溶液(体积分数)。

3.4 硝酸(GB/T 626，化学纯)：呈黄色的硝酸不能使用。

3.5 混合酸：1 体积硝酸、1 体积磷酸和 9 体积蒸馏水混合配成。

3.6 重铬酸钾准备溶液

3.6.1 称取 2.500 0 g(精确至 0.000 2 g)重铬酸钾粉末(3.2)，用 10%的硫酸溶液(3.1)在容量瓶中配成 250 mL 溶液。该溶液作为配制透光率在 30%～100%之间的标准系列溶液使用。

3.6.2 称取 5.000 0 g(精确至 0.000 2 g)重铬酸钾粉末(3.2)，用 10%的硫酸溶液(3.1)在容量瓶中配成 250 mL 溶液。该溶液作为配制透光率小于 30%的标准系列溶液使用。

3.7 重铬酸钾标准系列溶液

用带细刻度的 1 mL、2 mL、5 mL 或 10 mL 的直形移液管(或微量滴定管)，依次从重铬酸钾准备溶液(3.6.1 和 3.6.2)中吸取所需体积准备溶液，放入 50 mL 容量瓶中，再用 10%的硫酸溶液(3.1)稀释至刻度，配成标准系列溶液，并摇匀待用。附录 A 中提供了所配标准溶液浓度与需用重铬酸钾准备溶液体积的对应关系。

用少量已配好的标准系列溶液冲洗干燥的比色管(4.2)后，把标准系列溶液倒入比色管中 10 mL 的刻度处(各比色管液柱高度应一致)。

标准系列溶液一般可用(2～3)个月。若比色时与配制标准系列溶液时的室温变化范围超过 10 ℃，则应重新配制标准系列溶液。

3.8 定性滤纸：致密。

4 仪器和设备

4.1 分析天平：感量 0.000 2 g。

4.2 比色管：25 mL，内径 17 mm±0.5 mm，在 10 mL 处有刻度，具严密塞子。

4.3 水浴：能加热到 100 ℃。

4.4 水银温度计：测量范围 0 ℃～100 ℃，分度小于 0.2 ℃。需校准后使用。

4.5 容量瓶：100 mL；锥形瓶：100 mL；移液管：25 mL。

对某些加热处理时易产生气泡带出煤粉的试样，宜采用特制的长颈容量瓶，其尺寸是：口内径

15 mm±1 mm，刻度线至瓶口的高度 135 mm±5 mm。容量瓶的颈底处宜套上一圆片，如橡胶等（圆片中间开洞，圆片略大于水浴加热口即可）。

4.6 玻璃小漏斗：漏斗口内径 30 mm，漏斗柄长约 40 mm，内径 4 mm～5 mm。

5 测定步骤

5.1 称取相当于 1.000 0 g（精确至 0.000 2 g）干燥无灰煤的一般分析试验煤样（需用灰分 A_d≤10%的原煤样或浮煤样，但对遇水易泥化的褐煤可用原煤样）移入干燥的 100 mL 容量瓶中。

5.2 当水浴温度升高到 99.5 ℃±0.5 ℃时（在高原地区，可往水中加入一定量的甘油，以使水浴温度能保持在 99.5 ℃±0.5 ℃），即用移液管吸取 25 mL 混合酸（3.5）加入容量瓶中，边加酸边摇动容量瓶，使煤样浸湿。把加入混合酸（3.5）后的容量瓶立即放入水浴中，并往瓶口插入小漏斗（4.6）。水浴温度应控制在 5 min 内回升到 99.5 ℃±0.5 ℃。

5.3 加热 90 min 后，从水浴中取出容量瓶，并把它迅速冷却至室温。用（1+9）磷酸（3.3）冲洗小漏斗和容量瓶颈，然后再加入（1+9）磷酸（3.3）至容量瓶的刻度处，加塞后摇匀。

5.4 静置 15 min～30 min 后，用干燥的漏斗和致密定性滤纸过滤。把滤液过滤到干燥的 100 mL 锥形瓶中（要注意防止极细的煤粉透滤，否则应重新过滤），弃去最初滤出的少量滤液。滤毕后弃去残渣。滤液应在当天用目视比色法测定透光率。

5.5 比色时按下列操作步骤进行：

——首先用少量滤液（5.4）冲洗 25 mL 干燥的比色管（4.2）后，并把滤液倒至比色管 10 mL 刻度处（液柱高度要调整到与重铬酸钾标准系列溶液一致），与标准系列溶液进行目视比色。

——比色应在明亮的自然光下，但不宜在阳光直射下进行。比色时应在比色管的下部衬有（2～3）张纯白色的滤纸，但滤纸与比色管之间应保持 30 mm 左右的间距。比色时，从比色管口上方垂直往下看，把标准系列溶液和煤样滤液的位置进行反复交换比色，以利于结果的正确判断。当煤样滤液的颜色深度介于两个相邻的标准系列溶液中间或与某一标准系列溶液相当时，即可得出煤样的透光率。对透光率特低的煤样，因标准系列溶液和煤样溶液的色调不大一致。此时可按溶液的明暗程度为准进行对比，以确定煤样的透光率。

6 测定结果的表述

透光率（P_M）测定结果可读取到 1%，对 P_M 小于 16%的煤样，报出结果时都填写为小于 16%。

附录 B 提供了透光率测定原始记录的报告示例。

7 精密度

透光率（P_M）测定的精密度应符合表 1 的规定。

表 1 透光率测定的精密度 %

透光率 P_M	重复性限	再现性临界差
≥28～56	2.0	4.0
＜28 或≥56	3.0	5.0

附 录 A
（资料性附录）
重铬酸钾标准系列溶液

附录 A 提供了 50 mL 重铬酸钾标准系列溶液配制时，标准溶液浓度与需用重铬酸钾准备溶液（3.6.1和 3.6.2）体积的对应关系。

根据实际工作需要，可分别按表 A.1 和表 A.2 配制重铬酸钾标准系列溶液。

表 A.1 重铬酸钾标准系列溶液

标准系列	透光率 P_{M}/%	配成 50 mL 标准系列溶液时，需用重铬酸钾准备溶液的体积/mL	标准系列	透光率 P_{M}/%	配成 50 mL 标准系列溶液时，需用重铬酸钾准备溶液的体积/mL
1	100	0.00	28	64	1.75
2	98	0.05	29	63	1.87
3	96	0.11	30	62	2.00
4	94	0.15	31	61[a]	2.15
5	92	0.23	32	60	2.30
6	90	0.29	33	59	2.45
7	88[a]	0.38	34	58	2.60
8	86	0.44	35	57	2.80
9	84[a]	0.48	36	56	3.00
10	82	0.55	37	55	3.15
11	81[a]	0.59	38	54	3.45
12	80	0.63	39	53	3.62
13	79	0.67	40	52	3.80
14	78	0.71	41	51	4.05
15	77	0.75	42	50	4.30
16	76[a]	0.79	43	49	4.50
17	75	0.84	44	48[a]	4.70
18	74	0.90	45	47	5.10
19	73	0.98	46	46	5.50
20	72	1.05	47	45	6.05
21	71	1.13	48	44	6.60
22	70[a]	1.20	49	43	7.15
23	69	1.28	50	42	7.75
24	68	1.35	51	41	8.15
25	67	1.47	52	40	8.55
26	66[a]	1.60	53	39	9.25
27	65	1.68	54	38	9.90

表 A.1（续）

标准系列	透光率 P_M/%	配成 50 mL 标准系列溶液时，需用重铬酸钾准备溶液的体积/mL	标准系列	透光率 P_M/%	配成 50 mL 标准系列溶液时，需用重铬酸钾准备溶液的体积/mL
55	37	10.70	63	28	19.30
56	36	11.50	64	26	23.60
57	35	12.50	65	24	28.20
58	34	13.60	66	22	32.80
59	33	17.50	67	20	37.50
60	32	21.70	68	18	42.40
61	31	26.00	69	16	47.50
62	30[a]	30.00			

[a] 表示标准系列溶液为直接用煤样反复对比后确定的标准点，其余各点均系根据标准点所绘制的工作曲线或其外延线上求出。

表 A.2 重铬酸钾标准系列溶液（简表）

标准系列	透光率 P_M/%	配成 50 mL 标准系列溶液时需用重铬酸钾准备溶液的体积/mL
1	92	0.23
2	88	0.38
3	84	0.48
4	80	0.63
5	76	0.79
6	72	1.05
7	68	1.35
8	64	1.75
9	60	2.30
10	56	3.00
11	52	3.80
12	50	4.30
13	48	4.70
14	46	5.50
15	44	6.60
16	42	7.75
17	40	8.55
18	38	9.90
19	36	11.50
20	34	13.60
21	32	21.70

表 A.2（续）

标准系列	透光率 P_M/%	配成 50 mL 标准系列溶液时需用重铬酸钾准备溶液的体积/mL
22	30	30.00
23	28	19.30
24	24	28.20
25	20	37.50
26	16	47.50

附 录 B
（资料性附录）
透光率测定原始记录

透光率测定原始记录见表B.1。

表 B.1 透光率测定原始记录

煤样	编号				
	水分 M_{ad}/%				
	灰分 A_{ad}/%				
	称出质量/g				
容量瓶编号					
锥形瓶编号					
比色管编号					
P_M/%					
P_M 平均值/%					

复核： 测定： 年 月 日

ICS 17.200.20
N 11

中华人民共和国国家标准

GB/T 2614—2010
代替 GB/T 2614—1998

镍铬-镍硅热电偶丝

Nickel-Chromium/Nickel-Silicon thermocouple wires

2010-12-01 发布　　2011-05-01 实施

中华人民共和国国家质量监督检验检疫总局
中国国家标准化管理委员会　发布

前　言

本标准代替 GB/T 2614—1998《镍铬-镍硅热电偶丝》。

本标准与 GB/T 2614—1998 相比的主要差异如下：

——热电动势的允差参照 ASTM E 230—2003 的要求，而原标准中热电动势的允差采用的是 IEC 584-2:1995的规定。

——为了使用方便，本标准附录 C 列出了镍铬-镍铝热电偶丝单极对铂的热电动势，以利参考。

——本标准根据 GB/T 1.1—2000 和 GB/T 20000.3—2003 要求对原标准作了编辑、文字上的修改。

本标准的附录 A、附录 B 和附录 C 均为资料性附录。

本标准由中国机械工业联合会提出。

本标准由全国仪表功能材料标准化技术委员会(SAC/TC 419)归口。

本标准负责起草单位：重庆仪表材料研究所。

本标准参加起草单位：江苏华鑫合金有限公司、乐清市华东仪表厂、常州市潞城伟业合金厂、德州群力合金材料有限公司、绍兴春晖自动化仪表有限公司、重庆川仪自动化股份有限公司金属功能材料分公司、沈阳合金材料有限公司、中国测试技术研究院、安徽蓝德集团股份有限公司。

本标准主要起草人：谌立新、何伦英、袁勤华、吴兴华、王伯伟、张力群、邹华、李联文、张晓华、赵普俊、殷成楼。

本标准所代替标准的历次版本发布情况为：

——GB/T 2614—1981，GB/T 2614—1985，GB/T 2614—1998。

镍铬-镍硅热电偶丝

1 范围

本标准规定了镍铬-镍硅热电偶丝的产品分类、技术要求、试验方法、检验规则、供应方式、包装及标志。

本标准适用于制造工业镍铬-镍硅热电偶(K 型热电偶)用合金丝(以下简称偶丝)。

2 规范性引用文件

下列文件中的条款通过本标准的引用而成为本标准的条款。凡是注日期的引用文件,其随后所有的修改单(不包括勘误的内容)或修订版均不适用于本标准,然而,鼓励根据本标准达成协议的各方研究是否可使用这些文件的最新版本。凡是不注日期的引用文件,其最新版本适用于本标准。

GB/T 16701 贵金属、廉金属热电偶丝热电动势 测量方法

GB/T 16839.1—1997 热电偶 第1部分:分度表

JB/T 6819.2 仪表材料术语 测温材料

3 术语和定义

JB/T 6819.2 确立的术语和定义适用于本标准。

4 产品分类

4.1 产品名称、代号及名义化学成分

产品名称、代号及名义化学成分如表1所示。

表1 产品分类及名义化学成分

产品名称	极性	代号	名义化学成分(质量分数)/%			
			Ni	Cr	Si	Al
镍铬合金丝	正极	KP	90	10	—	—
镍硅合金丝	负极	KN	97	—	3	—
注:经供需双方协商,可供应镍铬-镍铝偶丝,除其单极对铂热电动势外,其余技术指标均与镍铬-镍硅偶丝一致。						

4.2 偶丝等级

偶丝按使用要求和热电特性的不同分为Ⅰ级、Ⅱ级和Ⅲ级。

4.3 偶丝推荐使用温度上限

各种直径的偶丝推荐使用温度上限如表2所示。

表2 偶丝推荐使用温度

偶丝直径/mm	长期使用温度上限/℃	短期使用温度上限/℃
0.3	700	800
0.5	800	900
0.8,1.0	900	1 000

表 2（续）

偶丝直径/mm	长期使用温度上限/℃	短期使用温度上限/℃
1.2,1.6	1 000	1 100
2.0,2.5	1 100	1 200
3.2	1 200	1 300

4.4 产品标记

产品的标记按下列格式表示：

镍铬-镍硅热电偶丝 GB/T 2614-KP-Ⅰ-3.2

标记中各要素的含义如下：

KP ——产品代号(KP、KN)；

Ⅰ ——允差等级(Ⅰ、Ⅱ、Ⅲ)；

3.2——产品规格。

4.5 产品物理参数

产品有关物理参数参见附录 A。

5 技术要求

5.1 表面质量

偶丝表面应颜色均匀、光洁、无油污、无折叠、无裂纹、无毛刺及夹层。允许有不超过直径允差的细小划痕、凹陷及个别暗色斑点。

5.2 尺寸

偶丝的直径及允许偏差应符合表 3 的规定。偶丝的圆度不应超过直径的允许偏差。

表 3 偶丝直径及允许偏差

单位为毫米

偶丝直径	0.3	0.5	0.8	1.0	1.2	1.6	2.0	2.5	3.2
允许偏差	−0.04	−0.05		−0.06		−0.08		−0.10	
注：经供需双方协商同意，可供应其他规格的偶丝。									

5.3 不均匀热电动势

各种规格的偶丝，当参考端温度为 0 ℃，测量端温度为表 4 规定的温度时，整卷(盘)偶丝的不均匀热电动势应不超过表 4 的规定。

表 4 偶丝不均匀热电动势

偶丝直径/mm	测量端温度/℃	不均匀热电动势/μV		
		Ⅰ级	Ⅱ级	Ⅲ级
0.3,0.5	−196	—	—	30
0.3	700	35	70	—
0.5,0.8,1.0	800	40	80	—
1.2,1.6,2.0,2.5,3.2	1 000	50	100	—

5.4 热电动势

5.4.1 由偶丝构成的热电偶，当参考端温度为 0 ℃时，温度与热电动势的关系应符合GB/T 16839.1—1997 中 K 型热电偶分度表的规定，允差应符合表 5 的规定(热电偶在主要温度点的热电动势率及单极对铂分度表参见附录 B)。

表 5　镍铬-镍硅热电偶热电动势及允差

单位为微伏

测量端温度/℃	热电动势标称值	Ⅰ级		Ⅱ级		Ⅲ级	
		允差	热电动势范围	允差	热电动势范围	允差	热电动势范围
−196	−5 829	—	—	—	—	±47	−5 876～−5 782
−79	−2 887	—	—	—	—	±82	−2 969～−2 805
100	4 096	±46	4 050～4 142	±91	4 005～4 187	—	—
200	8 138	±44	8 094～8 182	±88	8 050～8 226	—	—
300	12 209	±50	12 159～12 259	±93	12 116～12 302	—	—
400	16 397	±68	16 329～16 465	±127	16 270～16 524	—	—
500	20 644	±85	20 559～20 729	±160	20 484～20 804	—	—
600	24 905	±102	24 803～25 007	±191	24 714～25 096	—	—
700	29 129	±117	29 012～29 246	±220	28 909～29 349	—	—
800	33 275	±131	33 144～33 406	±246	33 029～33 521	—	—
900	37 326	±144	37 182～37 470	±270	37 056～37 596	—	—
1 000	41 276	±156	41 120～41 432	±292	40 984～41 568	—	—
1 100	45 119	±167	44 952～45 286	±312	44 807～45 431	—	—
1 200	48 838	—	—	±328	48 510～49 166	—	—
1 300	52 410	—	—	±340	52 070～52 750	—	—

5.4.2　由镍铬与铂、铂与镍硅构成的热电偶，当参考端温度为 0 ℃时，主要温度点的热电动势及允差应分别符合表 6 和表 7 的规定。经供需双方协议，允许正负极配对供货，配对热电动势及允差应符合表 5 的规定（镍铬-铂、铂-镍硅在主要温度点的热电动势率及分度表见附录 B）。镍铬-镍铝热电偶丝正、负极对铂热电动势参见附录 C。

表 6　镍铬-铂热电偶热电动势及允差

单位为微伏

测量端温度/℃	热电动势标称值	Ⅰ级		Ⅱ级		Ⅲ级	
		允差	热电动势范围	允差	热电动势范围	允差	热电动势范围
−196	−3 395		—	—	—	±30	−3 425～−3 365
−79	−1 828	—	—	—	—	±54	−1 882～−1 774
100	2 856	±30	2 826～2 886	±60	2 796～2 916	—	—
200	5 978	±29	5 949～6 007	±57	5 921～6 035	—	—
300	9 338	±32	9 306～9 370	±62	9 276～9 400	—	—
400	12 775	±46	12 729～12 821	±87	12 688～12 862	—	—
500	16 211	±55	16 156～16 266	±100	16 111～16 311	—	—
600	19 604	±72	19 532～19 676	±121	19 483～19 725	—	—
700	22 922	±77	22 845～22 999	±140	22 782～23 062	—	—
800	26 155	±91	26 064～26 246	±156	25 999～26 311	—	—
900	29 317	±94	29 223～29 411	±170	29 147～29 487	—	—
1 000	32 419	±106	32 313～32 525	±192	32 227～32 611	—	—
1100	35 442	±106	35 336～35 548	±202	35 240～35 644	—	—
1 200	38 374	—	—	±218	38 156～38 592	—	—
1 300	41 246	—	—	±230	41 016～41 476	—	—

表 7 铂-镍硅热电偶热电动势及允差

单位为微伏

测量端温度/℃	热电动势标称值	Ⅰ级		Ⅱ级		Ⅲ级	
		允差	热电动势范围	允差	热电动势范围	允差	热电动势范围
−196	−2 434	—	—	—	—	±16	−2 418～−2 450
−79	−1 059	—	—	—	—	±28	−1 031～−1 087
100	1 240	±16	1 224～1 256	±31	1 209～1 271	—	—
200	2 160	±15	2 145～2 175	±31	2 129～2 191	—	—
300	2 871	±18	2 853～2 889	±31	2 840～2 902	—	—
400	3 622	±22	3 600～3 644	±40	3 582～3 662	—	—
500	4 433	±30	4 403～4 463	±60	4 373～4 493	—	—
600	5 301	±30	5 271～5 331	±70	5 231～5 371	—	—
700	6 207	±40	6 167～6 247	±80	6 127～6 287	—	—
800	7 120	±40	7 080～7 160	±90	7 030～7 210	—	—
900	8 009	±50	7 959～8 059	±100	7 909～8 109	—	—
1 000	8 857	±50	8 807～8 907	±100	8 757～8 957	—	—
1 100	9 677	±60	9 167～9 737	±110	9 567～9 787	—	—
1 200	10 464	—	—	±110	10 354～10 574	—	—
1 300	11 164	—	—	±110	11 054～11 274	—	—

5.5 稳定性

由各种规格的Ⅰ级、Ⅱ级偶丝构成的热电偶，在空气中按表 8 规定的温度连续加热 200 h，其加热前后在该温度点热电动势变化的绝对值应不超过表 8 的规定。

表 8 热电偶稳定性

偶丝直径 mm	测量端温度 ℃	热电动势变化 μV	相当于温度值 ℃
0.3	790±10	246	6.00
0.5	890±10	270	6.75
0.8,1.0	990±10	292	7.50
1.2,1.6	1 090±10	312	8.25
2.0,2.5	1 190±10	329	9.00
3.2	1 290±10	340	9.75

6 试验方法

6.1 表面质量

表面质量用目力观察。

6.2 尺寸

偶丝的直径和圆度用分辨率不低于 0.01 mm 的千分尺在偶丝的同一截面的两个垂直方向上进行测量，每卷(盘)偶丝至少应测量三个不同部位。

6.3 不均匀热电动势

6.3.1 Ⅰ级、Ⅱ级偶丝

将在同一卷(盘)偶丝的两端上所取试样的一端与直径为0.5 mm的铂丝(铂丝的$R_{100}/R_0 \geqslant 1.392\,0$)焊接在一起作为测量端,放进热电偶检定炉内。另一端作为参考端置于0 ℃。在表4规定的测量端温度中保温2 h后,测量其对铂热电动势。同一卷(盘)偶丝试样间的对铂热电动势最大差值为不均匀热电动势值。

6.3.2 Ⅲ级偶丝

将在同一卷(盘)偶丝的两端上所取试样的一端与直径为0.5 mm的铂丝(铂丝的$R_{100}/R_0 \geqslant 1.392\,0$)焊接在一起作为测量端,放进低温槽中,插入深度不应小于200 mm。另一端作为参考端置于0 ℃。在参考端温度为0 ℃,测量端温度为−196 ℃时,测量其对铂热电动势。同一卷(盘)偶丝试样间的对铂热电动势最大差值为不均匀热电动势值。

6.4 热电动势

按GB/T 16701规定的方法进行,测量温度应符合表9的规定。

表9 热电动势测量温度

偶丝直径 mm	测量温度 ℃
0.3	−79,−196,400,600,700
0.5	−79,−196,400,600,800
0.8,1.0	400,600,800
1.2,1.6,2.0,2.5	400,600,800,1 000
3.2	400,600,800,1 000,(1 200)
注:括号内测量温度根据用户要求进行测量。	

6.5 稳定性

将正负极偶丝焊成热电偶,并与二等标准铂铑10-铂热电偶捆扎在一起(标准偶的测量端应套上封闭的高温氧化铝管),装入热电偶检定炉内,试样插入炉内的深度应不小于300 mm。炉温升到表8规定的温度后,开始测量其热电动势,每隔一小时测量一次,当其热电动势值变化稳定在60 μV范围内时,所测得的热电动势作为第一次测量值E_0,同时记录时间,以此为稳定性试验的起始时间,持续保温并每隔数小时对热电动势进行监测,200 h内,所测得热电动势值E与E_0最大差值$\delta = |E - E_0|$为其稳定性值。

7 检验规则

7.1 检验分类

产品检验分为出厂检验和型式检验。

7.1.1 出厂检验

偶丝应经过制造厂质量检验部门进行出厂检验合格并附有产品质量合格证,方可出厂。

出厂检验项目:

a) 表面质量;

b) 尺寸;

c) 不均匀热电动势;

d) 热电动势。

7.1.2 型式检验

按本产品标准规定的全部试验项目进行。有下列情况之一时,一般应进行型式检验:

a） 新产品或老产品转厂生产的试制定型鉴定；

b） 正常生产后，如原材料、工艺有较大改变时；

c） 正常生产时，每年应不少于一次检验；

d） 产品长期停产后，恢复生产时；

e） 出厂检验结果与上次型式检验有较大差异时；

f） 国家质量监督机构提出进行型式检验的要求时。

7.2 抽样规则

7.2.1 出厂检验应从生产的每卷(盘)偶丝的头、尾两端各取约 1.1 m 进行检验，其中表面质量[7.1.1a)]和尺寸[7.1.1b)]两项应对整卷(盘)偶丝检验。

7.2.2 型式检验应从生产厂的成品库中任意抽取正、负极各不少于 3 卷(盘)的偶丝，在头部取约 5.5 m、尾部取约 1.1 m 进行检验。其中表面质量和尺寸应对整卷(盘)偶丝检验。

7.3 判定规则

7.3.1 出厂检验时，只要有一项不合格，则判定该卷(盘)产品为不合格产品。

7.3.2 型式检验时，只要有一项不合格，则应加倍抽样进行全部复验。若仍有一项不合格，则判定型式检验不合格。

8 供应方式、包装及标志

8.1 供应方式

8.1.1 偶丝应经退火供应。偶丝表面应具有一层均匀的氧化膜。直径为 1.2 mm 和直径为 1.2 mm 以下的偶丝，允许以光亮丝出厂，对于直径为 1.2 mm 以上的偶丝，若要求供应光亮丝，应经供需双方协商同意，并在合同中注明。

8.1.2 每卷(盘)偶丝应由一根丝绕成，中间不得有接头、扭曲及结节。

8.1.3 每卷(盘)偶丝质量应不小于表 10 的规定。

表 10 每卷(盘)偶丝质量

偶丝直径 mm	每卷(盘)偶丝质量 kg
0.3,0.5,0.8	0.5
1.0,1.2,1.6,2.0,2.5	1.0
3.2	2.0
注：对于大量使用偶丝的用户，每卷(盘)偶丝质量可由供需双方协议。	

8.2 包装

除直径小于或等于 0.5 mm 的偶丝可卷绕在线盘上外，其余规格的偶丝可绕成卷状，每卷至少捆扎两处，每卷(盘)用防潮材料包装。

8.3 标志

8.3.1 每卷(盘)偶丝的标志应包括下列内容：

a） 制造厂名或商标；

b） 产品名称、标记；

c） 产品编号；

d） 尺寸规格；

e） 每卷(盘)偶丝的毛质量和净质量；

f） 出厂日期。

8.3.2 每卷(盘)偶丝的产品合格证书上应标明：

a） 制造厂名或商标；
b） 产品名称；
c） 产品编号；
d） 尺寸规格或标记；
e） 产品标准号；
f） 每卷(盘)偶丝的毛质量和净质量；
g） 出厂日期。

附 录 A
（资料性附录）
镍铬和镍硅合金丝的物理参数

A.1 镍铬和镍硅合金丝的熔点、密度、电阻率、平均电阻温度系数、抗拉强度和伸长率如表 A.1 所示。

表 A.1 镍铬和镍硅合金丝的物理参数

名　　称	镍铬合金丝	镍硅合金丝
熔点/℃	1 427	1 399
密度/(g/cm^3)	8.5	8.6
在 20 ℃时的电阻率/($\mu\Omega \cdot cm$)	70.6	29.4
在 0 ℃～1 200 ℃范围内平均电阻温度系数/($\times 10^{-4}$/℃)	2.9	16.3
抗拉强度/MPa	≥490	≥390
伸长率(L_0=100 mm)/%	≥10	≥15

附 录 B
(资料性附录)
镍铬-镍硅热电偶热电动势率及单极对铂分度表

B.1 镍铬-镍硅、镍铬-铂和铂-镍硅热电偶在主要温度点的热电动势率(塞贝克系数 S)如表 B.1 所示。

表 B.1 镍铬-镍硅热电偶热电动势率及单极对铂热电动势率

温 度 ℃	热电动势率(塞贝克系数 S)/(μV/℃)		
	镍铬-镍硅	镍铬-铂	铂-镍硅
−196	16.00	5.57	10.43
−79	32.92	20.01	12.91
0	39.45	25.83	13.62
100	41.37	29.48	11.89
200	39.96	32.73	7.23
300	41.45	34.18	7.29
400	42.24	34.44	7.80
500	42.63	34.21	8.42
600	42.51	33.60	8.91
700	41.90	32.75	9.15
800	41.00	31.94	9.06
900	40.00	31.33	8.67
1 000	38.98	30.67	8.31
1 100	37.85	29.75	8.10
1 200	36.49	28.97	7.52
1 300	34.93	28.29	6.64

B.2 镍铬(KP)-铂(Pt)和铂(Pt)-镍硅(KN)的分度表如表 B.2 和表 B.3 所示。

表 B.2 镍铬(KP)-铂(Pt)分度表

温度 ℃	0	−10	−20	−30	−40	−50	−60	−70	−80	−90
	热电动势/μV									
−200	−3 416	−3 460	−3 491	−3 518	−3 528	−3 539	−3 549	−3 558		
−100	−2 227	−2 402	−2 566	−2 718	−2 859	−2 986	−3 101	−3 201	−3 288	−3 359
0	0	−255	−505	−747	−983	−1 211	−1 432	−1 644	−1 848	−2 042
温度 ℃	0	10	20	30	40	50	60	70	80	90
	热电动势/μV									
0	0	290	575	858	1 139	1 420	1 702	1 986	2 273	2 563
100	2 856	3 153	3 453	3 757	4 064	4 376	4 690	5 008	5 328	5 652
200	5 978	6 306	6 637	6 970	7 304	7 640	7 978	8 316	8 656	8 997
300	9 338	9 680	10 023	10 366	10 710	11 053	11 398	11 742	12 086	12 431
400	12 775	13 119	13 464	13 808	14 152	14 496	14 840	15 183	15 526	15 869

表 B.2（续）

温度 ℃	0	10	20	30	40	50	60	70	80	90
	热电动势/μV									
500	16 211	16 553	16 894	17 235	17 575	17 915	18 254	18 593	18 931	19 268
600	19 604	19 940	20 274	20 608	20 942	21 274	21 605	21 936	22 265	22 594
700	22 922	23 249	23 575	23 901	24 225	24 549	24 871	25 193	25 515	25 835
800	26 155	26 474	26 792	27 110	27 427	27 744	28 059	28 375	28 689	29 004
900	29 317	29 630	29 942	30 254	30 566	30 876	31 186	31 495	31 804	32 112
1 000	32 419	32 725	33 031	33 335	33 639	33 942	34 244	34 545	34 845	35 144
1 100	35 442	35 739	36 035	36 330	36 625	36 918	37 211	37 502	37 794	38 084
1 200	38 374	38 663	38 952	39 241	39 529	39 817	40 104	40 391	40 677	40 962
1 300	41 246	41 528	41 808	42 084	42 356	42 623	42 883	43 135		
注：参考端温度为 0 ℃。										

B.3 镍铬(KP)-铂(Pt)的分度表由下列多项式计算：

$$E=\sum_{i=0}^{n} c_i t^i \quad (\mu V) \qquad \cdots\cdots (B.1)$$

式中系数为：

温度范围　−270 ℃～0 ℃	0 ℃～1 372 ℃
$c_0=0.0$	$c_0=0$
$c_1=2.581\,195\,057\,4\times10$	$c_1=2.933\,652\,199\times10$
$c_2=2.299\,008\,894\,3\times10^{-2}$	$c_2=-3.609\,679\,908\,9\times10^{-2}$
$c_3=-6.157\,475\,446\,0\times10^{-4}$	$c_3=4.305\,483\,171\,3\times10^{-4}$
$c_4=-2.327\,184\,376\,5\times10^{-5}$	$c_4=-1.869\,582\,478\,0\times10^{-6}$
$c_5=-5.457\,033\,359\,6\times10^{-7}$	$c_5=4.624\,257\,904\,3\times10^{-9}$
$c_6=-7.845\,394\,226\,4\times10^{-9}$	$c_6=-7.157\,561\,963\,6\times10^{-12}$
$c_7=-7.251\,284\,060\,8\times10^{-11}$	$c_7=7.027\,391\,602\,8\times10^{-15}$
$c_8=-4.356\,917\,479\,1\times10^{-13}$	$c_8=-4.243\,706\,267\,0\times10^{-18}$
$c_9=-1.664\,752\,760\,6\times10^{-15}$	$c_9=1.436\,114\,157\times10^{-24}$
$c_{10}=-3.737\,720\,750\,1\times10^{-18}$	$c_{10}=-2.082\,822\,136\,2\times10^{-25}$
$c_{11}=-3.774\,144\,269\,5\times10^{-21}$	
$c_{12}=1.002\,535\,559\,0\times10^{-24}$	
$c_{13}=3.893\,531\,072\,5\times10^{-27}$	

表 B.3　铂(Pt)-镍硅(KN)分度表

温度 ℃	0	−10	−20	−30	−40	−50	−60	−70	−80	−90
	热电动势/μV									
−200	−2 475	−2 575	−2 667	−2 749	−2 826	−2 864	−2 892	−2 900		
−100	−1 326	−1 450	−1 572	−1 692	−1 810	−1 926	−2 040	−2 153	−2 263	−2 371
0	0	−136	−273	−409	−544	−678	−811	−942	−1 072	−1 200

表 B.3（续）

温度 ℃	0	10	20	30	40	50	60	70	80	90
	热电动势/μV									
0	0	107	223	345	473	603	734	865	993	1 119
100	1 240	1 356	1 467	1 572	1 670	1 763	1 850	1 993	2 012	2 087
200	2 160	2 232	2 303	2 373	2 443	2 513	2 584	2 655	2 726	2 798
300	2 871	2 943	3 017	3 091	3 165	3 240	3 315	3 391	3 467	3 544
400	3 622	3 700	3 779	3 859	3 939	4 020	4 101	4 183	4 266	4 349
500	4 433	4 518	4 603	4 689	4 775	4 861	4 948	5 036	5 124	5 213
600	5 301	5 391	5 480	5 570	5 661	5 751	5 842	5 933	6 024	6 115
700	6 207	6 298	6 390	6 482	6 573	6 665	6 756	6 848	6 939	7 030
800	7 120	7 211	7 301	7 391	7 480	7 570	7 658	7 747	7 834	7 922
900	8 009	8 095	8 182	8 267	8 353	8 437	8 522	8 606	8 690	8 773
1 000	8 857	8 940	9 022	9 105	9 187	9 269	9 351	9 433	9 514	9 596
1 100	9 677	9 758	9 838	9 918	9 998	10 077	10 156	10 234	10 312	10 389
1 200	10 464	10 539	10 613	10 685	10 757	10 827	10 896	10 964	11 031	11 098
1 300	11 164	11 231	11 298	11 367	11 439	11 515	11 595	11 684		
注：参考端温度为 0 ℃。										

B.4 铂(Pt)-镍硅(KN)分度表由下列多项式计算：

$$E=\sum_{i=0}^{n}c_i t^i + a_0 \times \exp[a_1(t-126.968\ 6)^2] \quad (\mu V) \qquad \cdots\cdots(B.2)$$

式中系数为：

温度范围 −270 ℃～0 ℃	0 ℃～1 372 ℃
$c_0=0$	$c_0=-1.760\ 041\ 368\ 6\times10$
$c_1=1.363\ 817\ 745\ 2\times10$	$c_1=9.584\ 682\ 985\ 0$
$c_2=6.322\ 846\ 542\ 6\times10^{-4}$	$c_2=5.465\ 556\ 912\ 1\times10^{-2}$
$c_3=2.871\ 584\ 767\ 6\times10^{-4}$	$c_3=-5.300\ 059\ 100\ 0\times10^{-4}$
$c_4=1.828\ 136\ 087\ 7\times10^{-5}$	$c_4=2.187\ 991\ 935\ 2\times10^{-6}$
$c_5=4.781\ 942\ 767\ 9\times10^{-7}$	$c_5=-5.184\ 986\ 353\ 2\times10^{-9}$
$c_6=7.271\ 290\ 952\ 1\times10^{-9}$	$c_6=7.718\ 312\ 554\ 2\times10^{-12}$
$c_7=6.940\ 395\ 331\ 9\times10^{-11}$	$c_7=-7.347\ 598\ 802\ 8\times10^{-15}$
$c_8=4.252\ 401\ 385\ 5\times10^{-13}$	$c_8=4.340\ 857\ 414\ 2\times10^{-18}$
$c_9=1.644\ 863\ 493\ 8\times10^{-15}$	$c_9=-1.488\ 219\ 037\ 0\times10^{-24}$
$c_{10}=3.721\ 398\ 052\ 6\times10^{-18}$	$c_{10}=2.082\ 822\ 136\ 2\times10^{-25}$
$c_{11}=3.774\ 144\ 269\ 5\times10^{-21}$	
$c_{12}=-1.002\ 535\ 559\ 0\times10^{-24}$	$a_0=1.185\ 976\times10^2$
$c_{13}=-3.893\ 531\ 072\ 5\times10^{-27}$	$a_1=-1.183\ 432\times10^{-4}$

B.5 镍铬(KP)-镍硅(KN)分度表由下列多项式计算：

温度范围为−270 ℃～0℃ 时为：

$$E=\sum_{i=0}^{n}a_i t^i \quad (\mu V) \qquad \cdots\cdots (B.3)$$

式中：

$a_1=3.945\ 012\ 802\ 5\times10$

$a_2=2.362\ 237\ 359\ 8\times10^{-2}$

$a_3=-3.285\ 890\ 678\ 4\times10^{-4}$

$a_4=-4.990\ 482\ 877\ 7\times10^{-6}$

$a_5=-6.750\ 905\ 917\ 3\times10^{-8}$

$a_6=-5.741\ 032\ 742\ 8\times10^{-10}$

$a_7=-3.108\ 887\ 289\ 4\times10^{-12}$

$a_8=-1.045\ 160\ 936\ 5\times10^{-14}$

$a_9=-1.988\ 926\ 687\ 8\times10^{-17}$

$a_{10}=-1.632\ 269\ 748\ 6\times10^{-20}$

温度范围为 0 ℃～1 372 ℃时为：

$$E=b_0+\sum_{i=0}^{n}b_i t^i+c_0\exp[c_1(t-126.968\ 6)^2] \quad (\mu V) \qquad \cdots\cdots (B.4)$$

式中：

$b_0=-1.760\ 041\ 368\ 6\times10$

$b_1=3.892\ 120\ 497\ 5\times10$

$b_2=1.855\ 877\ 003\ 2\times10^{-2}$

$b_3=-9.945\ 759\ 287\ 4\times10^{-5}$

$b_4=3.184\ 094\ 571\ 9\times10^{-7}$

$b_5=-5.607\ 284\ 488\ 9\times10^{-10}$

$b_6=5.607\ 505\ 905\ 9\times10^{-13}$

$b_7=-3.202\ 072\ 000\ 3\times10^{-16}$

$b_8=9.715\ 114\ 715\ 2\times10^{-20}$

$b_9=-1.210\ 472\ 127\ 5\times10^{-23}$

$c_0=1.185\ 976\times10^{2}$

$c_1=-1.183\ 432\times10^{-4}$

附　录　C
（资料性附录）
镍铬-镍铝热电偶正负极对铂热电动势

C.1　正极镍铬-铂(Pt)和铂(Pt)-镍铝的分度表如表 C.1 和表 C.2 所示。

表 C.1　正极镍铬-铂(Pt)分度表

温度 ℃	0	−10	−20	−30	−40	−50	−60	−70	−80	−90
	热电动势/μV									
−200	−3 416	−3 460	−3 491	−3 513	−3 528	−3 539	−3 549	−3 558		
−100	−2 227	−2 402	−2 566	−2 718	−2 859	−2 986	−3 101	−3 201	−3 288	−3 359
0	0	−255	−505	−747	−983	−1 211	−1 432	−1 644	−1 848	−2 042

温度 ℃	0	10	20	30	40	50	60	70	80	90
	热电动势/μV									
0	0	261	527	797	1 073	1 353	1 637	1 926	2 218	2 514
100	2 814	3 117	3 423	3 732	4 044	4 359	4 677	4 997	5 319	5 644
200	5 970	6 299	6 629	6 961	7 294	7 630	7 966	8 304	8 642	8 982
300	9 323	9 665	10 007	10 350	10 694	11 038	11 383	11 728	12 073	12 419
400	12 764	13 110	13 455	13 801	14 146	14 492	14 837	15 181	15 526	15 870
500	16 213	16 557	16 899	17 241	17 583	17 924	18 264	18 604	18 943	19 281
600	19 618	19 955	20 291	20 626	20 961	21 294	21 627	21 959	22 291	22 621
700	22 951	23 280	23 608	23 935	24 262	24 588	24 913	25 237	25 560	25 883
800	26 205	26 526	26 847	27 167	27 486	27 804	28 122	28 439	28 755	29 071
900	29 386	29 700	30 014	30 326	30 639	30 950	31 261	31 572	31 881	32 190
1 000	32 499	32 806	33 113	33 420	33 725	34 030	34 334	34 638	34 940	35 242
1 100	35 544	35 844	36 143	36 442	36 740	37 037	37 333	37 628	37 923	38 216
1 200	38 508	38 799	39 090	39 379	39 667	39 953	40 238	40 522	40 805	41 086
1 300	41 366	41 643	41 919	42 193	42 465	42 734	43 002	43 266		

注：参考端温度为 0 ℃。

C.2　正极镍铬-铂(Pt)的分度表由下列多项式计算：

$$E = \sum_{i=0}^{n} c_i t^i \quad (\mu V) \qquad \cdots\cdots (C.1)$$

式中系数为：

温度范围	−270 ℃～0 ℃	0 ℃～1 372 ℃
	$c_0=0.0$	$c_0=0$
	$c_1=2.581\ 195\ 057\ 4\times10$	$c_1=2.581\ 195\ 057\ 3\times10$
	$c_2=2.299\ 008\ 894\ 3\times10^{-2}$	$c_2=2.683\ 139\ 535\ 5\times10^{-2}$
	$c_3=-6.157\ 475\ 446\ 0\times10^{-4}$	$c_3=-3.867\ 519\ 441\ 2\times10^{-3}$
	$c_4=-2.327\ 184\ 376\ 5\times10^{-5}$	$c_4=3.030\ 555\ 323\ 4\times10^{-8}$
	$c_5=-5.457\ 033\ 359\ 6\times10^{-7}$	$c_5=-1.028\ 040\ 353\ 3\times10^{-11}$
	$c_6=-7.845\ 394\ 226\ 4\times10^{-9}$	$c_6=-3.448\ 171\ 733\ 0\times10^{-14}$
	$c_7=-7.251\ 284\ 060\ 8\times10^{-11}$	$c_7=8.251\ 289\ 448\ 0\times10^{-17}$
	$c_8=-4.356\ 917\ 479\ 1\times10^{-13}$	$c_8=-7.889\ 338\ 217\ 7\times10^{-20}$
	$c_9=-1.664\ 752\ 760\ 6\times10^{-15}$	$c_9=3.569\ 925\ 312\ 6\times10^{-23}$
	$c_{10}=-3.737\ 720\ 750\ 1\times10^{-18}$	$c_{10}=-6.331\ 536\ 065\ 9\times10^{-27}$
	$c_{11}=-3.774\ 144\ 269\ 5\times10^{-21}$	
	$c_{12}=1.002\ 535\ 559\ 0\times10^{-24}$	
	$c_{13}=3.893\ 531\ 072\ 5\times10^{-27}$	

表 C.2 铂(Pt)-镍铝分度表

温度 ℃	0	−10	−20	−30	−40	−50	−60	−70	−80	−90
	热电动势/μV									
−200	−2 475	−2 575	−2 667	−2 749	−2 816	−2 864	−2 892	−2 900		
−100	−1 326	−1 450	−1 572	−1 692	−1 810	−1 926	−2 040	−2 153	−2 263	−2 371
0	0	−136	−273	−409	−544	−678	−811	−942	−1 072	−1 200

温度 ℃	0	10	20	30	40	50	60	70	80	90
	热电动势/μV									
0	0	136	271	406	539	670	799	925	1 049	1 168
100	1 282	1 392	1 497	1 596	1 690	1 779	1 863	1 944	2 021	2 096
200	2 168	2 240	2 311	2 382	2 453	2 524	2 595	2 667	2 740	2 812
300	2 885	2 959	3 032	3 106	3 181	3 255	3 330	3 405	3 481	3 557
400	3 633	3 710	3 788	3 866	3 945	4 024	4 104	4 185	4 266	4 348
500	4 431	4 514	4 598	4 682	4 767	4 853	4 939	5 025	5 112	5 199
600	5 287	5 375	5 464	5 552	5 641	5 730	5 820	5 909	5 999	6 088
700	6 178	6 268	6 357	6 447	6 536	6 626	6 715	6 804	6 893	6 982
800	7 070	7 159	7 247	7 334	7 422	7 509	7 596	7 683	7 769	7 855
900	7 940	8 026	8 110	8 195	8 279	8 363	8 447	8 530	8 612	8 695
1 000	8 777	8 858	8 940	9 021	9 101	9 181	9 261	9 340	9 419	9 497
1 100	9 575	9 653	9 730	9 806	9 883	9 958	10 034	10 108	10 183	10 257
1 200	10 330	10 403	10 475	10 548	10 619	10 691	10 762	10 833	10 903	10 974
1 300	11 045	11 116	11 187	11 258	11 330	11 403	11 477	11 553		

注：参考端温度为 0 ℃。

C.3 铂(Pt)-镍铝分度表由下列多项式计算：

$$E=\sum_{i=0}^{n}c_it^i+a_0\times\exp[a_1(t-126.968\,6)^2]\quad(\mu V) \qquad (C.2)$$

式中系数为：

温度范围　　−270 ℃～0 ℃	0 ℃～1 372 ℃
$c_0=0$	$c_0=-1.760\,041\,368\,6\times10$
$c_1=1.363\,817\,745\,2\times10$	$c_1=1.310\,925\,440\,3\times10$
$c_2=6.322\,846\,542\,6\times10^{-4}$	$c_2=-8.272\,625\,323\,0\times10^{-3}$
$c_3=2.871\,584\,767\,6\times10^{-4}$	$c_3=-6.078\,239\,846\,2\times10^{-5}$
$c_4=1.828\,136\,087\,7\times10^{-5}$	$c_4=2.881\,039\,039\,6\times10^{-7}$
$c_5=4.781\,942\,767\,9\times10^{-7}$	$c_5=-5.504\,480\,453\,6\times10^{-10}$
$c_6=7.271\,290\,952\,1\times10^{-9}$	$c_6=5.952\,323\,079\times10^{-13}$
$c_7=6.940\,395\,331\,9\times10^{-11}$	$c_7=-4.027\,200\,945\,1\times10^{-16}$
$c_8=4.252\,401\,385\,5\times10^{-13}$	$c_8=1.760\,445\,293\times10^{-19}$
$c_9=1.644\,863\,493\,8\times10^{-15}$	$c_9=-4.780\,397\,440\,1\times10^{-23}$
$c_{10}=3.721\,398\,052\,6\times10^{-18}$	$c_{10}=6.331\,536\,065\,9\times10^{-27}$
$c_{11}=3.774\,144\,269\,5\times10^{-21}$	
$c_{12}=-1.002\,535\,559\,0\times10^{-24}$	$a_0=1.185\,976\times10^2$
$c_{13}=-3.893\,531\,072\,5\times10^{-27}$	$a_1=-1.183\,432\times10^{-7}$

ICS 29.240.99
K 47

中华人民共和国国家标准

GB/T 2694—2010
代替 GB/T 2694—2003

输电线路铁塔制造技术条件

Specification of manufacturing for transmission line tower

2010-12-23 发布　　2011-05-01 实施

中华人民共和国国家质量监督检验检疫总局
中国国家标准化管理委员会　发布

前 言

本标准按照GB/T 1.1—2009给出的规则起草。

本标准代替GB/T 2694—2003《输电线路铁塔制造技术条件》。

本标准与GB/T 2694—2003相比,除编辑性修改外主要技术变化如下:

——充分考虑特高压铁塔产品的特点;

——增加了术语和定义、符号;

——增加了对材料的要求;

——调整、增减了部分项目和公差;

——增加了试组装的指标要求;

——修改了检验要求。

本标准由中国电力企业联合会提出并归口。

本标准起草单位:电力工业电力设备及线路器材质量检验测试中心、潍坊长安铁塔股份有限公司、安徽宏源铁塔有限公司、常熟风范电力设备股份有限公司、福建省电力勘测设计院、浙江盛达铁塔有限公司、南京大吉铁塔制造有限公司、云南电力线路器材厂、广东省电力线路器材厂、重庆市江津电力线路构件厂。

本标准主要起草人:李先进、蔡鹏毅、王军、朱丹明、赵金元、张贵祥、苏波、朱文德、马倩、赵金飞、常娟、任金东。

本标准所代替标准的历次版本发布情况为:

——GB 2694—1981、GB/T 2694—2003。

输电线路铁塔制造技术条件

1 范围

本标准规定了输电线路铁塔(以下统称“铁塔”)制造过程中的材料、技术要求、检验、包装、标记、运输和贮存等要求。

本标准适用于构件主要采用角钢制造和紧固件联结且热浸镀锌防腐的输电线路铁塔、电力微波塔、电力通信塔及类似的钢结构制造。

2 规范性引用文件

下列文件对于本文件的应用是必不可少的。凡是注日期的引用文件,仅注日期的版本适用于本文件。凡是不注日期的引用文件,其最新版本(包括所有的修改单)适用于本文件。

GB/T 41 六角螺母 C级(GB/T 41—2000,eqv ISO 4034:1999)

GB/T 95 平垫圈 C级(GB/T 95—2002,eqv ISO 7091:2000)

GB/T 470 锌锭(GB/T 470—2008,ISO 752:2004,MOD)

GB/T 699 优质碳素结构钢

GB/T 700 碳素结构钢(GB/T 700—2006,ISO 630:1995,NEQ)

GB/T 702 热轧钢棒尺寸、外形、重量及允许偏差(GB/T 702—2008,ISO 1035-1~4:1980,MOD)

GB/T 706 热轧型钢

GB/T 709 热轧钢板和钢带的尺寸、外形、重量及允许偏差(GB/T 709—2006,ISO 7452:2002、ISO 16160:2000,NEQ)

GB/T 805 扣紧螺母

GB/T 985.1 气焊、焊条电弧焊、气体保护焊和高能束焊的推荐坡口(GB/T 985.1—2008,ISO 9692-1:2003,MOD)

GB/T 985.2 埋弧焊的推荐坡口(GB/T 985.2—2008,ISO 9692-2:1998,MOD)

GB/T 1591 低合金高强度结构钢

GB/T 2828.1 计数抽样检验程序 第1部分:按接收质量限(AQL)检索的逐批检验抽样计划(GB/T 2828.1—2003,ISO 2859-1:1999,IDT)

GB/T 2829 周期检验计数抽样程序及表(适用于对过程稳定性的检验)

GB/T 3098.1 紧固件机械性能 螺栓 螺钉和螺柱(GB/T 3098.1—2000,idt ISO 898-1:1999)

GB/T 3098.2 紧固件机械性能 螺母 粗牙螺纹(GB/T 3098.2—2000,idt ISO 898-2:1992)

GB/T 3323 金属熔化焊焊接接头射线照相

GB/T 5117 碳钢焊条

GB/T 5118 低合金钢焊条

GB/T 5293 埋弧焊用碳钢焊丝和焊剂

GB/T 5780 六角头螺栓 C级(GB/T 5780—2000,eqv ISO 4016:1999)

GB/T 8110 气体保护电弧焊用碳钢、低合金钢焊丝

GB 11345 钢焊缝手工超声波探伤方法和探伤结果分级

GB/T 12470 埋弧焊用低合金钢焊丝和焊剂

GB/T 13912 金属覆盖层 钢铁制件热浸镀锌层技术要求及试验方法(GB/T 13912—2002,ISO 1461:1999,MOD)

DL/T 764.4 输电线路铁塔及电力金具紧固用冷镦热浸镀锌螺栓与螺母

JGJ 81 建筑钢结构焊接技术规程

3 术语和定义、符号

3.1 术语和定义

下列术语和定义适用于本文件。

3.1.1

零件 part

组成铁塔部件或构件的最小单元,如:角钢、钢板等。

3.1.2

部件 component

由若干零件组成的单元,如焊接件。

3.1.3

构件 element

由零件、部件紧固联结组成的铁塔基本单元。

3.1.4

装配 assembling

按照规定的精度和技术要求,将零件连接在一起使之成为部件的过程。

3.1.5

试组装 test assembling

为检验构件或铁塔是否满足设计及安装质量要求进行的组装。

3.1.6

热浸镀锌 hot-dip galvanizing

将经过前处理的钢铁制件浸入熔融的锌液中,在其表面形成锌和(或)锌-铁合金层的工艺过程和方法。

3.1.7

切断面垂直度 shearing section perpendicularity

钢板或角钢切断面的倾斜程度。

3.1.8

角钢端部垂直度 angle sheared edge perpendicularity

角钢切断边与棱线的倾斜程度。

3.1.9

角钢准距 rolled angle directrix

孔中心到角钢背的垂直距离。

3.1.10

清根 arc shoveled

将角钢的内圆弧清除的工艺过程。

3.1.11

铲背 chip heel

将角钢的直角棱铲除的工艺过程。

3.2 符号

a ——间距、间隙、准距
B ——焊缝宽度
b ——宽度
C ——焊缝余高
D ——直径
d ——孔径
e ——偏心、位移、错边
f ——挠度、弯曲度、直线度、预拱
g ——坡口宽度
h ——高度
h_f ——焊脚尺寸
L ——轮廓尺寸、长度
P ——倾斜、垂直度
S ——孔间距、端距
t ——板、壁的厚度
Z_0 ——重心
α ——角度
δ ——增量

4 总则

4.1 铁塔制造及检验应满足本标准和设计文件的要求，在本标准中未规定的应符合国家和行业有关标准的规定。

4.2 当需要修改设计时，应征得设计单位的同意，并签署设计变更文件。

4.3 采用新技术、新工艺、新材料时，应经过试验及验证评定是否满足设计及安全使用要求。

4.4 铁塔生产过程应按国家有关安全、环境和职业健康的法规及标准要求进行。

5 材料

5.1 钢材

5.1.1 铁塔制造用钢材应按设计文件要求规格和等级选用，其各项质量指标应符合 GB/T 699、GB/T 700、GB/T 702、GB/T 706、GB/T 709、GB/T 1591 等标准要求，且应具有出厂质量合格证明书，并经抽检合格后使用，钢材取样批次、数量应满足相关标准的要求。进口钢材的质量应符合设计和合同规定标准的要求。

5.1.2 钢材应具有可追溯标记，在制造过程中，如原有可追溯标记被分割，应于材料分割前完成标记的移植。

5.1.3 热轧钢板和钢带的尺寸、外形、重量及允许偏差，当设计无特殊要求时，应符合现行 GB/T 709 的 N 类偏差的规定。

5.1.4 钢材的表面质量：表面不应有裂缝、折叠、结疤、夹杂和重皮；表面有锈蚀、麻点、划痕时，其深度不应大于该钢材厚度负允许偏差值的 1/2，且累计误差应在负允许偏差范围内。

5.1.5 型钢不应有大于 5mm 的毛刺。型钢的表面缺陷允许清除，但不应进行横向清除，清除处应圆滑无棱角。清除宽度不应小于清除深度的5倍，清除后的型钢尺寸不应超出钢材尺寸的负允许偏差。

5.2 焊接材料

5.2.1 构件焊接所使用焊接材料(焊条、焊丝、焊剂)的质量要求应符合 GB/T 5117、GB/T 5118、GB/T 5293、GB/T 8110、GB/T 12470 等产品标准和设计要求。

5.2.2 焊条表面药皮不应有脱落、受潮现象；焊丝表面应光滑平整，不应有毛刺、划痕、锈蚀和氧化皮及其他对焊接性能或焊接设备操作性能有不良影响的杂质存在。

5.2.3 每种焊材第一次使用前应进行熔敷试验。

5.3 紧固件

5.3.1 铁塔所使用的紧固件规格、等级及防腐形式按设计文件要求选用，其产品质量应符合 GB/T 3098.1、GB/T 3098.2、GB/T 41、GB/T 5780、GB/T 95、GB/T 805、DL/T 764.4 的规定。

5.3.2 8.8级及以上的高强度螺栓应有强度和塑性试验的合格证明。

5.3.3 紧固件的镀锌层厚度应满足 GB/T 13912 的规定。

5.4 锌锭

锌锭的质量要求、试验方法、检验规则及标志、包装、运输和贮存应满足 GB/T 470 的规定。

6 技术要求

6.1 切断

6.1.1 钢材切断后，其断口上不应有裂纹和大于1.0 mm 的边缘缺棱，切断处切割面平面度不大于0.05 t(t 为厚度)，且不大于2.0 mm，割纹深度不大于0.3 mm，局部缺口深度允许偏差1.0 mm。

6.1.2 切断的允许偏差按表1规定。

表1 切断的允许偏差

单位为毫米

项目	允许偏差	示意图
长度 L 或宽度 b	±2.0	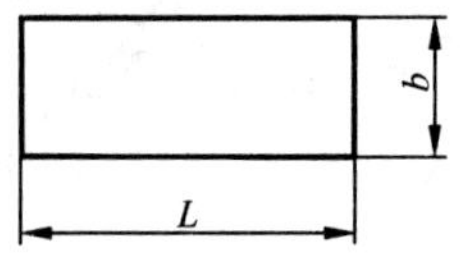
切断面垂直度 P	≤t/8 且不大于3.0	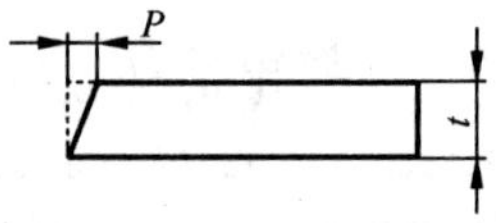
角钢端部垂直度 P	≤3b/100 且不大于3.0	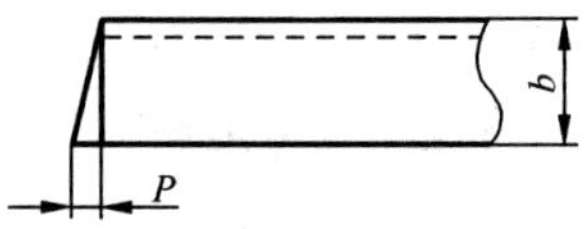

6.2 标识

6.2.1 零件应按企业标识、工程代号(必要时)、塔型、零件号、材质代号以钢字模压印作标识。Q235钢材材质代号不作标识；Q345 钢材材质代号采用"H"进行标识；Q420 钢材材质代号采用"P"进行标识;Q460 钢材材质代号采用"T"进行标识。工程代号在合同或招标技术文件中应作统一规定,以简单明晰为原则。

6.2.2 标识的钢印应排列整齐,字形不应有缺陷,字体高度为 8 mm~18 mm。材料厚度不大于 8 mm 时,钢印深度为 0.3 mm~0.6 mm,材料厚度大于 8 mm 时,钢印深度为 0.5 mm~1.0 mm。钢印附近的钢材表面不应产生明显的凹凸面缺陷,并不应在边缘有裂纹或缺口。

6.2.3 钢印不宜压在孔位或火曲部位,焊接部件的钢印不应被覆盖。

6.3 制弯

6.3.1 零件制弯后,其边缘应圆滑过渡,表面不应有裂纹和明显的折皱、凹面和损伤,划痕深度不应大于 0.5 mm。

6.3.2 零件制弯后,角钢边厚最薄处不应小于原厚度的 70%。

6.3.3 零件豁口制弯时,切割处应采用相同材质和厚度的材料补焊,焊缝质量等级不应低于二级焊缝要求,且焊缝处不应影响安装。

6.3.4 零件热弯后宜自然冷却,必要时采取适当保温措施使其缓冷。

6.3.5 制弯允许偏差按表 2 规定。

表 2 制弯允许偏差

单位为毫米

项目			允许偏差	示意图
曲点(线)位移 e			2.0	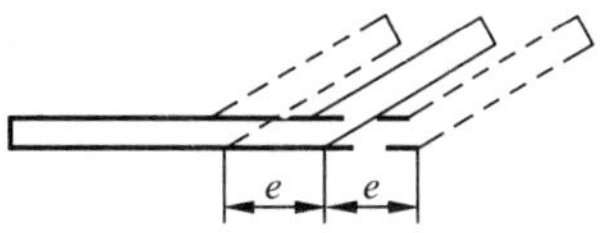
制弯 f	钢板		$5L/1\,000$	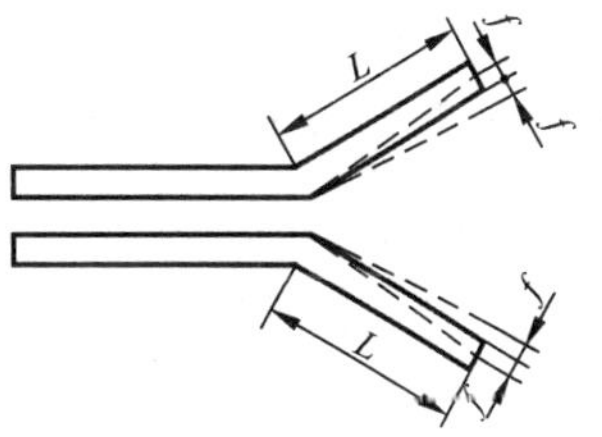
	接头角钢,不论肢宽大小		$1.5L/1\,000$	
	非接头角钢	$b\leqslant 50$	$7L/1\,000$	
		$50<b\leqslant 100$	$5L/1\,000$	
		$b>100$	$3L/1\,000$	
注:b 为角钢肢宽。				

6.4 制孔

6.4.1 制孔表面不应有明显的凹面缺陷,大于 0.3 mm 的毛刺应清除。制孔后孔壁与零件表面的边界交接处,不应有大于 0.5mm 的缺棱或塌角。制孔允许偏差按表 3 规定。

表 3 制孔的允许偏差

单位为毫米

项目			允许偏差	示意图
孔径	镀锌前	d	$^{+0.8}_{0}$	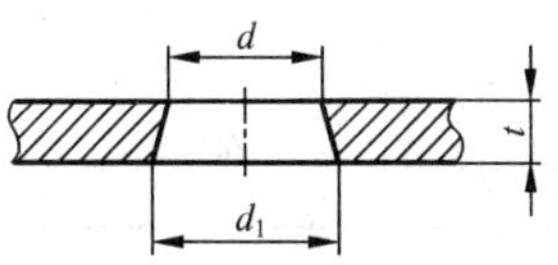
	镀锌后	d	$^{+0.5}_{-0.3}$	
		d_1-d	$\leqslant 0.12t$	

表 3（续）

单位为毫米

<table>
<tr><th colspan="3">项　　目</th><th>允许偏差</th><th>示　意　图</th></tr>
<tr><td colspan="3">孔圆度 d_m-d</td><td>≤1.2</td><td>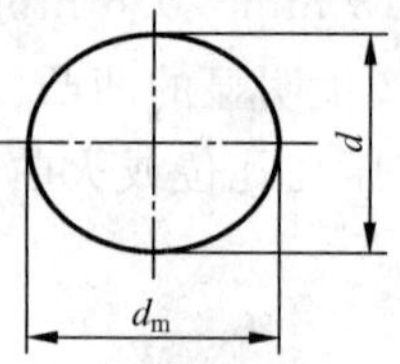
</td></tr>
<tr><td colspan="3">孔垂直度 P</td><td>≤0.03t
且≤2.0</td><td>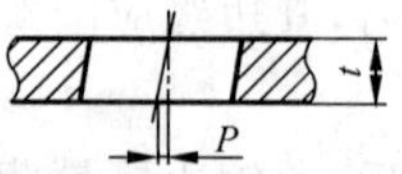
</td></tr>
<tr><td colspan="3">准距 a_1、a_2</td><td>±1.0</td><td rowspan="2">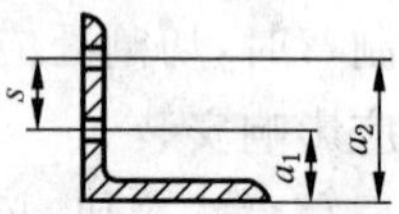
</td></tr>
<tr><td colspan="3">排间距离 s</td><td>±1.0</td></tr>
<tr><td rowspan="4">孔
间
距</td><td colspan="2">同组内不相邻两孔距离 S_1</td><td>±1.0</td><td rowspan="4">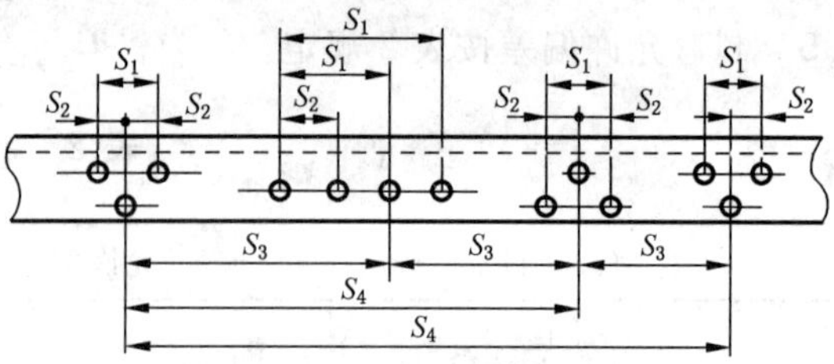
</td></tr>
<tr><td colspan="2">同组内相邻两孔距离 S_2</td><td>±0.5</td></tr>
<tr><td colspan="2">相邻组两孔距离 S_3</td><td>±1.0</td></tr>
<tr><td colspan="2">不相邻组两孔距离 S_4</td><td>±1.5</td></tr>
<tr><td colspan="2">角钢两面
孔位移偏差</td><td>接头处 e</td><td>±1.0</td><td>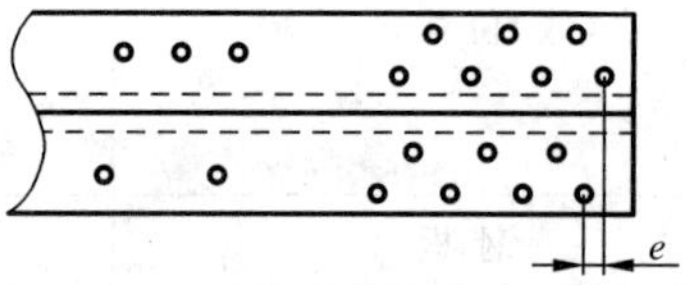
</td></tr>
<tr><td rowspan="2">端
边
距</td><td colspan="2">端距和边距 S_d</td><td>±1.5</td><td rowspan="2">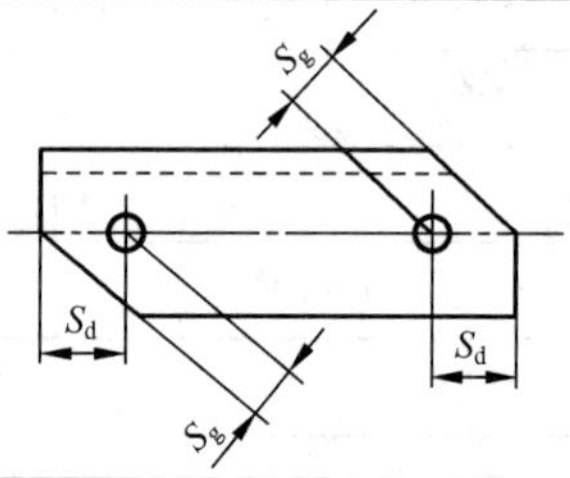
</td></tr>
<tr><td colspan="2">切角边距 S_g</td><td>±1.5</td></tr>
<tr><td rowspan="3">塔
脚
底
板</td><td rowspan="2">镀锌后孔径</td><td>d≤80</td><td>±1.0</td><td rowspan="3">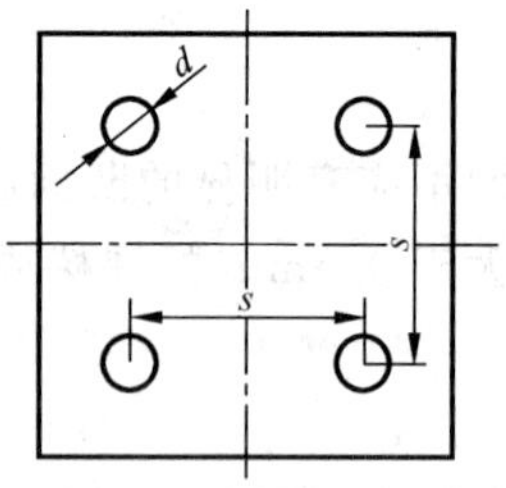
</td></tr>
<tr><td>d>80</td><td>±2.0</td></tr>
<tr><td colspan="2">孔间距</td><td>±2.0</td></tr>
<tr><td colspan="5">当钢材材质为 Q235 且厚度大于 16 mm、钢材材质为 Q345 且厚度大于 14 mm、钢材材质为 Q420 且厚度大于 12 mm、钢材材质为 Q460 的所有厚度及挂线孔均应采用钻孔。</td></tr>
<tr><td colspan="5">冲孔孔径的测量位置应在其小径所在平面内进行。</td></tr>
<tr><td colspan="5">注：孔圆度中 d 为公称直径。</td></tr>
</table>

6.5 清根、铲背和开坡口

清根、铲背和开坡口的允许偏差按表4规定。

表4 清根、铲背和开坡口的允许偏差

单位为毫米

项目		允许偏差	示意图
清根	$t \leqslant 10$	$^{+0.8}_{-0.4}$	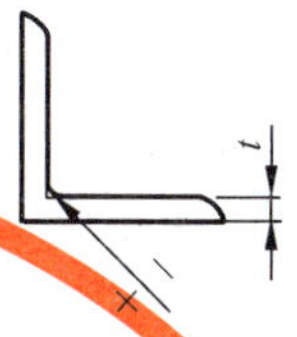
	$10 < t \leqslant 16$	$^{+1.2}_{-0.4}$	
	$t > 16$	$^{+2.0}_{-0.6}$	
铲背	长度 L_1	$^{+5.0}_{-2.0}$	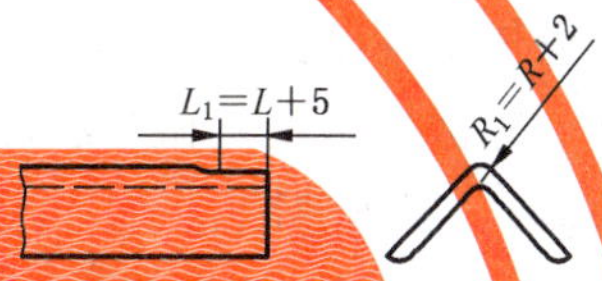 L—与外接角钢搭接长度　R—外包角钢内圆弧半径
	圆弧半径 R_1	$^{+2.0}_{0}$	
开坡口	开角 α	±5°	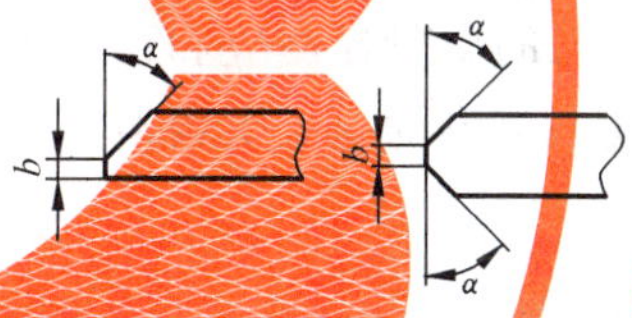
	钝边 b	±1.0	

6.6 焊接

6.6.1 焊接工艺评定

制造单位对首次采用的钢材、焊接材料、焊接方法、预热、后处理等，在焊接施工前应按照JGJ 81进行焊接工艺评定，并编制焊接工艺规程。

6.6.2 焊工资格

6.6.2.1 焊工应经过专门的基本理论和操作技能培训并考试合格取得合格证书。

6.6.2.2 焊工焊接的钢材种类、焊接方法和焊接位置等均应与焊工本人考试合格的项目相符。

6.6.3 焊接基本规定

6.6.3.1 定位焊的质量要求及工艺措施与正式焊缝相同，应由持有效资格证书的焊工施焊。

6.6.3.2 焊接件的施焊范围不应超出焊接工艺评定的覆盖范围。

6.6.3.3 施焊现场条件应达到焊接环境要求。

6.6.3.3.1 焊接材料的贮存仓库应保持干燥，相对湿度不大于60%。

6.6.3.3.2 当焊接作业区出现下列任一情况且无有效防护措施时不应施焊：

——手工电弧焊时风速大于8 m/s；

——气体保护焊时风速大于 2 m/s；

——相对湿度大于 90%；

——焊接件表面潮湿或被冰雪覆盖。

6.6.3.3.3 当焊接工艺评定或设计文件有预热、焊后热处理要求时，应按规定进行预热、焊后热处理，但下列情况下应在始焊处各方向大于或等于二倍钢板厚度且不小于 100 mm 范围内对焊件进行预热：

——焊接 Q345 以下等级钢材时，环境温度低于 −10 ℃；

——焊接 Q345 等级钢材时，环境温度低于 0 ℃；

——焊接 Q345 以上等级钢材时，环境温度低于 5 ℃。

6.6.3.4 不应在焊缝间隙内嵌入金属材料。

6.6.3.5 一、二级焊缝焊接完毕应在距焊趾 50 mm 明显位置打上焊工编号钢印，若构件仅由一名焊工独立施焊，则只需在该构件明显位置打上焊工编号钢印，且应在镀锌后清晰可见。

6.6.4 焊接坡口

6.6.4.1 焊接坡口型式和尺寸，应符合 GB/T 985.1、GB/T 985.2 的有关规定。对图纸有特殊要求的坡口形式和尺寸，应依据图纸并结合焊接工艺评定来确定。

6.6.4.2 焊接坡口应优先采用机械方法加工，也可采用火焰切割，但应保证焊缝坡口处平整、无毛刺、无裂纹、无气割熔瘤、夹层等缺陷。

6.6.5 焊接返工

6.6.5.1 进行焊接返工前，应根据有关标准和规程制定返工程序及返工工艺，并严格遵照执行。

6.6.5.2 焊接返工的质量控制应和正式焊接作业的质量控制相同。

6.6.5.3 焊缝同一部位的返工次数不宜超过两次。如超过两次，返工次数、部位和返工情况应在产品的验收资料中体现。

6.6.6 焊缝质量

6.6.6.1 焊缝外观质量

6.6.6.1.1 焊缝感观应达到：外形均匀、成型较好，焊道与焊道、焊缝与基体金属间圆滑过渡。

6.6.6.1.2 当焊缝外观出现下列情况之一时，应采用表面无损探伤进行缺陷检测：

a) 外观检查发现裂纹时，应对该批中同类焊缝进行 100% 的表面探伤；

b) 外观检查怀疑有裂纹时，应对怀疑的部位进行表面探伤；

c) 设计图纸规定进行表面探伤时。

6.6.6.1.3 一级、二级、三级焊缝外观质量标准应符合表 5 的规定。

表 5 焊缝质量等级及外观缺陷分级

单位为毫米

<table>
<tr><td colspan="2">项目</td><td colspan="3">允许偏差</td></tr>
<tr><td colspan="2">焊缝质量等级</td><td>一级</td><td>二级</td><td>三级</td></tr>
<tr><td rowspan="2">外观缺陷</td><td rowspan="2">未焊满
（指不足设计要求）</td><td rowspan="2">不允许</td><td>≤0.2+0.02t 且≤1.0</td><td>≤0.2+0.04t 且≤2.0</td></tr>
<tr><td colspan="2">每 100.0 焊缝内缺陷总长小于或等于 25.0</td></tr>
</table>

表 5（续）　　单位为毫米

项目		允许偏差		
焊缝质量等级		一级	二级	三级
外观缺陷	根部收缩	不允许	≤0.2+0.02t 且≤1.0	≤0.2+0.04t 且≤2.0
			长度不限	
	咬边	不允许	≤0.05t 且≤0.5；连续长度≤100.0 且焊缝两侧咬边总长≤10%焊缝全长	≤0.1t 且≤1.0，长度不限
	裂纹	不允许		
	弧坑裂纹	不允许		允许存在个别≤5.0 的弧坑裂纹
	电弧擦伤	不允许		允许存在个别电弧擦伤
	飞溅	清除干净		
	接头不良	不允许	缺口深度≤0.05t 且≤0.5	缺口深度≤0.1t 且≤1.0
			每 1 000.0 焊缝不得超过 1 处	
	焊瘤	不允许		
	表面夹渣	不允许		深≤0.2t 长≤0.5t 且≤20.0
	表面气孔	不允许		每 50.0 焊缝内允许直径≤0.4t 且≤3.0 气孔 2 个；孔距≥6 倍孔径
咬边如经磨削修整并平滑过渡，则只按焊缝最小允许厚度值评定。				
注：t 为连接处较薄板厚度。				

6.6.6.2　**焊缝外形尺寸**

6.6.6.2.1　**对接焊缝外形尺寸**

对接焊缝外形尺寸偏差应符合表 6 的规定。

表 6　对接焊缝外形尺寸允许偏差　　单位为毫米

项目	允许偏差		示意图
	一、二级	三级	
对接焊缝余高 C	B<20：0～3.0 B≥20：0～4.0	B<20：0～4.0 B≥20：0～5.0	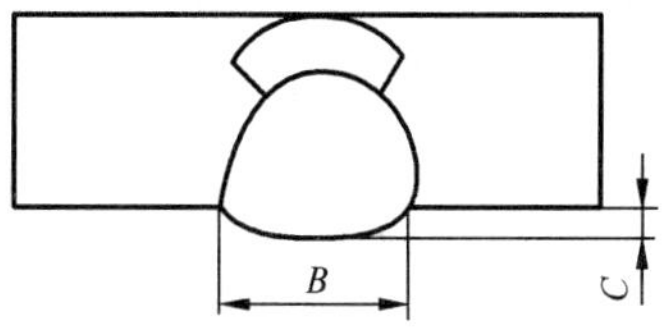
对接焊缝错边 δ	δ≤0.15 t 且≤2.0		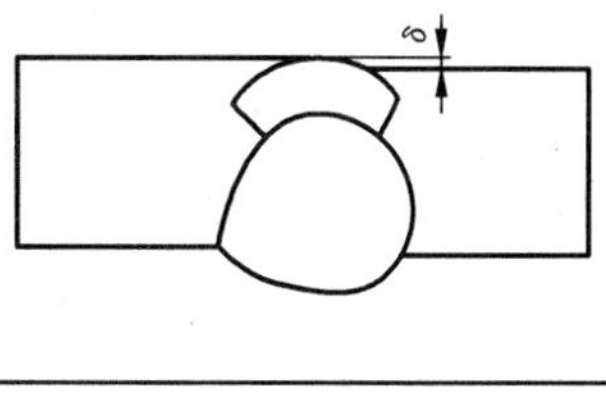

6.6.6.2.2 角焊缝焊脚尺寸

焊脚尺寸 h_f 由设计或有关技术文件注明，部分焊透组合焊缝和角焊缝外形尺寸允许偏差应符合表7的规定。

表7 角焊缝外形尺寸允许偏差

单位为毫米

项 目	允许偏差	示 意 图
焊脚尺寸 h_f	$h_f \leqslant 6$：0～1.5 $h_f > 6$：0～3.0	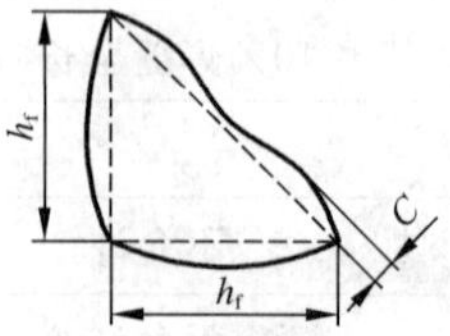
角焊缝余高 C	$h_f \leqslant 6$：0～1.5 $h_f > 6$：0～3.0	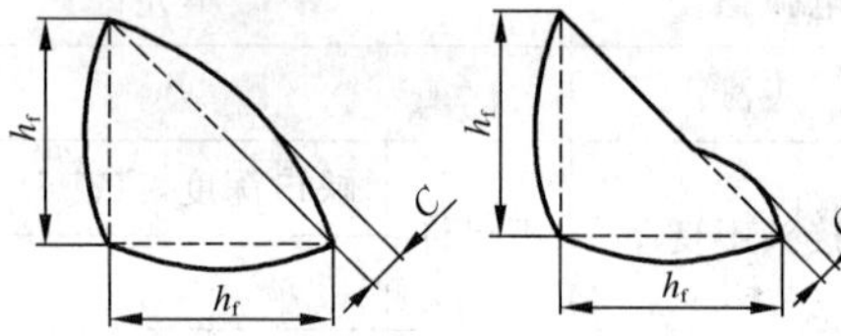

6.6.6.2.3 焊缝的宽度尺寸

Ⅰ形坡口对接焊缝(包括Ⅰ形带垫板对接焊缝)见图1，其焊缝宽度 $B=b+2a$。非Ⅰ形坡口对接焊缝见图2，其焊缝宽度 $B=g+2a$。焊缝宽度应符合表8的规定。焊缝最大宽度 B_{max} 和最小宽度 B_{min} 的差值，在任意50 mm焊缝长度范围内偏差值不大于4.0 mm，整个焊缝长度范围内偏差值不大于5.0 mm。

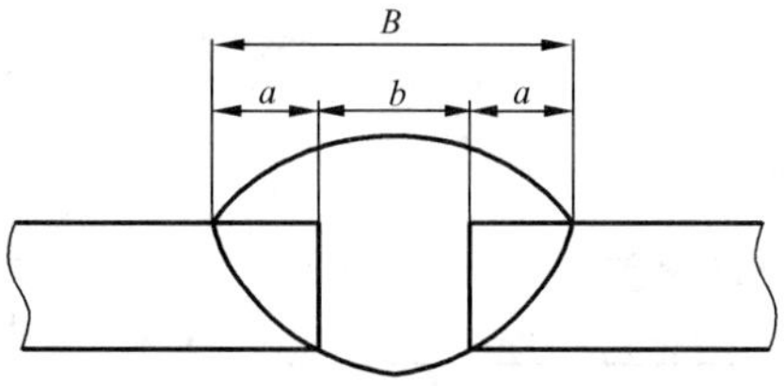

图1 Ⅰ形坡口对接焊缝

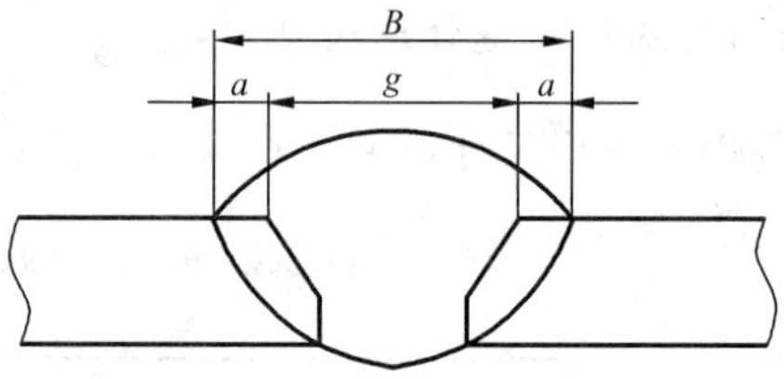

图2 非Ⅰ形坡口对接焊缝

表8 焊 缝 宽 度

单位为毫米

焊接方法	坡口形式	焊缝宽度 B	
		B_{min}	B_{max}
埋弧焊	Ⅰ形坡口	$b+8$	$b+28$
	非Ⅰ形坡口	$g+4$	$g+14$
手工电弧焊及气体保护焊	Ⅰ形坡口	$b+4$	$b+8$
	非Ⅰ形坡口	$g+4$	$g+8$
注：表中 b 值为符合GB/T 985.1、GB/T 985.2要求的实际装配值。			

6.6.6.2.4 焊缝边缘直线度

焊缝边缘直线度 f,在任意 300 mm 连续焊缝长度内,焊缝边缘沿焊缝轴向的直线度 f(见图 3),其值应符合表 9 的规定。

表 9 焊缝边缘直线度允许偏差

单位为毫米

焊接方法	焊缝边缘直线度允许偏差值 f
埋弧焊	4.0
手工电弧焊及气体保护焊	3.0

6.6.6.2.5 焊缝表面凹凸

焊缝表面凹凸值,在焊缝任意 25 mm 长度范围内,焊缝余高 $C_{max}-C_{min}$ 的允许偏差值不大于 2.0 mm,见图 4。

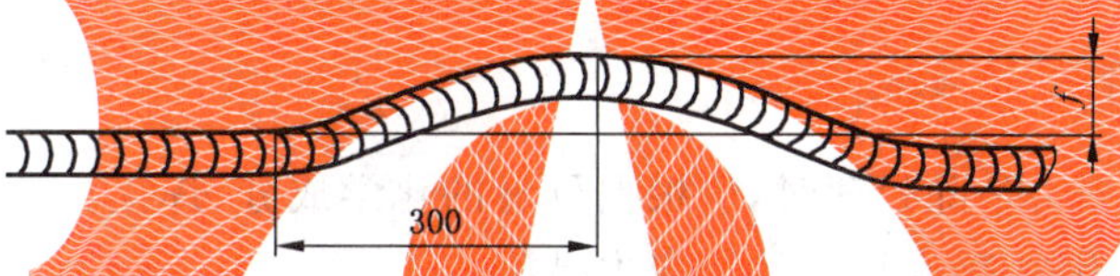

图 3 焊缝边缘直线度示意图

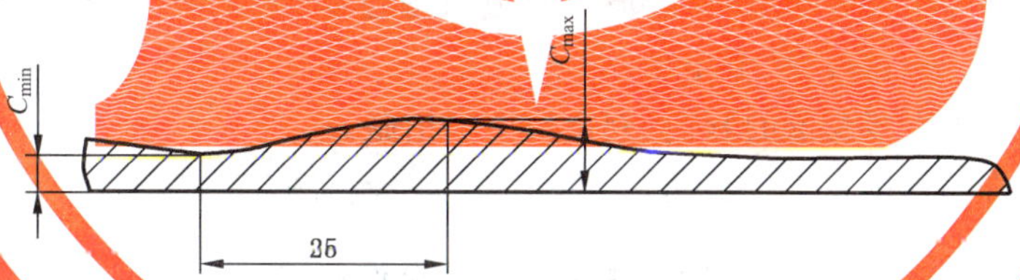

图 4 焊缝表面凹凸度示意图

6.6.6.3 焊缝内部质量

6.6.6.3.1 焊缝内部质量检验应在焊接完成 24 h 后进行。如果焊后需要进行热处理,则内部质量检验应在热处理后进行。

6.6.6.3.2 设计要求达到一、二级焊缝的内部质量宜采用超声波探伤的方法检测,结果应符合 GB 11345的规定;当超声波探伤不能对缺陷做出判断时,采用射线探伤方法检测焊缝内部质量,结果应符合 GB/T 3323 的规定。

6.6.6.3.3 焊缝探伤发现有不允许缺陷时,应在其延伸方向或可疑部位加倍做补充检验。如补充检验仍不合格,则应对整条焊缝进行检验。

6.6.6.3.4 经射线或超声波检测的焊缝,如有超标的缺陷,应在缺陷清除后进行补焊,并对该部分焊缝采用原检测方法重新检查。

6.6.6.3.5 一、二级焊缝质量等级及内部缺陷分级应符合表 10 的规定。设计未注明焊缝质量等级按三级焊缝质量检验。

表 10　焊缝质量等级及内部缺陷分级

焊缝质量等级		一级	二级
超声波探伤	评定等级	Ⅰ	Ⅱ
	检验等级	B 级	B 级
	探伤比例	100%	20%
射线探伤	评定等级	Ⅱ	Ⅲ
	检验等级	B 级	B 级
	探伤比例	100%	20%
注：探伤比例的计算方法应按每条焊缝计算百分比，且探伤长度应不小于 200 mm，当焊缝长度不足 200 mm 时，应对整条焊缝进行探伤。			

6.6.7　焊后消除应力处理

当焊件需要进行焊后应力消除处理时，应根据母材的化学成分、焊接类型、厚度和焊接接头的拘束度以及结构的使用条件等因素，确定焊后消除应力措施。

6.7　焊接件装配

6.7.1　装配前，零、部件应经检查合格；焊缝坡口及边缘每边 30 mm～50 mm 范围内的铁锈、毛刺、油污等影响焊接质量的表面缺陷应清除干净。

6.7.2　焊接件装配应考虑焊接变形的影响，制定反变形措施。

6.7.3　焊接件装配允许偏差按表 11 规定。

表 11　焊接件装配允许偏差

单位为毫米

项　目		允许偏差	示　意　图
重心 Z_0	主　材	±2.0	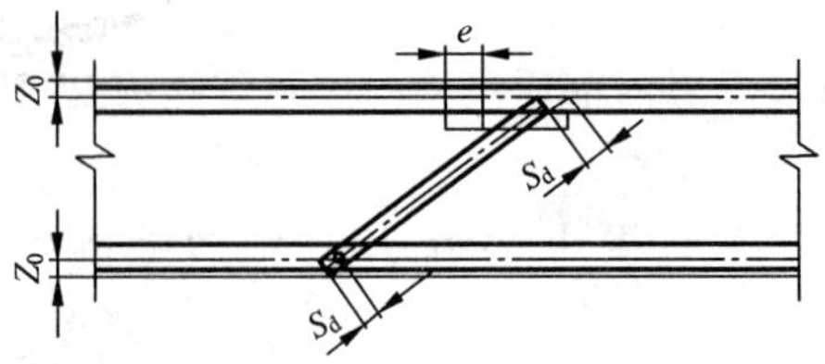
	腹　材	±2.5	
端　距 S_d		±3.0	
无孔节点板位移 e		±3.0	
跨焊缝的相邻两孔间距 S		±1.0	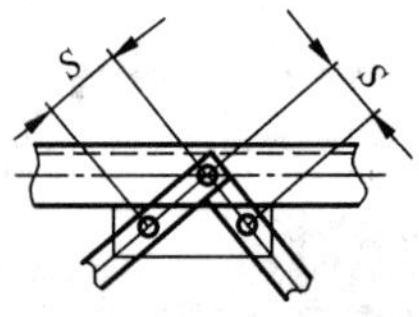

表 11（续）

单位为毫米

<table>
<tr><th colspan="2">项　　目</th><th>允许偏差</th><th>示　意　图</th></tr>
<tr><td colspan="2">搭接构件同心孔
中心相对偏差 e</td><td>0.5</td><td>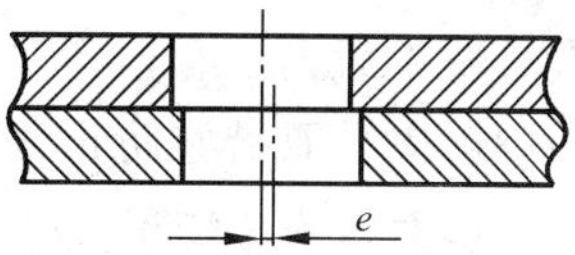</td></tr>
<tr><td rowspan="2">搭接间隙 a</td><td>$b \leqslant 50$</td><td>1.0</td><td rowspan="2">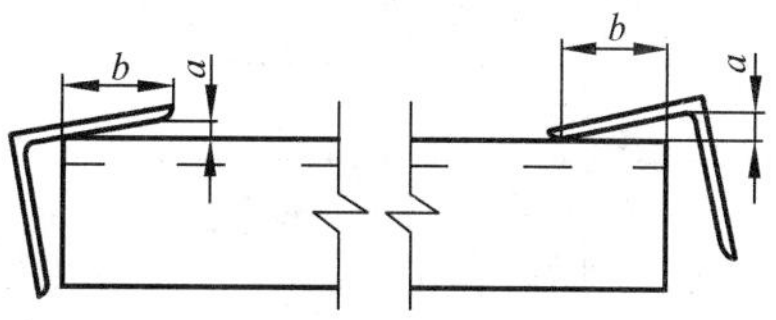</td></tr>
<tr><td>$b > 50$</td><td>2.0</td></tr>
<tr><td colspan="2">搭接长度 L</td><td>±5.0</td><td>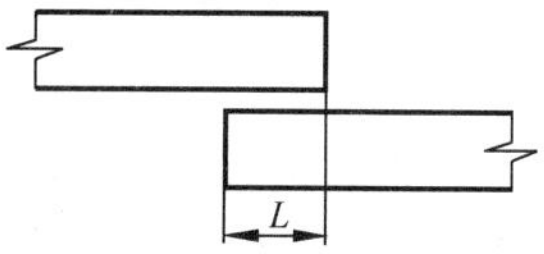</td></tr>
<tr><td rowspan="2">T 接板倾斜距离 f</td><td>有孔</td><td>±2.0</td><td rowspan="4">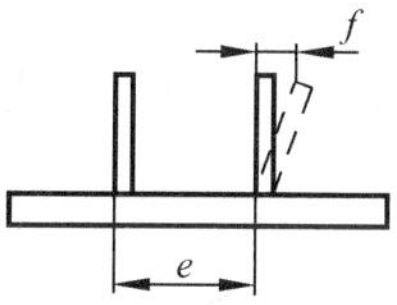</td></tr>
<tr><td>无孔</td><td>±5.0</td></tr>
<tr><td rowspan="2">T 接板位移 e</td><td>有孔</td><td>±1.0</td></tr>
<tr><td>无孔</td><td>±5.0</td></tr>
<tr><td rowspan="2">十字板中心相对偏差 e</td><td>双拼角钢</td><td>±2.0</td><td rowspan="2">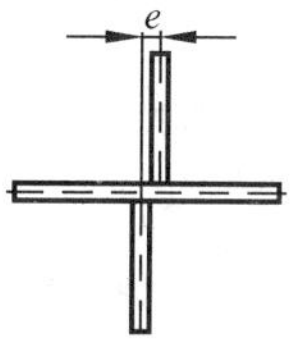</td></tr>
<tr><td>四拼角钢</td><td>±1.0</td></tr>
<tr><td colspan="2">十字板相邻面孔位移偏差 e</td><td>±1.0</td><td>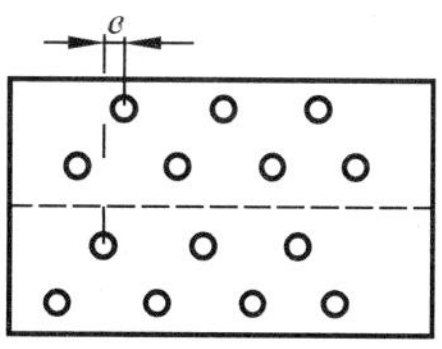</td></tr>
<tr><td colspan="2">双角钢塔腿角钢间距 a</td><td>$^{+2.0}_{\ \ 0}$</td><td>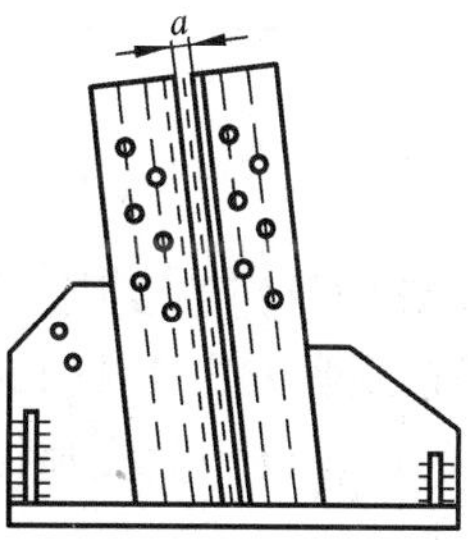</td></tr>
</table>

6.8 矫正

6.8.1 矫正后的零部件不允许出现表面裂纹，不应有明显的凹面和损伤，表面划痕深度不应大于该钢材厚度负允许偏差的1/2，且不应大于0.5 mm。

6.8.2 构件一次热矫正后仍没有达到要求时，不应在原位置进行重复加热。

6.8.3 镀锌件的矫正应采取措施防止锌层受到破坏。

6.8.4 矫正的允许偏差按表12规定。

表12 矫正的允许偏差

单位为毫米

<table>
<tr><th colspan="2">项　目</th><th>允许偏差</th><th>示　意　图</th></tr>
<tr><td rowspan="2">角钢顶端直角90°</td><td>四拼角钢</td><td>±35′</td><td rowspan="2">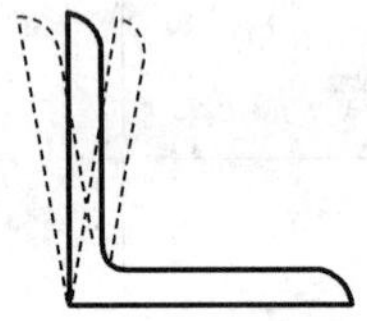</td></tr>
<tr><td>其他</td><td>±50′</td></tr>
<tr><td rowspan="2">型钢及钢板
平面内挠曲 f</td><td>$b \leqslant 80$</td><td>$1.3L/1\ 000$</td><td rowspan="2">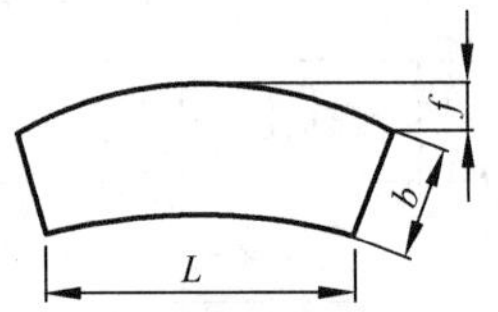</td></tr>
<tr><td>$b > 80$</td><td>$L/1\ 000$</td></tr>
<tr><td rowspan="2">钢板局部平面度 f</td><td>$t \leqslant 14$</td><td>1.5</td><td rowspan="2">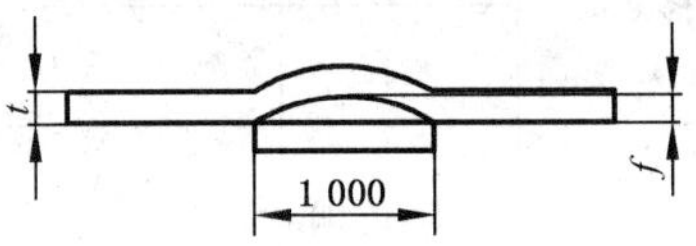</td></tr>
<tr><td>$t > 14$</td><td>1.0</td></tr>
<tr><td rowspan="2">焊接构件接点
间挠曲 f</td><td>主材</td><td>$1.3L/1\ 000$</td><td rowspan="2">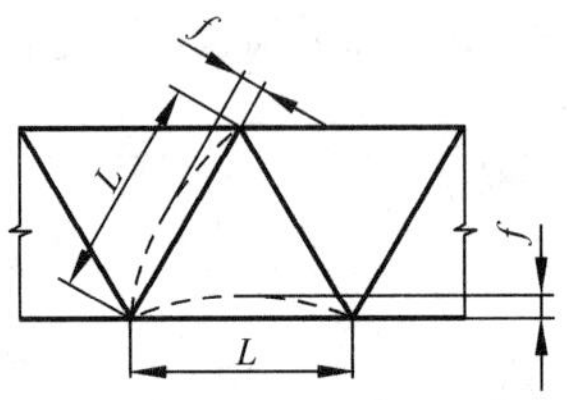</td></tr>
<tr><td>腹材</td><td>$1.5L/1\ 000$</td></tr>
<tr><td colspan="2">焊接构件整个
平面挠曲 f</td><td>$L/1\ 000$</td><td>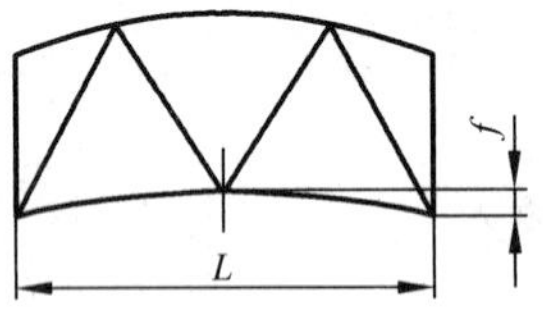</td></tr>
</table>

6.9 热浸镀锌

6.9.1 用于热浸镀锌的锌浴主要应由熔融锌液构成。熔融锌中的杂质总含量（铁、锡除外）不应超过总质量的1.5%，所指杂质见GB/T 470的规定。

6.9.2 镀锌层外观：镀锌层表面应连续完整，并具有实用性光滑，不应有过酸洗、起皮、漏镀、结瘤、积锌和锐点等使用上有害的缺陷。

镀锌颜色一般呈灰色或暗灰色。

6.9.3　镀锌层厚度和镀锌层附着量按表 13 规定。

6.9.4　镀锌层均匀性：镀锌层应均匀，做硫酸铜试验，耐浸蚀次数应不少于 4 次，且不露铁。

表 13　镀锌层厚度和镀锌层附着量

镀件厚度/mm	厚度最小值/μm	最小平均值	
		附着量/(g/m^2)	厚度/μm
$T \geqslant 5$	70	610	86
T<5	55	460	65
注：在镀锌层的厚度大于规定值的条件下，被镀制件表面可存在发暗或浅灰色的色彩不均匀。			

6.9.5　镀锌层附着性：镀锌层应与金属基体结合牢固，应保证在无外力作用下没有剥落或起皮现象。经落锤试验，镀锌层不凸起、不剥离。

6.9.6　修复：修复的总漏镀面积不应超过每个镀件总表面积的 0.5%，每个修复漏镀面不应超过 10 cm^2，若漏镀面积较大，应进行返镀。修复的方法可以采用热喷涂锌或涂富锌涂层进行修补，修复层的厚度应比镀锌层要求的最小厚度厚 30 μm 以上。

6.10　试组装

6.10.1　试组装采用卧式或立式。试组装前应制定试组装方案，包括安全措施、质量控制办法等。

6.10.2　当分段组装时，一次组装的段数不应少于两段，分段部位应保证有连接段组装，且保证每个部件号都经过试组装。

6.10.3　试组装时，各零部件应处于自由状态，不得强行组装。

6.10.4　试组装时所用的螺栓直径应和实际所用螺栓相同。所使用的螺栓数量应保证构件的定位需要，且不少于该组螺栓总数的 30%。

6.10.5　对于有更改的零、部件必须重新进行组装。

6.10.6　试组装允许偏差应符合表 14 的规定。

6.10.7　脚钉排布方位、间距及脚钉形式应符合设计图纸要求，下端第一个脚钉距离地面的高度(设计无要求时)为 2.0 m。

表 14　试组装允许偏差

单位为毫米

项　　目	允许偏差	示　意　图
各相邻节点间主材弯曲度 f	$L/750$	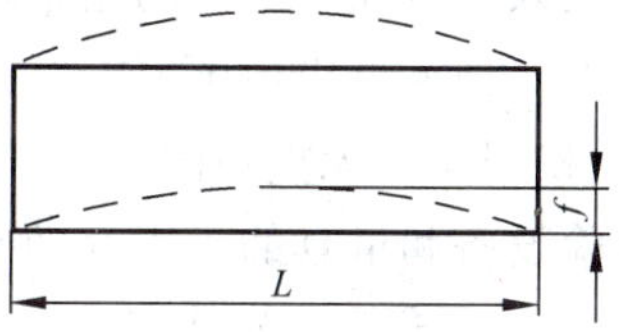
直线段整体主材弯曲度 f	$L/1\,000$	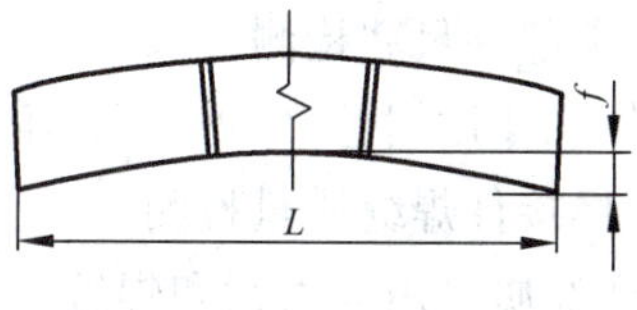

表 14（续）

单位为毫米

<table>
<tr><th colspan="2">项　　目</th><th>允许偏差</th><th>示　意　图</th></tr>
<tr><td colspan="2">挂点与铁塔中心水平距离 L_3</td><td>$\pm L_3/1\ 000$</td><td rowspan="8">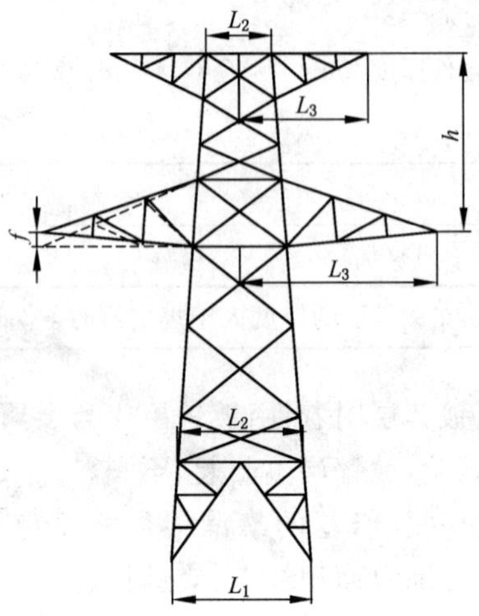</td></tr>
<tr><td colspan="2">横担垂直间距</td><td>$\pm h/500$</td></tr>
<tr><td rowspan="2">横担/地线支架预拱 f</td><td>卧式</td><td>$^{+20.0}_{0}$</td></tr>
<tr><td>立式</td><td>$^{+20.0}_{-15f/100}$</td></tr>
<tr><td colspan="2">断面尺寸 L_2</td><td>±5.0</td></tr>
<tr><td colspan="2">组装间隙</td><td>≤3.0</td></tr>
<tr><td colspan="2">铁塔根开 L_1</td><td>$\pm L_1/2\ 000$</td></tr>
</table>

7　检验

7.1　合格证

产品出厂前应由制造方检查和验收并签发产品质量合格证书，证书上应标明产品生产许可证编号和质量安全标志(QS)。

7.2　检验项目

钢材质量(包括钢材外观、外形尺寸、物理性能及化学成分)、零部件尺寸(包括下料长度、切断面垂直度、角钢端部垂直度、清根、铲背、切角、开合角、孔形、孔位、制弯、挠曲等)、锌层质量(包括锌层外观、厚度、附着性及均匀性)、焊接件装配质量、焊缝质量(包括焊缝外观、外形尺寸及内部质量)、试组装(包括部件就位率、同心孔通孔率、控制尺寸)。

7.3　检验要求及方法

7.3.1　检验人员应经过专门的基本理论和操作技能培训考试合格，并持证上岗。

7.3.2　无损探伤人员应由国家授权的专业考核机构考核合格，其相应等级证书在有效期内，并按考核合格项目及权限从事无损检测和审核工作。

7.3.3　检验设备和量具的量程及准确度应能满足所测项目精度要求(表 15)，并经过计量检定(校准)合格。

7.3.4　检验方法

7.3.4.1　零部件尺寸检测

零部件尺寸用钢卷尺、钢板尺、角度尺、卡尺等检测。

7.3.4.2　焊接件焊缝质量检测

焊缝外部质量用放大镜和焊缝检验尺检测。焊缝内部质量一般采用超声波探伤的方法检测，当超声波探伤不能对缺陷做出判断时，采用射线探伤方法检测。

7.3.4.3 镀锌层质量检测

外观检测用目测。镀锌层均匀性用硫酸铜试验方法（见附录 A、附录 E）检测；附着性用落锤试验方法（见附录 B）检测；镀锌层厚度用金属涂镀层测厚仪测试方法（见附录 C）检测，发生争议时以溶解称重试验方法（见附录 D、附录 E）测试镀锌层附着量作为仲裁试验方法。

7.3.4.4 试组装质量检测

部件就位情况用目测，同心孔通孔率用比螺栓公称直径大 0.3 mm 的试孔器检测，其他尺寸用钢卷尺检测。

7.3.4.5 钢材外形尺寸检测

角钢肢宽用游标卡尺在长度方向上每边各测量三点，分别取其算术平均值；角钢厚度用游标卡尺或超声波测厚仪在每边各测量三点，分别取其算术平均值；钢板厚度测量三点，取其算术平均值。测试时，测试点应均匀分布，离边缘距离不小于 10 mm。

表 15 主要检验设备及量具要求

检验项目	主要检验器具	量具分度值、分辨率
钢材、焊缝外观	放大镜	5 倍
钢材外形尺寸、孔径	游标卡尺	0.02 mm
钢材厚度	超声波测厚仪	0.1 mm
	游标卡尺	0.02 mm
长度、孔组间距	钢卷尺	1.0 mm
孔间距	钢直尺	0.5 mm
孔准距	准距卡尺、卡尺	0.02 mm
间隙	塞尺	0.1 mm
焊缝外形尺寸	焊缝检验尺	1.0 mm
机械性能试验	材料试验机	1 kN
	冲击功试验机	1 J
焊缝内部质量	超声波探伤仪	2 dB
角度	万能角度尺	2′
锌层厚度	金属涂镀层测厚仪	1.0 μm
化学成分分析	相应分析设备	符合相关标准要求

7.4 抽样方案和判定原则

7.4.1 抽样原则

7.4.1.1 无特殊要求情况下，采用 GB/T 2828.1 一般检验水平（检验等级见表 17）。

7.4.1.2 钢材质量、零部件尺寸质量、焊接件及焊缝质量等项目的抽样方案：660 kV 及以下电压等级的铁塔产品采用 GB/T 2828.1 正常检验一次抽样方案，750 kV 及以上电压等级的铁塔产品采用GB/T 2828.1 加严检验一次抽样方案。

7.4.1.3 锌层和试装质量采用 GB/T 2829 的判别水平Ⅰ的一次抽样方案。

7.4.2 检验批

检验批可由几个投产批或投产批的一部分组成。企业出厂检验批的大小由企业根据实际情况自行规定。需方验收检验批的大小由供需双方合同约定。

7.4.3 质量特性的划分

产品检验项目按质量特性的重要程度分为A类和B类，质量特性划分情况见表16。

表16 检验项目及质量特性划分

<table>
<tr><th colspan="2" rowspan="2">项 目 名 称</th><th colspan="2">不合格分类</th><th colspan="2" rowspan="2">合格标准/%</th></tr>
<tr><th>A类</th><th>B类</th></tr>
<tr><td colspan="2">钢材外观</td><td></td><td>√</td><td colspan="2"></td></tr>
<tr><td colspan="2">钢材外形尺寸</td><td></td><td>√</td><td colspan="2"></td></tr>
<tr><td colspan="2">钢材材质</td><td>√</td><td></td><td colspan="2"></td></tr>
<tr><td rowspan="5">零部件尺寸</td><td>主材</td><td></td><td>√</td><td rowspan="7">项次合格率</td><td>≥95</td></tr>
<tr><td>接头件</td><td></td><td>√</td><td>≥95</td></tr>
<tr><td>连板</td><td></td><td>√</td><td>≥90</td></tr>
<tr><td>腹材</td><td></td><td>√</td><td>≥85</td></tr>
<tr><td>焊接件</td><td></td><td>√</td><td>≥95</td></tr>
<tr><td colspan="2">焊缝外观</td><td></td><td>√</td><td>≥95</td></tr>
<tr><td colspan="2">焊缝外形尺寸</td><td></td><td>√</td><td>≥95</td></tr>
<tr><td colspan="2">焊缝内部质量</td><td>√</td><td></td><td colspan="2"></td></tr>
<tr><td colspan="2">锌层外观</td><td></td><td>√</td><td colspan="2"></td></tr>
<tr><td colspan="2">锌层厚度</td><td></td><td>√</td><td colspan="2"></td></tr>
<tr><td colspan="2">锌层附着性</td><td>√</td><td></td><td colspan="2"></td></tr>
<tr><td colspan="2">锌层均匀性</td><td>√</td><td></td><td colspan="2"></td></tr>
<tr><td colspan="2">试装同心孔率</td><td></td><td>√</td><td colspan="2">≥96</td></tr>
<tr><td colspan="2">试装部件就位率</td><td></td><td>√</td><td colspan="2">≥99</td></tr>
<tr><td colspan="2">试装主要控制尺寸</td><td>√</td><td></td><td colspan="2"></td></tr>
</table>

7.4.4 质量水平

输电线路铁塔产品检验项目质量水平按表 17 选用。

表 17 质量水平(合格/不合格)选用表

检测项目	钢材质量			零部件尺寸					焊缝质量			试组装			锌层质量			
	外观	外形尺寸	材质	主材	接头	连板	腹材	焊接件	外观	尺寸	内部质量	同心孔率	就位率	主控尺寸	外观	厚度	均匀性	附着性
检验水平	Ⅰ		Ⅱ	Ⅱ		Ⅰ		Ⅱ	Ⅱ									
合格质量水平 AQL	0.40			4.0		4.0		2.5	0.65									
不合格质量水平 RQL												10			10			

7.4.5 零部件项次规定(见表 18)

表 18 零部件项次规定

部件类型	项目											
	下料长度	切断面垂直度	端距	挠曲	角钢端部垂直度	孔形	孔位	制弯	清根(铲背)	切角(切肢)	标识	焊缝
角钢(件)	1	2	2	1	2	以孔计数		以制弯处计数	以处计数	以头计数	1	以 200 mm 为一个项次
钢板(件)	2	以边计数	4	1	/				/	/	1	

7.4.6 判定原则

7.4.6.1 当受检零部件出现以下情况之一时,该零部件判定为不合格:

——项次合格率低于规定值(见表 16);

——钢材质量不合格或与设计要求不符合;

——接头处孔向相反;50%及以上孔准距超标;

——过酸洗严重,接头孔被酸腐蚀超标;

——加工工艺与本标准或设计要求不符合;

——由于放样错误,造成零部件尺寸超标;

——控制尺寸与图纸不符所涉及的相关件。

7.4.6.2 综合判定

A 类项有一项不合格,则产品判定为不合格;B 类项有一项大于或等于不合格判定数(Re),则产品判定为不合格。

8 包装、标记、运输和贮存

8.1 包装的一般规定

8.1.1 角钢包装

8.1.1.1 角钢的包装长度、捆扎道数及重量应便于包装、运输和标识。

8.1.1.2 弯曲角钢、角钢焊接件等不能进入包捆的，可以单独包装。

8.1.1.3 包捆的捆扎用角钢框架、螺栓的连接形式，或打包带捆扎形式，包装物应做防腐处理。

8.1.1.4 角钢捆应端部整齐，层次分明，厚薄基本一致。

8.1.2 连接板包装宜采用螺栓穿入的办法。

8.1.3 包装应牢固，保证在运输过程中包捆不松动，避免角钢之间、角钢与包装物之间相互摩擦，损坏镀锌层。

8.2 标记

除满足合同要求外，还应在包捆的明显位置作标记，标注工程名称、塔型、呼称高、捆号、生产厂家名称，标记内容还应满足运输部门的规定。

8.3 运输和贮存

应注意装卸和放置场所，不得损坏包装使产品变形或镀锌层受到损坏。

附 录 A
（规范性附录）
热浸镀锌层均匀性试验　硫酸铜试验方法

A.1　硫酸铜溶液的制备和用量

A.1.1　硫酸铜溶液的制备：将 36 g 硫酸铜（$CuSO_4 \cdot 5H_2O$）加入 100 mL 的蒸馏水中，加热溶解后再冷却至室温，每公升溶液加 1 g 氢氧化铜或碱式碳酸铜[$Cu(OH)_2$ 或 $CuCO_3(OH)_2$]搅拌均匀，静置 24 h 以上，过滤或吸出上面澄清的溶液备用。

硫酸铜溶液在温度 18 ℃时的密度应为 1.18 g/cm^3，否则应以硫酸铜溶液或蒸馏水进行调整。

A.1.2　硫酸铜溶液的用量：按试样表面积不少于 8 mL/ cm^2。

A.1.3　配置的硫酸铜溶液也可以用于多次试验，但最多不应超过 15 次。

A.2　试样的制备

按附录 E 规定。

A.3　试验条件

A.3.1　用于试验的容器不得与硫酸铜溶液发生化学反应，并应有足够容积使试样在溶液中浸没，试样外缘距容器壁应不小于 25 mm。

A.3.2　试验时硫酸铜溶液的温度应为(18±2)℃。

A.4　试验程序

A.4.1　试样表面处理：将准备好的试样用四氯化碳、苯等有机溶剂擦拭，用流水冲洗、净布擦干，将试件露出的基本金属处涂以油漆或石蜡，方可进行试验。

A.4.2　浸蚀试验：将表面处理好的试样浸入硫酸铜溶液中，此时不得搅动溶液，也不得移动容器。1 min后取出试样，用毛刷除掉试样表面或孔眼处的沉淀物，用流水冲洗、净布擦干，立即进行下一次浸蚀，直至试验浸蚀终点为止。

A.5　浸蚀终点及耐浸蚀试验次数的确定

经上述试验，试样的基本金属上产生红色金属铜时应作为试验浸蚀终点。但下列情况不作为浸蚀终点：

a)　距试样端部 25 mm 内有金属铜附着；

b)　试样棱角处有金属铜附着；

c)　试样由于镀锌后划、擦伤的部位及周围有金属铜附着的；

d)　试样在用无锋刃的器具将附着的金属铜刮掉后下面仍有金属锌的。

确定耐浸蚀试验次数时，作为试验浸蚀终点的那次不得计入。

A.6　试剂

所用试剂为分析纯试剂。

附 录 B
（规范性附录）
热浸镀锌层附着性试验　落锤试验方法

B.1　试验装置

试验装置如图 B.1 所示。试验用的锤子应安装在固定的木制试台上，试验面应保持与锤子底座同样高度。

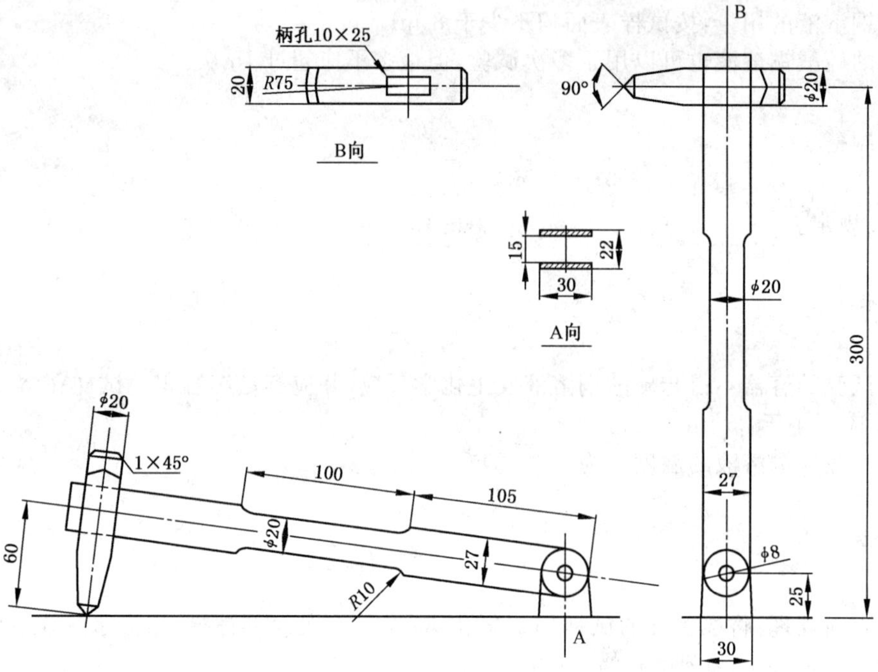

1)　锤头 45 号钢；重量 210 g，锤刃硬底（肖氏）40 以上。
2)　锤柄用橡木；重量约 70 g。
3)　底座钢板厚度 15 mm，长宽 250×250 mm，材质 Q235-A。
4)　重量的偏差：±1 g，几何尺寸偏差：±1 mm。

图 B.1　锤击试验装置

B.2　试验程序

试件置于水平，调整试样，使打击点距试样边、角、端部不小于 10 mm，锤头面向台架中心，锤柄与底座平面垂直后自由落下，以 4 mm 的间隔平行打击 5 点。检查锌层表面状态，打击处不得重复打击。

附　录　C
（规范性附录）
热浸镀锌层厚度测试　金属涂镀层测厚仪测试方法

C.1　热浸镀锌层厚度测试

C.1.1　应用金属涂镀层测厚仪时，应经标准厚度试片校正后再使用。

C.1.2　测试时，测试点应均匀分布，离边缘距离不小于 10 mm，测试点的数目按下列规定：

a)　角钢试样每面 3 处各 1 点，4 面共 12 点；

b)　钢板试样每面 6 处各 1 点，2 面共 12 点。

测试结果按各测试点所测得的数据以算术平均值计算。

C.1.3　镀锌层厚度测定后，镀锌层附着量按下式计算：

$$P_A = \delta \times \rho$$

式中：

P_A ——镀锌层附着量，单位为克每平方米(g/m^2)；

δ ——镀锌层厚度，单位为微米(μm)；

ρ ——锌的密度(ρ 取值 7.2)，单位为克每立方厘米(g/cm^3)。

附　录　D
（规范性附录）
热浸镀锌层附着量测试　溶解称重试验方法

D.1　溶解溶液的制备和用量

D.1.1　溶解溶液的制备：将 3.5 g 六次甲基四胺（乌洛托品）溶解于 500 mL 密度为 1.19 g/cm^2 的浓盐酸中，用蒸馏水稀释至 1 000 mL。
D.1.2　溶解溶液的用量：按试样表面积不少于 10 mL/cm^2。

D.2　试样的制备

按附录 E 规定。

D.3　试验条件

D.3.1　试验用容器不得与溶解溶液发生化学反应，并应有足够容积使试样在溶解溶液中完全浸没。
D.3.2　试验时溶解溶液温度不应高于 38 ℃。

D.4　试验程序

D.4.1　试样表面处理及溶解前称重：将准备好的试样用四氯化碳、苯等有机溶剂擦拭，用流水冲洗、净布擦干，再将试样以乙醇洗净、充分干燥后进行溶解前称重（准确至试样镀锌层重量的 1%）。
D.4.2　试样溶解及溶解后称重：将表面已处理好的试样浸入溶解溶液中，观察试样表面析氢反映，以氢气析出平缓无变化时作为镀层溶解过程的终点。将试样取出以流水冲洗，用硬毛刷出去表面附着物，再将试样以乙醇洗净、迅速干燥后进行溶解后称重（准确度同 D.4.1）。溶解后应测量试样的表面积（准确至试样表面积的 1%）。

D.5　试样结果的计算

镀锌层附着量按下式计算：

$$P_A = (m_1 - m_2)10^6 A^{-1}$$

式中：

P_A ——镀层附着量，单位为克每平方米（g/m^2）；

m_1、m_2 ——溶解前、后试样重量，单位为克（g）；

A ——溶解后试样表面积，单位为平方毫米（mm^2）。

镀锌层厚度按下式计算：

$$\delta = P_A \rho^{-1}$$

式中：

δ ——镀锌层厚度，单位为微米（μm）；

P_A ——镀锌层附着量，单位为克每平方米（g/m^2）；

ρ ——锌的密度(ρ 取值 7.2),单位为克每立方厘米(g/m^3)。

D.6 试剂

所有试剂为分析纯试剂。

附 录 E
（规范性附录）
热浸镀锌层附着量及均匀性测试 试样取样方法

E.1 试样尺寸

试样测试面积不小于 100 cm^2。

E.2 试样采取

先将试件的两端各去掉 5 cm，然后分别从试件的两端和中间共取 3 个试样。试样加工时不应损坏镀层表面。

附　录　F
（资料性附录）
钢材表面颜色及其相应温度

表 F.1　钢材表面颜色及其相应温度

颜　色	温度/℃
深褐红色	550～580
褐红色	580～650
暗樱红色	650～730
深樱红色	730～770
樱红色	770～800
淡樱红色	800～830
亮樱红色	830～960
桔黄色	960～1 050
暗黄色	1 050～1 150
亮黄色	1 150～1 250
白黄色	1 250～1 300

ICS 03.120.30
A 41

中华人民共和国国家标准

GB/T 2828.10—2010

计数抽样检验程序 第10部分:GB/T 2828计数抽样检验系列标准导则

Sampling procedures for inspection by attributes—
Part 10:Introduction to the GB/T 2828 series of standards for sampling for inspection by attributes

(ISO 2859-10:2006,MOD)

2010-09-02发布　　2011-04-01实施

中华人民共和国国家质量监督检验检疫总局
中国国家标准化管理委员会　发布

前　言

GB/T 2828《计数抽样检验程序》由以下部分组成：

——第1部分：按接收质量限(AQL)检索的逐批检验抽样计划(ISO 2859-1:1999,IDT)；

——第2部分：按极限质量(LQ)检索的孤立批检验抽样方案(ISO 2859-2:1985,NEQ)；

——第3部分：跳批抽样程序(ISO 2859-3:2005,IDT)；

——第4部分：声称质量水平的评定程序(ISO 2859-4:2002,MOD)；

——第5部分：按接收质量限(AQL)检索的逐批检验序贯抽样方案系统(ISO 2859-5:2005,IDT)；

——第10部分：GB/T 2828 计数抽样检验系列标准导则(ISO 2859-10:2006,MOD)；

——第11部分：小总体声称质量水平的评价程序。

本部分为 GB/T 2828 的第10部分。

本部分按照 GB/T 1.1—2009 规定的起草规则编写。

GB/T 2828 的本部分修改采用 ISO 2859-10:2006《计数抽样检验程序　第10部分：ISO 2859 计数抽样检验系列标准导则》。与 ISO 2859-10:2006 相比，主要技术变化如下：

——增加了 GB/T 2828.11—2008《计数抽样检验程序　第11部分：小总体声称质量水平的评价程序》的内容。

本部分由全国统计方法应用标准化技术委员会提出并归口。

本部分起草单位：中国标准化研究院、深圳市华测检测技术股份有限公司、广州市质量监督检测研究院、北京工业大学、中国科学院数学与系统科学研究院、海南省产品质量监督检验所、中国人民解放军军械工程学院。

本部分主要起草人：于振凡、丁文兴、张帆、朱平、党华、谢田法、冯士雍、马月红、黄艳、钱峰、张玉柱。

引　言

GB/T 2828 的本部分描述了验收抽样系列标准 GB/T 2828.1,GB/T 2828.2,GB/T 2828.3,GB/T 2828.4,GB/T 2828.5 和 GB/T 2828.11 中提到的计数抽样计划和抽样方案。本部分综合介绍了计数抽样检验的一般操作程序和使用方法。要想全面理解相关的概念和应用,还需查询 GB/T 2828.1, GB/T 2828.2, GB/T 2828.3, GB/T 2828.4, GB/T 2828.5, GB/T 2828.11 和 GB/T 13393。

GB/T 2828 系列标准的其他部分将本部分的这些介绍性的解释说明扩展成了特定标准的明确应用。

需要强调的是,GB/T 2828.1 规定了按接收质量限(AQL)检索的抽样计划,用于以不合格品百分数或每百单位产品不合格数作为质量指标的情形。GB/T 2828.1 主要用于对来自同一生产或服务过程的连续批的检验,这种情况下,当连续批中的短序列中发现一定数量的不接收批时,通过由正常检验转到加严检验来使得产品质量指标的过程平均控制在使用方的要求以下。

GB/T 2828.2 给出了用于单批或孤立批的抽样方案。这些抽样方案在很多情形下等价于 GB/T 2828.1中的抽样方案。GB/T 2828.2 中所有的抽样方案都包含要求以高概率接收批时的质量水平的有关信息。

GB/T 2828.3 给出了在长时期提交或观测中,当过程平均质量水平明显优于 AQL 时,使用的跳批抽样程序。当质量水平处于非常好的状态时,使用 GB/T 2828.3 中的跳批抽样程序比用 GB/T 2828.1 中放宽检验抽样程序更经济。与 GB/T 2828.1 一样,GB/T 2828.3 用于单一来源的连续系列批。

GB/T 2828.4 和 GB/T 2828.11 给出了用于评定某一总体(批或过程等)的质量水平是否不符合某一声称质量水平的程序。该部分的功能不同于本系列的其他部分,其主要原因是,其他部分的程序是按接收质量限检索的,仅与验收抽样的实际目的有关,且综合考虑了两类风险。GB/T 2828.4 的程序是为了在正规的、系统的评审或审核中所需做的抽样检验而开发出来的。GB/T 2828.4 适用于对较大总体的抽样检验,GB/T 2828.11 适用于对小总体的抽样检验。

GB/T 2828.5 给出了建立序贯抽样方案的方法,其鉴别力基本上等价于 GB/T 2828.1 中相应的方案。

计量抽样检验方案的系统也按 AQL 检索,由 GB/T 6378 系列计量抽样检验程序给出。

计数抽样检验程序
第10部分:GB/T 2828计数抽样检验系列标准导则

1 范围

GB/T 2828的本部分给出了计数抽样系统的一般介绍和在GB/T 2828.1,GB/T 2828.2,GB/T 2828.3,GB/T 2828.4,GB/T 2828.5及GB/T 2828.11中所提出计数抽样计划和抽样方案的概述。

GB/T 2828的本部分还给出了在具体情形下,如何选用合适的抽样检验系统的方法。

2 规范性引用文件

下列文件对于本文件的应用是必不可少的。凡是注日期的引用文件,仅注日期的版本适用于本文件。凡是不注日期的引用文件,其最新版本(包括所有的修改单)适用于本文件。

GB/T 2828.1—2003 计数抽样检验程序 第1部分:按接收质量限(AQL)检索的逐批检验抽样计划(ISO 2859-1:1999,IDT)

GB/T 2828.2—2008 计数抽样检验程序 第2部分:按极限质量(LQ)检索的孤立批检验抽样方案(ISO 2859-2:1985,MOD)

GB/T 2828.3—2008 计数抽样检验程序 第3部分:跳批抽样程序(ISO 2859-3:2005,IDT)

GB/T 2828.4—2008 计数抽样检验程序 第4部分:声称质量水平的评价程序(ISO 2859-4:2002,MOD)

GB/T 2828.5 计数抽样检验程序 第5部分:按接收质量限(AQL)检索的逐批检验序贯抽样方案系统(ISO 2859-5:2005,IDT)

GB/T 2828.11—2008 计数抽样检验程序 第11部分:小总体声称质量水平的评价程序

GB/T 3358.1—2009 统计学词汇及符号 第1部分:一般统计术语与用于概率的术语(ISO 3534-1:2006,IDT)

GB/T 3358.2—2009 统计学词汇及符号 第2部分:应用统计(ISO 3534-1:2006,IDT)

3 术语和定义

GB/T 2828.1、GB/T 2828.2、GB/T 2828.3、GB/T 2828.4、GB/T 2828.5、GB/T 3358.1和GB/T 3358.2中界定的术语和定义适用于本文件。

4 验收抽样检验概述

4.1 验收抽样检验的目的

验收抽样检验的主要目的是检验生产方提交的批质量水平是否处于或优于相互认可的质量水平。GB/T 2828系列的每个标准都基于某个特定参数,如AQL、LQ或DQL等。

生产方可以利用这些抽样程序保证使用方所接收的产品质量水平满足使用方的要求。所有这些程序都考虑了有限的财力资源,单位产品成本包括生产成本以及检测费用。

抽样系统的设计应能保证生产方承担产品质量责任。检验可能造成一种错觉,认为产品质量靠检验人员筛选,这可能把产品质量的责任从生产方转向了检验部门。然而产品质量是由生产过程确定的,检验仅仅是为了得到产品的质量信息,对产品质量没有影响。

GB/T 2828 系列中的抽样计划或方案可用于(但不限于)下述检验:

——最终产品;

——零部件和原材料;

——操作;

——在制品;

——库存品;

——维修;

——数据和记录;

——管理程序。

4.2 验收抽样

验收抽样检验的优点是将产品质量的责任施加给生产方,检验部门不再被认为是改进质量的一方。生产方必须保证产品是优质的,否则会因批不接收而造成损失和带来更高的成本。抽样检验可减少检验工作量,降低费用,并保证使用方得到较好质量的产品。

GB/T 2828.1,GB/T 2828.2,GB/T 2828.3,GB/T 2828.5 中的抽样检验计划可以量化接收不满意产品的风险(称为使用方风险)和不接收满意产品的风险(称为生产方风险),从而可以选择一种风险适度的抽样方案。

4.3 实际应用的其他检验类型

4.3.1 概述

除了 GB/T 2828.1,GB/T 2828.2,GB/T 2828.3,GB/T 2828.4,GB/T 2828.5 和 GB/T 2828.11 中以概率论的数学理论为基础的抽样方案以外,还有其他检验类型,例如:

a) 基于对产品和过程的了解,以及生产方和使用方经验信息的抽样(见 4.3.2);

b) 特殊抽样,例如固定百分比检验或非正式的随机检查(见 4.3.3);

c) 100%检验(见 4.3.4);

d) 其他“抽样”方式(见 4.3.5)。

4.3.2 调整型抽样检验

利用随机抽样,使用预先确定的改变样本量和抽样频率的规则,可以从统计角度量化的抽样检验,这种抽样往往基于对产品和过程的了解,以及生产方和使用方的要求。

统计抽样检验的例子之一是 GB/T 2828.1 中的程序。如果产品质量很好时,可依据一组转移规则,从正常抽样检验转移到放宽抽样检验。放宽抽样检验可以减少样本量,但生产方风险减小而使用方风险增加。如果过程平均一致地优于规定的接收质量限(AQL),则采取放宽抽样检验方案是合理的。当至少有 10 个批的过程平均质量水平远远小于 AQL 时,可以采取跳批抽样程序(见 GB/T 2828.3),这么做可能比 GB/T 2828.1 中所述的放宽抽样检验方案更经济。

在一些情况下,特别是涉及到常规产品的非关键质量特性的检验时,一些使用方倾向于采用小样本量检验,样本中有零个不合格产品时就接收该批。例如,抽样方案的样本量为 8,接收数为 0 等价于

AQL 为 1.5(%)的正常检验或 0.65(%)放宽检验的抽样方案。见 GB/T 2828.1—2003 表 2-A 和表 2-C。

相反地，在 GB/T 2828.1 中，在采用正常检验时，连续 5 批或少于 5 批中有两批不被接收，则转移到使用加严抽样检验方案。一旦采用加严检验，直到有连续 5 批被接收时才恢复正常检验。这种严格的要求是有意的，因为一旦发现了不可接收的质量水平，就有理由怀疑生产过程的质量。在采用加严检验的时候，如果不接收批的累计数达到 5 批，抽样检验将被停止，直到有证据证明采取了有效的纠正措施后，才能恢复抽样检验。

4.3.3 特定抽样检验

由于特定抽样导致的风险未知，且可能太高，一般不建议使用。此外，对批接收或批不接收的判别没有理论依据。特殊抽样包括固定百分比抽样或便利抽样等。

4.3.4 100%检验

当批量很大又没有自动检验设备时，实施 100%检验是非常困难的。除此之外，100%检验不是完全有效的，尤其当批量很大且每个产品待检的多个质量特性接近规范限时，人工检验或自动检验都有可能不能正确判定合格品与不合格品，因此 100%检验的效率更低。由于抽样检验使得检验的数量大大减少，便于检验员能更细心检验，从而减少人为因素的影响，能够较正确判定合格品与不合格品。

另外，如果没有充分的财力、人力和时间时，100%检验可能退化为名义上的 100%检验，即使规定了 100%检验，实际也做不到 100%检验。另外，如果测试是破坏性时，100%检验是不可行的。然而，100%检验不管对使用方还是生产方，或对不被接收的批进行筛选时，都构成检验过程一个必要的部分。在有些情况下，100%检验是不可避免的，例如对致命不合格进行检验时，由于质量特性的重要性，当检验是非破坏性检验时，则要检验每件产品。若检验是破坏性的，则应采用抽样检验。

4.3.5 其他抽样检验

虽然有很多种抽样系统存在，但 GB/T 2828 的本部分只详细讨论 GB/T 2828 系列中提到的作为国家标准的抽样系统。这不是说其他方法不重要，但本部分的主要目的是介绍 GB/T 2828 系列标准。

在很多时候，使用方不执行任何常规抽样，而是依靠他们的经验和过去抽样所得的信息，证明生产方保持生产过程处于统计受控状态，从而直接决定是否接收产品。

在已知不接收批中所含优质品和接收批中所含劣质品所造成的损失费用，且已知给定质量的批的提交频率的特殊情形下，就有可能基于这些经济信息，设计出更有效的抽样计划。在上述情况下，可以设计出比 GB/T 2828 系列更经济的抽样方案。GB/T 13393 包含了设计此类方案的程序。

4.4 AQL、LQ 和 DQL 的概念

GB/T 2828 系列中抽样方案是按 AQL、LQ 或 DQL 检索的。AQL 表示接收质量限，是可允许的最差过程平均质量水平；LQ 表示极限质量，是对一个孤立批进行抽样检验时，限制在某一低接收概率的质量水平；DQL 表示声称质量水平，是核查总体中不合格品百分数（或每百单位产品不合格数）的上限值。

5 GB/T 2828 系列标准

5.1 GB/T 2828.1 按接收质量限(AQL)检索的逐批检验抽样计划

5.1.1 概述

GB/T 2828.1 规定了验收计数抽样检验系统；其抽样方案是按批量、检验水平和接收质量限

(AQL)检索出来的。

GB/T 2828.1 的目的是通过批不接收使生产方在经济上和心理上产生的压力,促使其将过程平均质量水平至少保持在和规定的接收质量限一样好。事实上,要合理地保证批被接收,过程平均质量水平要远低于 AQL。GB/T 2828.1 同时给使用方可能接收劣质批的风险提供了一个上限。

5.1.2 应用

GB/T 2828.1 中的抽样计划主要是用于对由生产线的大量产品组成的连续系列批的验收抽样检验。这个系列批的最小批数应至少为 10,并且各批的批量应接近,这样使用转移规则才有一定效果。这些转移规则作为抽样计划中不可分割的部分,用于:

a) 一旦发现质量变劣,给使用方提供保护(通过转移到加严检验或暂停抽样检验)。

b) 一旦达到一致好的质量(经负责部门判定),通过转移到放宽检验给生产方提供一种鼓励,并减少检验费用。

对于孤立批,推荐使用者查阅 GB/T 2828.2 中给出的按极限质量 LQ 检索的抽样方案。GB/T 2828.1中抽样方案也可用于孤立批的检验,此时使用者应仔细分析操作特性曲线,找出最能满足质量保证要求的抽样方案。

GB/T 2828.1 包含一系列 AQL 值下的一次、二次和多次抽样方案。在相同的 AQL 和相同的检验水平下,不同类型抽样方案的操作特性比较接近,即使用一次、二次和多次方案有相同的风险。

示例 1:

某种产品的批量是 900,每件产品上有 5 个质量特性需被检验。第一和第二质量特性为 A 类,采用的 AQL(不合格品百分数)为 0.65(%),其他 3 个质量特性为 B 类,采用的 AQL(不合格品百分数)为 2.5(%)。对两类的检验均规定使用一般检验水平Ⅲ。从 GB/T 2828.1—2003 表 1 中查得对应的样本量字码为 K,从 GB/T 2828.1—2003 表 2-A 中查得正常检验的一次抽样方案样本量为 125,对应 AQL 为 0.65(%)和 2.5(%)的接收数分别为 2 和 7。对给定的批,经检验其结果为:

——只有一件产品第一质量特性不合格;

——有一件产品第二和第四质量特性不合格;

——有 2 件产品第三质量特性不合格;

——有 3 件产品第三和第四质量特性不合格。

有 2 个 A 类不合格品,5 个 B 类不合格品,因此批被接收。

示例 2:

另一种产品的批量为 4 000。规定的 AQL(不合格品百分数) 为 1.5(%),采用一般检验水平Ⅲ的一次抽样方案。从 GB/T 2828.1—2003 表 1 查得样本量字码为 M,从 GB/T 2828.1—2003 表 2-A、表 2-B 和表 2-C 得下面的抽样方案(见表 1)。

表 1 抽样方案示例

	正常检验	加严检验	放宽检验
样本量	315	315	125
接收数	10	8	6
拒收数	11	9	7

检验从正常检验开始,第 10 批和 12 批被判为不接收,检验转移到加严检验。直到有连续五批被接收才能恢复正常检验。在加严检验下,若累计 5 批不被接收,则暂停抽样检验。GB/T 2828.1 包含转移得分规则。如果转移得分达到 30 分,就采用放宽检验,直到有一个批不接收时恢复正常检验。

5.2 GB/T 2828.2 按极限质量(LQ)检索的孤立批检验抽样方案

5.2.1 概述

GB/T 2828.1 是按接收质量限(AQL)检索的验收抽样系统,广泛应用于各种目的,但是它最初是为了使用转移规则对连续系列批的检验而设计的。然而,存在 GB/T 2828.1 中的转移规则无法使用的情形(如孤立批),GB/T 2828.2 则是为这种情形而设计的。

GB/T 2828.2 给出了按极限质量(LQ)检索的抽样方案。AQL 不直接用于单批或孤立批,这是与 GB/T 2828.1 中给出的极限质量保护的特殊程序的主要不同之处。

GB/T 2828.2 中抽样方案的选择遵循下列原则:

a) GB/T 2828.2 表中的抽样方案尽可能地使用了 GB/T 2828.1 中正常检验一次抽样方案。

b) 为避免混淆,用于检索的 LQ 优先值系列应不同于 AQL 优先值系列。

c) 应用中,涉及到一次抽样方案的下列 5 个基本值应在同一个表中列出:

1) 批量;

2) 样本量;

3) 接收数;

4) 生产方风险或 AQL 值;

5) LQ 值。

5.2.2 应用

GB/T 2828.2 规定了按极限质量(LQ)检索的计数验收抽样检验系统。此抽样系统适用于处于孤立状态的批(即不能使用 GB/T 2828.1 中转移规则的批系列中的孤立批或单批)。GB/T 2828.2 的目的是通过提供与 GB/T 2828.1 兼容的抽样方案而作为 GB/T 2828.1 的补充。

GB/T 2828.2 中抽样方案是按极限质量(LQ)的一系列优先值检索的,使用方风险通常低于 10% 且几乎总低于 13%。此检索方法提供的标准程序比 GB/T 2828.1 中给出的极限质量保护的特殊程序更方便。

GB/T 2828.2 主要用于不合格品百分数的检验,也适用于当 LQ 不太大时的每百单位产品不合格数的检验。如果 GB/T 2828.2 不适用,则应考虑使用 GB/T 2828.1 中给出的极限质量保护的特殊程序。

GB/T 2828.2 提供了如下两个模式,可根据应用需要选择其中之一:

a) 模式 A

此程序用于生产方和使用方都认为批处于孤立状态,即单批的情形。

b) 模式 B

此程序用于生产方认为该批是连续系列中的某批,而使用方认为该批处于孤立状态。模式 B 的抽样方案由 GB/T 2828.2—2008 中表 10～表 19 给出。GB/T 2828.2—2008 中的附录 B 概括地给出了 GB/T 2828.1 和 GB/T 2828.2 之间的关系,GB/T 2828.2—2008 中的附录 C 给出了孤立批的二次和多次抽样方案。

示例 1:

一个书柜销售商欲购买一批螺钉,作为所出售的自组装书柜的配件,10 个螺钉为一盒,允许 1% 的盒中螺钉数量不足,但不愿接受过高的不合格率的风险,计划以 1 250 盒为一批共购买 5 000 盒螺钉。

生产方同意使用模式 A,规定极限质量的优先值为 3.15(%),对于批量为 1 250,检验水平为一般检验水平 Ⅲ,从 GB/T 2828.2 的表 1 中选取的抽样方案为 $n=125$,Ac=1。

生产方希望以单批提供所有 5 000 盒螺钉,新的抽样方案变为 $n=200$, Ac=3。

改用单批抽样检验可以使被检验的单位产品明显减少,且抽样方案对质量水平为 3.15(%)的批仍能以高概率不接收，对于不合格品百分数为1(%)的批接收概率却由原来的0.64增加到0.86。

示例2：

同一书柜销售商希望采购塑料面板作为自组装的木质书柜的组件。某供应方正在生产这种面板，并希望以每批1 250张的单批的供应流方式提供所需的7 500张面板。根据质量控制数据，在塑料面板上出现的划痕的概率为2.5%。由于在组装书柜时少量有划痕的面板可以被检测到并将其装在侧面，所以可以允许少量面板上留有划痕。但是，如果5%的面板上有划痕，在组装过程中就可能产生问题。

使用方和生产方均同意使用模式B，选择极限质量为5.0(%)，一般检验水平Ⅲ。对于批量为7 500件塑料面板的批，由GB/T 2828.2检索出的抽样方案为$n=315$，Ac=10。

5.3 GB/T 2828.3 跳批抽样程序

5.3.1 概述

GB/T 2828.3给出了跳批计数抽样检验程序。这些程序是为了对生产方提交的产品减少检验量，前提是生产方有效地控制了产品质量的各个方面，并且一直提交了符合要求的产品批。检验量的减少是按规定的概率，随机确定所提交的批是否可不经检验就予以接收。这些程序是将已用于GB/T 2828.1中对单位产品的随机抽取的原理推广至对批的随机抽取。

5.3.2 应用

跳批抽样程序仅用于连续系列批，不适用于孤立批。序列中所有的批都要求有相近的质量，从而有理由相信不经检验的批与检验批有相同的质量。

GB/T 2828.3仅适用于GB/T 2828.1中规定的计数特性检验。它的应用不同于GB/T 2828.1中的放宽检验。当检验多个质量特性时，跳批抽样程序与GB/T 2828.1中相应的程序遵循同一原理。只有在GB/T 2828.1中规定的检验水平为一般水平Ⅰ、Ⅱ或Ⅲ，且处于正常检验、放宽检验或正常检验与放宽检验程序的组合时，GB/T 2828.3中的跳批抽样程序才适用。

在GB/T 2828.3中，多次抽样方案仅用于资格鉴定阶段的正常检验。跳批阶段使用一次抽样方案，但强烈建议不使用接收数为0的一次抽样方案。跳批抽样检验可代替放宽检验以节约费用。

跳批抽样程序不适用于涉及人身安全产品质量特性的检验。

跳批方案的跳检频率有1/2，1/3，1/4和1/5，四种。程序中包含从某个频率转到另一个频率的规则以及返回到逐批检验的规则。

示例：

对一个取得了跳批资格的生产方。根据GB/T 2828.3中的程序，若在20批内，获得的资格得分为50，则进入跳检频率为1/2的跳批检验阶段；在此程序下，若有连续14批被接收，则根据资格得分，改用跳批频率1/3；若接下来连续11批检验全部被接收，且11批内资格得分达到或超过50，则有资格转到跳检频率为1/4的检验。若产品失去了进行跳批检验的资格，则必须返回到逐批正常检验。

5.4 GB/T 2828.4和GB/T 2828.11声称质量水平的评定程序

5.4.1 概述

GB/T 2828.4和GB/T 2828.11的适用范围不同于GB/T 2828.1，GB/T 2828.2，GB/T 2828.3和GB/T 2828.5。GB/T 2828.1，GB/T 2828.2，GB/T 2828.3和GB/T 2828.5所规定的验收抽样系统适用于两个相关方之间的双边协议。验收抽样程序仅用作检验交验批的一个样本后交付产品的实际规则。因此，这些程序不明确涉及任何形式上的声称质量水平。GB/T 2828.4和GB/T 2828.11用于核查某产品总体是否不符合声称的质量水平，GB/T 2828.4适用于较大总体，GB/T 2828.11适用于小总体。

GB/T 2828.1，GB/T 2828.2，GB/T 2828.3和GB/T 2828.5的程序适用于验收抽样，但不适用于

在评审、审核中验证某一核查总体的声称质量。其最主要的原因是这些程序是按照接收质量限检索的，仅与验收抽样的实际目的有关。因此，接收不满意批的风险和不接收满意批的风险是均衡的。

GB/T 2828.4 和 GB/T 2828.11 中规定的抽样检验程序是为了在正规的、系统的评审或审核所需做的抽样检验而开发出来的。当实施这种形式的检验时，负责部门必须考虑做出不正确结论的风险，并且在安排和执行评审或审核中考虑此风险。

GB/T 2828.4 和 GB/T 2828.11 给出了帮助使用者考虑这些风险的指导。这两个部分设计了一些规则，使得当核查产品的实际质量水平符合声称质量水平时，判抽查不合格的风险很小。如果还希望当核查总体的实际质量水平不符合声称质量水平时，判抽查合格的风险同样很小，必须有更大的样本量。为了适当减少样本量，当实际质量水平事实上不符合声称质量水平时，允许判抽查合格的风险稍高。

5.4.2 应用

GB/T 2828.4 和 GB/T 2828.11 给出了用于评价批或过程质量水平是否符合声称质量水平的抽样方案和程序。设计出的抽样方案使当实际质量水平优于声称质量水平时，判抽查不合格的风险小于5%，当实际质量水平劣于声称质量水平，且劣于 LQ 时，判抽查合格的风险小于 10%。GB/T 2828.4 给出了对应 4 个不同判别水平的抽样方案，GB/T 2828.11 给出了对应 2 个不同判别水平的抽样方案。与GB/T 2828 的其他部分的程序不同，当样本量较小时，这两个部分的程序不适用于验收抽样。

当样本量足够大时，GB/T 2828.4 中的程序不仅适用于监督抽样，也可适用于验收抽样。这些程序适用于但不限于，能够对分立个体产品进行随机抽样的批或过程。GB/T 2828.4 中的抽样方案适用于各种产品的检验。

如果被检验的产品可分为合格品或不合格品，且仅关注的是不合格品数或不合格品百分数（计件检验），当总体量大于 250 时，用 GB/T 2828.4 中的抽样方案，当总体量不大于 250 时，用 GB/T 2828.11 中的抽样方案。对 GB/T 2828.4 中的抽样方案稍作改动，也可用于关注的是每百单位产品不合格数（计点检验）的情形。

示例：

在审核某一营业部门期间，揭示出相当大的财务损失源于开发票作业的失误。审核员估计不正确办理发票的比率为 5%。管理部门决定引进一种专门的培训方案，对开票员进行培训，其目的是将不正确办理的发票率减少到 1%。在完成培训后，管理部门决定评价其效果。

管理部门决定使用 GB/T 2828.4 中规定的抽样方案来评价培训方案的效果，并选取声称质量水平 DQL 为 1(%)。管理部门还希望在不正确处理的发票的比率没有降低的情况下，作出肯定评价的概率很小。因此选取了样本量为 125 的样本中不超过 3 个不合格品的抽样方案。GB/T 2828.4 表明，此方案将实际不正确处理发票率达到 1%时，判为抽查不合格的风险为 3.7%，而当实际不正确处理发票率达到 5.27%时，判为抽查合格的风险为 10%。

如果随机抽取 125 张发票，发现了 2 个不合格的发票。基于这 125 张发票可作出未发现不正确办理的发票比例高于 1%。

5.5 GB/T 2828.5 按 AQL 检索的逐批序贯抽样检验系统

5.5.1 概述

GB/T 2828.5 给出了序贯抽样计划，是 GB/T 2828.1 计数验收抽样检验系统的补充。

序贯抽样方案的主要优点是减少平均样本量。平均样本量是在指定的批或过程的质量水平下，使用所有可能抽样方案的样本量平均。在相同的操作特性下，二次、多次和序贯抽样方案的平均样本量均小于一次抽样方案的平均样本量。序贯抽样方案的平均样本量比二次、多次抽样方案的平均样本量更小。

对于优质批，用序贯抽样方案节省的平均样本量最多可达 85%，而二次抽样方案为 37%，多次抽样方案为 75%。然而，对于特殊的批，当采用二次、多次和序贯抽样方案时，其实际检验的单位产品数可能超过相应的一次抽样方案的样本量 n_0。经典的序贯抽样方案，对于样本量没有任何限制，而实际被检验的单位产品数可能远远超过了相应的一次抽样方案的样本量 n_0，甚至达到批量 N。GB/T 2828.5 中引进了截尾规则，规定实际被检验的单位产品数上限为 $1.5n_0$。

当选择适当的抽样程序时，除平均样本量以外还要考虑下列因素：

a) 复杂性：序贯抽样方案比一次抽样方案复杂，较难理解。

b) 检验量的不确定性：因不能预先知道特定批需检验的单位产品数量，用序贯抽样方案可能引起检验组织工作上的困难，例如，难以安排检验的时间表。

c) 样本抽取的难度：如果单次抽取产品的费用较高，序贯抽样方案平均样本量减少的优点随着费用的提高而被逐渐抵消。

d) 检验持续时间：如果对单个产品的检验持续时间较长，而且可以同时检验几件产品，则序贯抽样方案比相应的一次抽样方案耗费更多时间。

二次、多次抽样方案的优点和缺点介于一次抽样方案和序贯抽样方案之间。权衡平均样本量小的优点和上述缺点可以得出如下结论：序贯抽样方案一般适用于检测单位产品的费用在整个抽检费用中占较大比例的情形。

5.5.2 应用

与 GB/T 2828.1 中的情况相同，GB/T 2828.5 的验收抽样系统也是按接收质量限(AQL)检索的。该部分的目的是通过批不接收使生产方在经济上和心理上产生压力，促使其过程平均至少保持在和规定的接收质量限一样好。该部分同时对使用方可能接收劣质批而引起的风险给出了一个上限。

GB/T 2828.5 中抽样计划主要用于连续系列批，且连续系列批的长度足以使用转移规则，这些转移规则为：

a) 一旦发现质量变劣，通过转移到加严检验或暂停抽样检验加强对使用方的保护；

b) 一旦达到一致好的质量，经负责部门决定，通过转移到放宽检验对生产方提供一种鼓励，并减少检验费用。

当生产批处于孤立状态或系列批太短而不适于应用 GB/T 2828.5 时，建议考虑使用 GB/T 2828.2 中适当的抽样方案。

示例：

使用 GB/T 2828.1 检验某种产品，设批量 N 为 1 500，规定的不合格品百分数的 AQL 值为 4.0(%)，采用一般检验水平Ⅰ，采用正常检验的一次抽样方案为：$n=50$，$Ac=5$，$Re=6$。

管理部门决定用 GB/T 2828.5 中的序贯抽样计划。从 GB/T 2828.5 表 1 对应一般检验水平Ⅰ和批量 1 500 查得样本量字码为 H。由 GB/T 2828.5 表 A.2 查得序贯抽样方案的参数和截尾值。截尾值如下：

$n_t=80$ 和 $Ac_t=7$

拒收值 R 和接收值 A 由以下公式给出：

$$R = 0.097 \times n_{cum} + 2.449$$

$$A = 0.097 \times n_{cum} - 1.426$$

当用数值法时，对 $n_{cum}=1\sim n_t-1$(本例中等于 79)，可计算拒收值 R 和接收值 A，然后分别按相应规则取整成拒收数 Re 和接收数 Ac。当拒收数 Re 大于截尾数($Re_t=Ac_t+1=8$)时，用截尾数代替 Re，本例中为 8。

假设从批中相继随机抽取产品并提交检验，检验结果由表 2 给出，其中 D 是不合格品累积数。

表 2 检验结果

n_{cum}	Ac	Re	D
7	−1	4	1
11	−1	4	2

表 2 检验结果（续）

n_{cum}	Ac	Re	D
14	−1	4	3
21	0	5	4
24	0	5	5

当 $n_{cum}=24$ 时，对应的不合格品累积数 $D=5$，这个值大于或等于计算出的拒收数 Re。因此，终止检验判不接收该批。由表 2 可知，这是第一次出现 Ac$<D<$Re 不成立的情形。

5.6 GB/T 2828.11 声称质量水平的评定程序

见 5.4。

参 考 文 献

[1] GB/T 13393—2008 验收抽样检验导则

[2] SCHILLING,EDWARD F. Acceptance Sampling in Quality Control,Marcel Dekker,ASQ Quality Press,New York and Milwaykee,1982

[3] STEPHENS,KENNETH S. The Handbook of Applied Acceptance Sampling:Plans,Procedures,and Principles,ASQ Quality Press,Milwaykee,2001

ICS 01.080.10
A 22

中华人民共和国国家标准

GB/T 2893.3—2010

图形符号 安全色和安全标志 第3部分:安全标志用图形符号设计原则

Graphical symbols—Safety colours and safety signs—
Part 3:Design principles for graphical symbols for use in safety signs

(ISO 3864-3:2006,MOD)

2011-01-10 发布　　2011-07-01 实施

中华人民共和国国家质量监督检验检疫总局
中国国家标准化管理委员会 发布

前　　言

GB/T 2893《图形符号　安全色和安全标志》分为4个部分：

——第1部分：工作场所和公共区域中安全标志的设计原则；

——第2部分：产品安全标签的设计原则；

——第3部分：安全标志用图形符号设计原则；

——第4部分：安全标志材料的色度属性和光度属性。

本部分为GB/T 2893的第3部分。

本部分按照GB/T 1.1—2009给出的规则起草。

本部分使用重新起草法修改采用ISO 3864-3:2006《图形符号　安全色和安全标志　第3部分：安全标志用图形符号设计原则》。

本部分与ISO 3864-3:2006相比，作了以下结构调整：

——将第4章、第5章和第6章的内容调整为分条表述的形式。

本部分与ISO 3864-3:2006的技术性差异及其原因如下：

——关于规范性引用文件，本部分做了具有技术性差异的调整，以便于标准在我国的应用。调整的情况集中反映在第2章"规范性引用文件"中，具体调整如下：

- 用修改采用国际标准的GB/T 2893.1代替ISO 3864-1；
- 用修改采用国际标准的GB/T 2893.2代替ISO 3864-2；
- 用与国际标准在技术内容上对应但没有采标关系的GB/T 15565(所有部分)代替ISO 17724；
- 删除规范性引用文件ISO 7010。

——将设计模板外形尺寸由70 mm更改为：正方形边长100 mm、圆形直径112 mm、三角形边长140 mm(见7.3)，以便使不同形状的安全标志具有相同的表观尺寸，并能够与我国现行标准的规定相协调。

本部分与ISO 3864-3:2006相比，作了下列编辑性修改：

更换了ISO 3864-3:2006中的图1、图3和图4的示例图形；

——删除了ISO 3864-3:2006中的图17，将原图18编号调整为图17。

本部分由全国图形符号标准化技术委员会(SAC/TC 59)提出并归口。

本部分起草单位：中国标准化研究院、公安部天津消防研究所、中国人民大学艺术学院。

本部分主要起草人：陈永权、白殿一、姚松经、张亮、邹传瑜、安姚舜。

引　言

安全标志中的图形符号用途非常广泛，因此，有必要制定安全标志用图形符号的标准化原则，以便确保这些符号在设计上的清晰性和一致性，从而提高对这些符号的认知和理解。GB/T 2893 的本部分中规定的设计原则是安全标志标准化的基础。

安全标志中使用的图形符号并非总是直观易懂。因此，通常需要采用培训的方式使人们了解这些符号的含义。也可通过在操作手册、企业公告或培训材料中说明图形符号含义的方式代替培训。在使用安全标志时添加辅助性文字同样可以起到增强图形符号易理解性的作用。

图形符号　安全色和安全标志
第3部分：安全标志用图形符号设计原则

重要提示：虽然 GB/T 2893 的本部分印刷版本中的颜色符合(根据目测检验在容许偏差内) GB/T 2893.1 的要求，但印刷版本不用于颜色匹配。有关颜色匹配的要求，请参考 GB/T 2893.1 中对安全色的色度属性和光度属性的规定及安全色在颜色体系中的参考值。

1　范围

GB/T 2893 的本部分给出了安全标志用图形符号的设计原则、准则和指南。

本部分适用于 GB/T 2893.1 规定的安全标志中图形符号的设计，也适用于 GB/T 2893.2 规定的产品安全标签中安全标志要素的设计。

2　规范性引用文件

下列文件对于本文件的应用是必不可少的。凡是注日期的引用文件，仅注日期的版本适用于本文件。凡是不注日期的引用文件，其最新版本(包括所有的修改单)适用于本文件。

GB/T 2893.1—2004　图形符号　安全色和安全标志　第1部分：工作场所和公共区域中安全标志的设计原则(ISO 3864-1:2002,MOD)

GB/T 2893.2　图形符号　安全色和安全标志　第2部分：产品安全标签的设计原则(GB/T 2893.2—2008,ISO 3864-2:2004,MOD)

GB/T 15565(所有部分)　图形符号　术语

3　术语和定义

GB/T 15565 确立的术语和定义适用于本文件，为了方便，下面重复列出了 GB/T 15565 中的部分术语。

3.1

关键细节　critical detail

对于图形符号的理解或图形符号的完整必不可少的符号细节。

[GB/T 15565.1—2008,定义 3.11]

3.2

限定要素　determinant

附加于一般符号或其他图形符号之上，以提供某种确定或附加信息，不能单独使用的符号要素。

[GB/T 15565.1—2008,定义 3.7]

4　设计程序

4.1　准备阶段

在设计安全标志用图形符号之前，应：

a) 详细无误地描述图形符号所要表达的信息；
b) 确认是否需要设计新的安全标志用图形符号(即,确认目前不存在合适的图形符号)(见第5章)；
c) 明确该图形符号形成的安全标志所要传达的安全信息；
d) 先确定目标群体的特征,包括目标群体理解特定安全标志所传递安全信息的一般技巧和能力,再为这一目标群体设计图形符号；
e) 根据第6章的规定为安全标志赋予含义和功能；
f) 根据7.1的规定确定安全标志所需的标志类型。

4.2 设计阶段

4.2.1 宜考虑所设计的图形符号是否还可用在其他类型的安全标志中,以及由此对符号设计所产生的影响(例如,在最初为指令标志设计的图形符号上添加否定直杠时对符号设计的影响,以及当图形符号用在警告标志的三角形受限空间内时对符号设计的影响等)。
4.2.2 图形符号的设计应遵守第7章规定的设计准则。
4.2.3 宜使用附录A中给出的设计指南。

5 现行标准的查阅

5.1 设计者应确定：
a) 需要设计的图形符号是否已包含在现行安全标志国家标准规定的安全标志中和其他现行图形符号国家标准中；
b) 是否可以修改或组合含义相近的图形符号以形成新安全标志中的图形符号；
c) 是否存在标准化的、适于与新安全标志用图形符号一起使用的限定要素(见7.8)。
5.2 如果某个特定图形要素取自现有图形符号,那么该图形要素传递的含义宜与其在现有图形符号中的含义相同。

6 赋予安全标志含义、功能和图像内容

6.1 根据GB/T 2893.1的规定,每个安全标志应只用于传递唯一的安全信息。
6.2 应为新安全标志赋予含义和功能。安全标志设计完成后,包括关键细节在内的图像内容应是明确并可描述的(见图1)。

含义：禁止烟火。
功能：表示禁止吸烟和所有形式的明火。
图像内容：带有火焰的火柴图形。关键细节是火柴及其燃烧的火焰。

图1 为安全标志赋予含义、功能和图像内容的示例

7 设计准则

7.1 安全标志的几何形状和颜色

应在相应的安全标志模板中设计安全标志用图形符号，安全标志模板的几何形状和颜色应符合 GB/T 2893.1 的规定：

—— 禁止标志：按照 GB/T 2893.1—2004 中 7.2 的规定；

—— 指令标志：按照 GB/T 2893.1—2004 中 7.3 的规定；

—— 警告标志：按照 GB/T 2893.1—2004 中 7.4 的规定；

—— 安全条件标志：按照 GB/T 2893.1—2004 中 7.5 中的规定；

—— 消防设施标志：按照 GB/T 2893.1—2004 中 7.6 中的规定。

安全色宜符合 GB/T 2893.1—2004 表 A.1 中给出的色值，或使用尽可能相近的匹配色。

7.2 图形符号的大小和位置

图形符号应充分利用安全标志模板内的可利用区域，并应尽可能居中（见图 2～图 6）。有关符号边界的规定见 7.4。

图 2 禁止人员通行

图 3 必须接地

图4　当心触电

图5　急救电话

图6　灭火器

7.3　设计模板

为了确保原形安全标志能够被精确地放大和缩小，并使不同形状的原形安全标志具有相同的表观尺寸，安全标志用图形符号应在符合图7尺寸的相应几何形状的模板中设计。图7给出的是三种几何形状的模板外形，其中正方形的边长为100 mm，圆形的直径为112 mm，三角形的边长为140 mm，上述尺寸均不包括标志外部的衬边尺寸。带有符号边界的详细设计模板见7.4的相应规定。

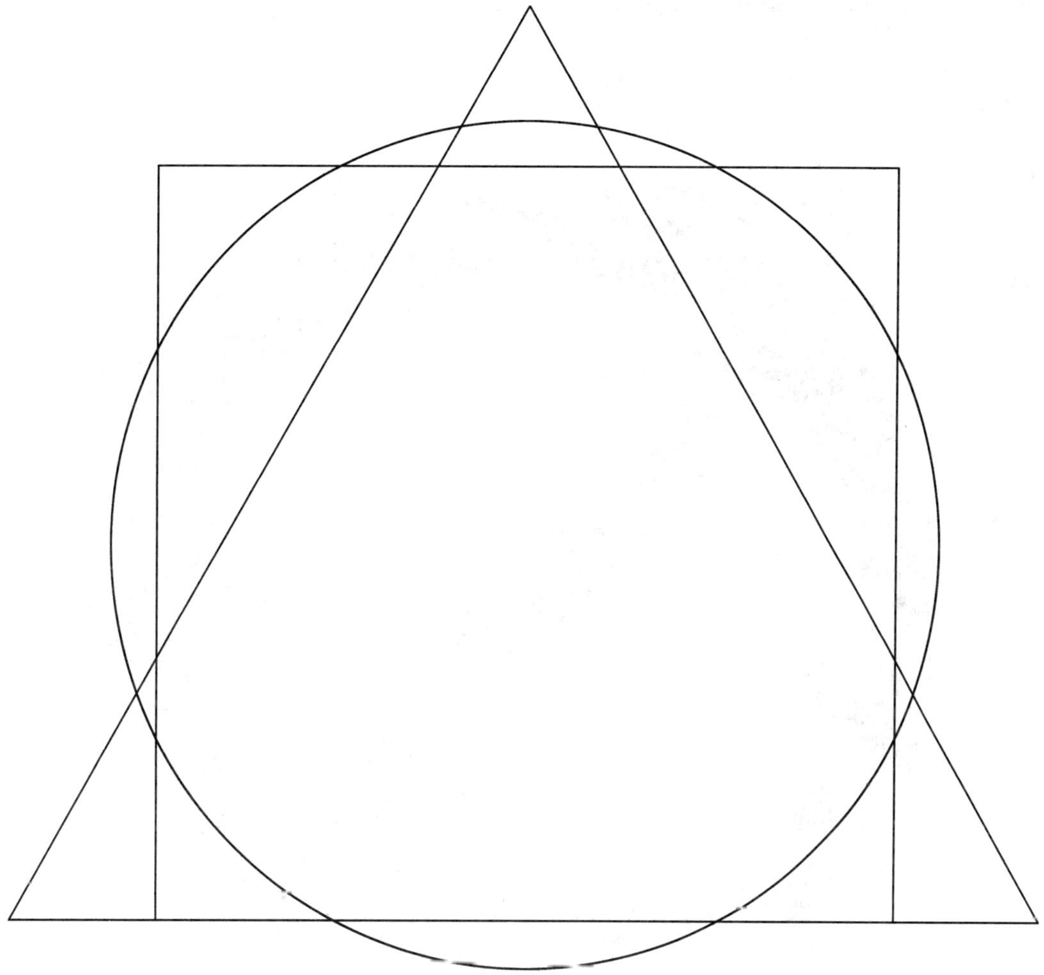

图 7　不同形状且具有相同表观尺寸的设计模板外形

7.4　不同标志的符号设计模板

7.4.1　一般要求

除非绝对有必要保持视觉上的清晰和可理解，否则设计模板内的图形符号不应延伸到虚线形成的符号边界之外(见图 8～图 12)。

7.4.2 禁止标志

禁止标志的符号边界位于标志的环形边框内，虚线构成的符号边界与环形边框的距离等于标志外直径(不包括衬边尺寸)的0.033倍。见图8。

注：图中黑色虚线为符号边界。

图8 禁止标志的符号设计模板

7.4.3 指令标志

指令标志的符号边界位于标志的圆形区域内，虚线构成的符号边界与标志的蓝色圆形区域外沿的距离等于标志外直径(不包括衬边尺寸)的 0.08 倍。见图 9。

注：图中白色虚线为符号边界。

图 9 指令标志的符号设计模板

7.4.4 警告标志

警告标志的符号边界位于标志的三角形边框内，虚线构成的符号边界与三角形边框的距离等于标志高度(不包括衬边尺寸)的0.033倍。见图10。

注：图中黑色虚线为符号边界。

图10 警告标志的符号设计模板

7.4.5 安全条件标志和消防设施标志

安全条件标志和消防设施标志的符号边界位于标志的正方形区域内，虚线构成的符号边界与绿色或红色正方形区域外沿的最小距离等于正方形边长(不包括衬边尺寸)的0.08倍。见图11和图12。

注：图中白色虚线为符号边界。

图 11 安全条件标志的符号设计模板

注：图中白色虚线为符号边界。

图 12 消防设施标志的符号设计模板

7.5 线宽

在7.4规定的设计模板中，图形符号中线条的最小宽度应为2.0 mm，只有当必须使用较细线条才能精确表示出某个对象或某种危害时，线条最小宽度才可缩小到1.0 mm。图13a)是图形符号中线宽超过2.0 mm的示例。图14a)是图形符号中最小线宽(表上的分针)略大于1.0 mm的示例。为了保持视觉上的清晰，线条间的距离不应小于1.5 mm。

设计者宜通过在预定观察距离上观察实际尺寸的标志设计图来检查符号设计的清晰度。也可以通过缩小安全标志设计模板的尺寸来检查符号细节的清晰度，例如，可将设计模板尺寸缩小到原尺寸的17.5%[见图13b)和图14b)]。

a) 模板尺寸(140 mm)

b) 缩小到17.5%的尺寸

图13 标志的模板尺寸和缩小后的尺寸示例1

a） 模板尺寸（112 mm）

b） 缩小到 17.5%的尺寸

图 14 标志的模板尺寸和缩小后的尺寸示例 2

7.6 关键细节

在 7.4 规定的设计模板中，图形符号中关键细节的最小尺寸应为 3.5 mm×2.5 mm，只有当必须使用较细线条才能精确表示出某个对象或某种危害时，关键细节的最小尺寸才可以为 1.0 mm×9.0 mm。图 14a)中所示表分针的图形是线宽约 1.0 mm 线长超过 9.0 mm 的关键细节尺寸的示例。

7.7 符号族内符号设计的一致性

为确保符号设计的一致性，设计者应尽可能在现行安全标志国家标准中选取现有的符号要素。当设计在含义上不同却存在一定相关性的一组安全标志时，尤其应遵循这一原则。

注 1：图 15 所示的安全标志中包含一个表示“心脏”的符号要素。例如，当设计者想设计一个新的与“心脏”有关的符号时，宜首先考虑使用图 16 所示的表示心脏的图形。

注 2：在符号族中保持某个符号要素的一致性会使图形符号的含义更加清楚。例如，宜在所有表示必须戴防护眼镜、必须戴护耳器、必须戴安全帽、必须戴防尘口罩等安全标志中使用头部图形。头部图形要素在这些安全标志中的一致使用有助于强化安全标志中图形要素的差异性,从而吸引观察者注意到这些安全标志在含义上的区别。

图 15 禁止植入心脏起搏器者进入

图 16 表示心脏的图形符号

7.8 限定要素

在属于同一族的安全标志中使用相同的符号要素(即限定要素)可以表示出某个相互关联的基本含义,并有助于增强安全标志的易理解性。安全条件标志中的白色十字(见图 17)是此类限定要素的典型示例。

如果在一族安全标志中使用通用的限定要素,则不应对限定要素做任何修改。

图 17 急救电话

7.9 图形符号或符号要素的组合

如果所设计的图形符号由两个或两个以上图形符号或符号要素组合形成，则赋予新图形符号的含义不应与所使用的单个图形符号或符号要素的含义相抵触。

图形符号的组成部分宜尽可能少，意义应清楚明确。

当安全标志内的图形符号是由两个或两个以上图形符号或符号要素组合形成的新图形符号时，该安全标志应视为新的安全标志。

7.10 箭头在安全标志中的使用

可以使用箭头表示实际的或可能的运动。如果使用箭头表示不同类型的运动、力或压力，则箭头的形状应是表1中规定的与特定含义相关的箭头中的一种。

注1：可以使用类型A的箭头形状表示图形符号中某个组成部分的移动方向，或用于表示下落或飞行的对象。

注2：可以使用类型C的箭头形状表示液体的流动。

表1 箭头的形状和使用

形状	图　形	箭头的角度	含　义
类型A		60°	单向运动
类型B		60°	——旋转运动 ——顺时针旋转 ——逆时针旋转
类型C	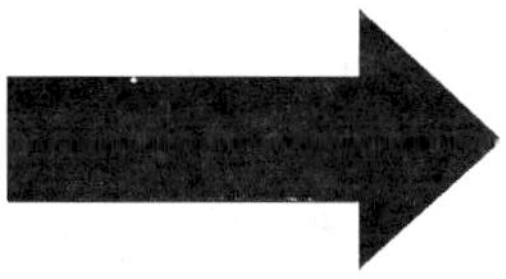	84°	力或压力
类型D		84°至86°	人的移动

7.11 字符

不应使用字母、数字、标点符号或数学符号作为图形符号的组成部分。

注：在通用指令标志和通用警告标志中使用感叹号是这一规则的例外。

附 录 A
（资料性附录）
补充的设计指南

A.1 通则

图形符号中宜仅包含那些传递预定信息所必需的符号细节。图形符号的设计宜：

—— 简洁，以便于理解和复制；

——易于与其预定含义产生联系；

——基于易被公众识别的对象、概念、动作或其组合；

——易与其他图形符号相互区别；

——仅包含有助于理解图形符号含义的符号细节。

在设计用于指令标志、警告标志、安全条件标志或消防设施标志的图形符号时，设计者宜留意：同一个符号也可能会在禁止标志中用于表示某个被禁止的动作。当在禁止标志中使用时，图形符号的一部分会被否定直杠遮挡。因此，如果所设计的图形符号可能会用在禁止标志中，设计者宜确保理解该安全标志所必须的关键细节没有位于禁止标志中否定直杠所遮挡的区域内。

A.2 图形符号的图像内容

图形符号的图像内容由该符号用于传递预定信息的图形要素构成。所有图形要素都或多或少具有抽象性，它们都以某种抽象的方式描述某个概念、对象或含义。然而，某些符号因其图像内容易于识别而更易于理解，这主要是因为这些图形符号在形式上更具象。所以，在可能的情况下，图形符号的图像内容宜较具象。这种具象性可以通过把图形符号设计成用于描绘特定安全信息的形式来实现。尤其当危害的本质或位置不会立即呈现时，对于危害更宜进行专门的描绘，例如针对隐藏在机器内部的某个“危害”。

如果与人的交互是所要传递信息的一部分，则最好在图形符号中绘制出人的图形要素。例如，图 A.1 较图 A.2 更易于理解，图 A.1 在图形上更具有表现力(图中所示的手正伸向警报按钮)。

实心图形可提高符号的清晰度(见图 A.2)，当观察距离较远时尤其如此。轮廓线形式适用于图形符号内图形要素间的区分和识别。

ISO 7010:2003(F005)

图 A.1 消防警报按钮

ISO 6309:1987(01)

图 A.2 消防警报按钮

A.3 人形及肢体要素的图形表示

A.3.1 通则

人形或肢体要素通常是安全符号中的主要组成部分，宜通过简洁、一致和可信的形式来描绘它们。

人形或肢体要素的描绘应是不言自明的，观察者无需研究该符号以确定身体的哪个部位可能遭受危害。在设计包含人形或肢体要素的安全标志时，宜从以下方面考虑这些要素的位置：

——危害的性质；

——危害来自的方向或危害的方向；

——由危害而导致的移动或姿势；

——危害导致的伤害类型；

——与某个动作或与产品操作有关的移动或姿势。

不宜描绘血迹。

A.3.2 使用网格系统绘制人形

为了使各要素在所设计的人形中均衡以及便于描绘人形的不同动作，宜使用如图 A.3 和图 A.4 所示的简单人形设计模板。

人形符号的设计以尺寸相同的正方形或单元格构成的网格系统为基础。完整人形为 12 个单元格高，躯干为 2 个单元格宽，圆形头部的直径为 1.75 个单元格。腿的宽度为 1 个单元格，胳膊的宽度为 7/8 个单元格。手和脚的末端可如模板中所示绘制成半圆形，也可绘制成方形或略微呈圆形并倾斜。模板中所示支点表示的是肘关节、肩关节、髋关节和膝关节。手和脚的连接点也显示在了肢体的末端。模板中所提供的支点和连接点有助于设计者将人形设计成所希望的姿势，同时方便将手和(或)脚添加到肢体上(见图 A.9 和图 A.14)。

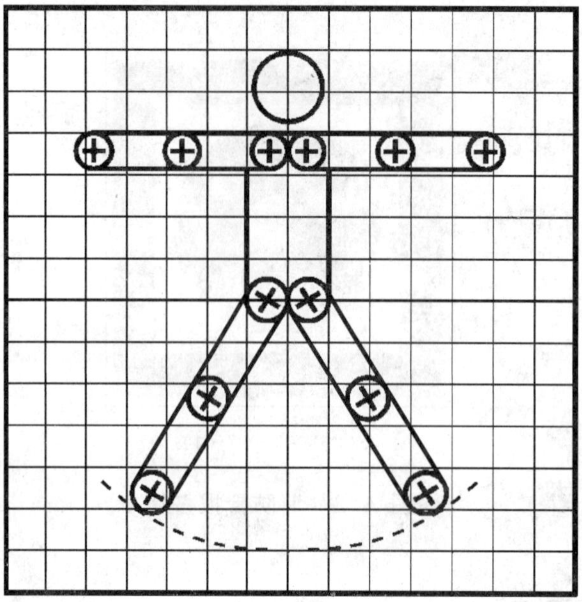

⊕——支点。

注：图中虚线弧线最低点所示是人形直立时脚连接点所在的位置，从人形头顶到虚线最低点为 12 个单元格。

图 A.3　完整人形的设计模板——正视图

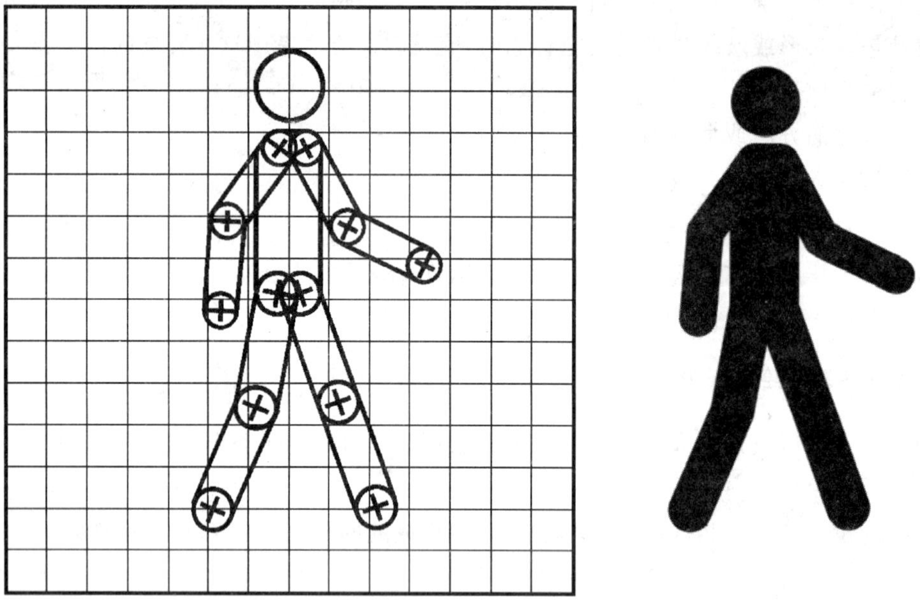

⊕——支点。

图 A.4　完整人形的设计模板——侧视图

A.3.3　人形的动态描绘

通过使用支点(见图 A.3 和图 A.4)可以绘制出人形的动作或运动状态，此时人形各部分所占单元格的面积保持不变，除非因肢体重叠导致肢体在视觉上因透视效果而缩短。当出现透视效果时，可通过增加 0.5 个单元格来补偿在视觉上缩短的肢体(见图 A.5)。

图 A.5 使用支点绘制的人形的动态示例

A.3.4 头部的绘制

针对头部的危害可能危及职业人群的健康。这种危害可能以多种方式出现。因此，头部和面部是许多安全标志的必要组成部分，在表示必须使用个人防护装备的指令标志中尤其如此。

对于所有需要在其图形符号中纳入头部图像的安全标志，都宜使用统一的头部图像形式。头部轮廓不宜为了获得某个民族地区的认可而具有民族特征。

图 A.6 和图 A.7 是两种头部轮廓图(侧视图和正视图)，使用这两种头部轮廓图设计的图形符号宜用在所示危害与头部有关的安全标志中。宜首选使用侧视图。

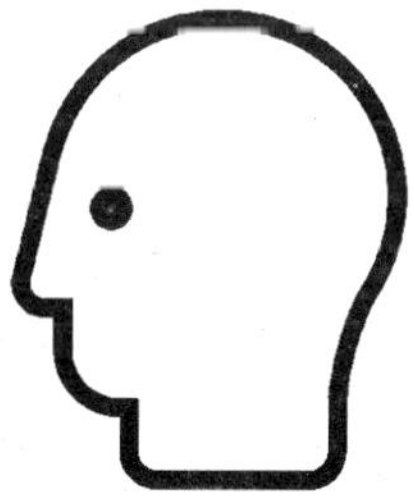

图 A.6 头部侧视图

图 A.7 头部正视图

A.3.5 手和手指的绘制

手及手指运动的复杂性使手成为最难绘制的符号要素之一。图 A.8 所示是手和手指的简化形状和形式。在手的正视图中,不宜将手指和拇指移动到其他位置(即不得张开手指和拇指)。在手的其他视图中,可将手指张开。

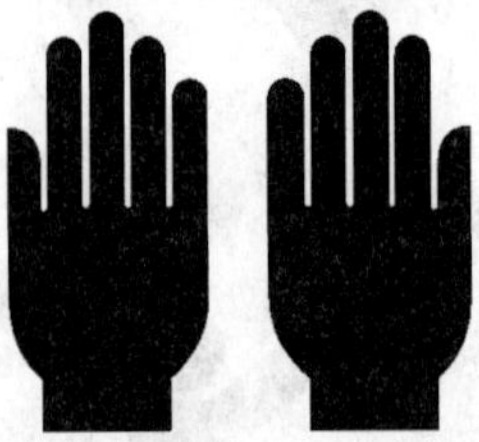

图 A.8 手

A.3.6 手的侧视图

当危害涉及到手或手臂时,在图形上添加手可加强对肢体要素的识别。图 A.9 所示是手的两种基本位置:

——位置 A 所示拇指沿着与手臂相同轴线伸展;

——位置 B 所示手围绕手的支点旋转若干角度。

位置 A 与位置 B 的选择宜根据哪个位置最能表现有关危害来判断。为了保持设计上的一致性,即使只有一只手臂可能遭受危害,也宜在两只手臂上都添加手(当两只手臂同时呈现时)。

a) 位置 A　　b) 位置 B

注:图中⊕表示手的连接点。

图 A.9 手的位置

为了表现出纵深的感觉,宜使用手的侧视图。

注:当绘制的手合乎比例时,手指的布置可以形成三维的视觉印象。

可根据需要对手部的基本侧视图作一些修改以便更好地表现手及手指与不同设备间的相互关系。这种相互关系包含以下方面:

——手指被夹在滚筒里(见图 A.10);

——手和手指被尖锐物体刺破(见图 A.11);

——手指被夹在齿轮里(见图 A.12);

——手指碰触某个表面(见图 A.13)。

手指不是逐渐变细,指尖呈圆形并倾斜。侧视图中宜仅使用拇指和其他三根手指。

图 A.10 手侧视图的示例 1

图 A.11 手侧视图的示例 2

图 A.12 手侧视图的示例 3

图 A.13 手侧视图的示例 4

A.3.7 脚的绘制

若只描绘小腿和脚，则可以使用图 A.14 所示的固定样式的鞋。鞋可以朝向右侧或朝向左侧。在描绘某些与脚或小腿有关的危害时，绘制带有脚的全身人像有助于加强对可能遭受危害的肢体要素的识别(见图 A.15)。对于这样的图形符号，可以在图 A.3 和图 A.4 所示的人形模板的腿末端连接点处加画图 A.14 所示的脚。

注：图中⊕表示脚的连接点。

图 A.14 带有连接点的脚或鞋

图 A.15 使用带有脚的人形描绘动态危害的示例

A.4 水域安全标志中水的表示

在用于水域安全标志的众多图形符号中，水是其主要的符号要素之一。当描绘水面上或位于水面上方的活动或设备时，宜使用两条波浪线表示水。当描绘水面以下的活动或设备时，宜使用一条波浪线表示水。当表现水的深度时，宜使用多条波浪线表示水。

A.5 易理解性

新的图形符号设计完成后，可根据 GB/T 16903.2 的规定，在使用环境下对所设计的安全标志的易理解性进行评估，然后进行必要的修改。

如果安全标志的实际应用尺寸小于设计模板的设计尺寸，则宜按照应用尺寸测试安全标志。

参 考 文 献

［1］ GB/T 10001(所有部分) 标志用公共信息图形符号

［2］ GB 10396 农林拖拉机和机械、草坪和园艺动力机械 安全标志和危险图形 总则

［3］ GB/T 16903.2 图形符号表示规则 第2部分:测试程序

［4］ GB/T 16902.2 设备用图形符号表示规则 第2部分:箭头的形式和使用

［5］ GB/T 16903.1 标志用图形符号表示规则 第1部分:公共信息图形符号的设计原则

［6］ ISO 6309:1987 Fire protection—Safety signs

［7］ ISO 7010:2003 Graphical symbols—Safety colours and safety signs—Safety signs used in workplaces and public areas

ICS 17.200.20
N 11

中华人民共和国国家标准

GB/T 2904—2010
代替 GB/T 2904—1982

镍铬-金铁、铜-金铁低温热电偶丝

Nickel-Chromium/Gold-Iron,Copper/Gold-Iron low temperature thermocouple wires

2010-12-01 发布　　2011-05-01 实施

中华人民共和国国家质量监督检验检疫总局
中国国家标准化管理委员会　发布

前　言

本标准代替 GB/T 2904—1982《镍铬-金铁、铜-金铁低温热电偶丝及分度表》。

本标准与 GB/T 2904—1982 相比的主要差异如下：

——本标准根据 GB/T 1.1—2000 和 GB/T 20000.3—2003 要求对原标准作了编辑、文字上的修改；

——本标准镍铬-金铁热电偶分度表采用 ASTM 1751—2000 中的镍铬-金铁热电偶分度表；

——镍铬-金铁热电偶的使用温度范围由 −270 ℃～0 ℃调整到 −273 ℃～7 ℃。

本标准的附录 A 为资料性附录。

本标准由中国机械工业联合会提出。

本标准由全国仪表功能材料标准化技术委员会(SAC/TC 419)归口。

本标准负责起草单位：重庆仪表材料研究所。

本标准参加起草单位：绍兴春晖自动化仪表有限公司、安徽蓝德集团股份有限公司。

本标准主要起草人：谌立新、刘庆宾、邹华、何伦英、殷成楼。

本标准所代替的标准的历次版本发布情况为：

——GB/T 2904—1982。

镍铬-金铁、铜-金铁低温热电偶丝

1 范围

本标准规定了镍洛-金铁、铜-金铁热电偶丝的产品分类、技术要求、试验方法、检验规则、供应方式、包装及标志。

本标准适用于制造工业镍铬-金铁、铜-金铁热电偶用合金丝(以下简称偶丝)。

2 规范性引用文件

下列文件中的条款通过本标准的引用而成为本标准的条款。凡是注日期的引用文件，其随后所有的修改单(不包括勘误的内容)或修订版均不适用于本标准，然而，鼓励根据本标准达成协议的各方研究是否可使用这些文件的最新版本。凡是不注日期的引用文件，其最新版本适用于本标准。

GB/T 16701 贵金属、廉金属热电偶丝热电动势测量方法

3 产品分类

3.1 产品名称、代号及名义化学成分

产品名称、代号及名义化学成分如表1所示。

表1 产品分类及名义化学成分

产品名称	极性	代号	名义化学成分(质量分数)/%			名义化学成分(原子分数)/%	
			Ni	Cr	Cu	Au	Fe
镍铬合金丝	正极	NiCr	90	10	—	—	—
铜丝	正极	Cu	—	—	100	—	—
金铁合金丝	负极	AuFe	—	—	—	99.93	0.07

3.2 偶丝等级

偶丝按使用要求和热电特性的不同分为Ⅰ级、Ⅱ级，分级技术条件见技术要求。

3.3 推荐使用温度范围

由偶丝构成的热电偶，其分度号与推荐使用温度范围如表2所示。

表2 偶丝推荐使用温度范围

热电偶名称	分度号	使用温度范围/℃
镍铬-金铁	NiCr-AuFe	−273～7
铜-金铁	Cu-AuFe	−270～−196

3.4 标记示例

产品标记按下列格式表示：

金铁热电偶丝 GB/T 2904-AuFe-Ⅰ-0.2

标记中各要素的含义如下：

AuFe——产品代号(NiCr、Cu、AuFe)；

Ⅰ——允差等级；

0.2——产品规格。

3.5 产品有关物理参数参见附录A。

4 技术要求

4.1 表面质量

4.1.1 偶丝表面应颜色均匀,光洁、无油污、无折叠、无裂纹、无毛刺及夹层。允许有不超过直径允差的细小划痕与凹陷及个别暗色斑点。

4.1.2 漆包丝表面应光滑,漆层均匀,漆层内无气泡和杂质,允许有少量分散的颗粒。

4.2 尺寸

偶丝的直径及允许偏差应符合表3的规定。偶丝的圆度不应超过直径的允许偏差。

表3 偶丝直径及允许偏差

单位为毫米

偶丝直径	允许偏差
0.2	−0.02
0.3	−0.02
注:供需双方协商,允许供应其他规格的偶丝。	

4.3 不均匀热电动势

各种规格的偶丝,当参考端温度为0 ℃,测量端温度为表4规定的温度时,整卷(盘)偶丝的不均匀热电动势应不超过表4的规定。

表4 偶丝不均匀热电动势

产品名称	测量端温度/℃	不均匀热电动势/μV	
		Ⅰ级	Ⅱ级
金铁	−196	2	3
镍铬	−196	2	4
铜	−196	1	1

4.4 热电动势

由偶丝构成的热电偶,当参考端温度0 ℃时,温度与热电动势的关系由表5和表6所示。

表5 镍铬-金铁热电偶分度表

温度/℃	0	−1	−2	−3	−4	−5	−6	−7	−8	−9
	热电动势/μV									
−270	−5 279	−5 290	−5 300	−5 308						
−260	−5 130	−5 147	−5 163	−5 179	−5 195	−5 211	−5 226	−5 241	−5 254	−5 267
−250	−4 961	−4 978	−4 995	−5 011	−5 028	−5 045	−5 062	−5 079	−5 096	−5 113
−240	−4 794	−4 811	−4 827	−4 844	−4 860	−4 877	−4 894	−4 910	−4 927	−4 944
−230	−4 630	−4 646	−4 663	−4 679	−4 696	−4 712	−4 728	−4 745	−4 761	−4 778
−220	−4 463	−4 480	−4 497	−4 513	−4 530	−4 547	−4 563	−4 580	−4 596	−4 613
−210	−4 292	−4 310	−4 327	−4 344	−4 361	−4 378	−4 395	−4 412	−4 429	−4 446
−200	−4 117	−4 135	−4 153	−4 170	−4 188	−4 205	−4 223	−4 240	−4 258	−4 275
−190	−3 938	−3 956	−3 974	−3 992	−4 010	−4 028	−4 046	−4 064	−4 082	−4 100
−180	−3 755	−3 773	−3 792	−3 810	−3 829	−3 847	−3 865	−3 884	−3 902	−3 920
−170	−3 568	−3 586	−3 605	−3 624	−3 643	−3 662	−3 680	−3 699	−3 718	−3 736

表 5（续）

温度/℃	0	-1	-2	-3	-4	-5	-6	-7	-8	-9
	热电动势/μV									
-160	-3 377	-3 396	-3 415	-3 434	-3 453	-3 472	-3 492	-3 511	-3 530	-3 549
-150	-3 182	-3 202	-3 221	-3 241	-3 260	-3 280	-3 299	-3 318	-3 338	-3 357
-140	-2 984	-3 004	-3 024	-3 044	-3 064	-3 084	-3 103	-3 123	-3 143	-3 162
-130	-2 784	-2 804	-2 824	-2 844	-2 864	-2 885	-2 905	-2 925	-2 945	-2 964
-120	-2 581	-2 601	-2 622	-2 642	-2 662	-2 683	-2 703	-2 723	-2 744	-2 764
-110	-2 375	-2 396	-2 417	-2 437	-2 458	-2 478	-2 499	-2 520	-2 540	-2 560
-100	-2 168	-2 189	-2 209	-2 230	-2 251	-2 272	-2 293	-2 313	-2 334	-2 355
-90	-1 958	-1 979	-2 000	-2 021	-2 042	-2 063	-2 084	-2 105	-2 126	-2 147
-80	-1 746	-1 767	-1 789	-1 810	-1 831	-1 852	-1 873	-1 895	-1 916	-1 937
-70	-1 533	-1 554	-1 575	-1 597	-1 618	-1 640	-1 661	-1 682	-1 704	-1 725
-60	-1 317	-1 339	-1 361	-1 382	-1 404	-1 425	-1 447	-1 468	-1 490	-1 511
-50	-1 101	-1 122	-1 144	-1 166	-1 188	-1 209	-1 231	-1 253	-1 274	-1 296
-40	-883	-904	-926	-948	-970	-992	-1 014	-1 035	-1 057	-1 079
-30	-663	-685	-707	-729	-751	-773	-795	-817	-839	-861
-20	-443	-465	-487	-510	-532	-554	-576	-598	-620	-642
-10	-222	-244	-267	-289	-311	-333	-355	-377	-399	-421
0	0	-22	-45	-67	-89	-111	-133	-156	-178	-200
温度/℃	0	1	2	3	4	5	6	7	8	9
	热电动势/μV									
0	0	22	45	67	89	111	133	156		

表 6　铜-金铁热电偶分度表

温度/℃	0	-1	-2	-3	-4	-5	-6	-7	-8	-9
	热电动势/μV									
-270	-1 701									
-260	-1 565	-1 580	-1 594	-1 609	-1 623	-1 639	-1 652	-1 666	-1 678	-1 690
-250	-1 423	-1 437	-1 451	-1 464	-1 478	-1 492	-1 507	-1 521	-1 536	-1 550
-240	-1 295	-1 308	-1 320	-1 332	-1 344	-1 357	-1 370	-1 383	-1 396	-1 410
-230	-1 181	-1 193	-1 204	-1 214	-1 226	-1 237	-1 248	-1 260	-1 271	-1 283
-220	-1 078	-1 087	-1 098	-1 108	-1 118	-1 128	-1 138	-1 149	-1 159	-1 170
-210	-982	-993	-1 001	-1 011	-1 019	-1 029	-1 038	-1 048	-1 057	-1 068
-200	-896	-904	-913	-920	-930	-938	-947	-956	-965	-974
-190	-816	-823	-831	-839	-846	-854	-863	-871	-879	-888
-180	-742	-749	-757	-763	-771	-779	-786	-794	-801	-808
-170	-675	-680	-687	-693	-700	-708	-714	-721	-729	-734

表 6（续）

温度/℃	0	−1	−2	−3	−4	−5	−6	−7	−8	−9
	热电动势/μV									
−160	−611	−617	−623	−629	−634	−641	−648	−654	−661	−668
−150	−552	−558	−563	−569	−574	−581	−586	−591	−598	−604
−140	−495	−501	−507	−513	−518	−524	−528	−534	−540	−545
−130	−445	−450	−454	−459	−464	−471	−476	−481	−486	−491
−120	−397	−401	−407	−411	−415	−420	−425	−430	−435	−440
−110	−351	−356	−360	−365	−369	−374	−378	−383	−387	−392
−100	−310	−314	−317	−321	−325	−330	−335	−338	−343	−347
−90	−270	−274	−277	−281	−285	−289	−293	−297	−301	−306
−80	−232	−235	−239	−243	−247	−251	−254	−258	−262	−266
−70	−198	−200	−203	−208	−210	−215	−218	−221	−225	−229
−60	−163	−168	−171	−174	−177	−180	−184	−187	−191	−194
−50	−133	−135	−138	−142	−146	−148	−152	−155	−158	−161
−40	−103	−105	−108	−111	−114	−117	−120	−123	−126	−129
−30	−74	−77	−80	−83	−86	−88	−92	−94	−97	−101
−20	−48	−51	−54	−57	−60	−62	−64	−67	−70	−73
−10	−24	−25	−29	−31	−34	−36	−38	−41	−44	−46
0	0	−2	−5	−7	−9	−12	−14	−17	−19	−21

温度/℃	0	1	2	3	4	5	6	7	8	9
	热电动势/μV									
0	0	2	5	7	9	12	14	17	19	21

4.5 热电动势允差

由偶丝构成的热电偶，当参考端温度为 0 ℃时，主要温度点的热电动势及允差应分别符合表 7、表 8、表 9 的规定。

表 7 镍铬-金铁、铜-金铁使用温度及允差

热电偶名称	使用温度范围/℃	允差/℃	
		Ⅰ级	Ⅱ级
镍铬-金铁	−273～7	±0.5	±1.0
铜-金铁	−270～−196	±0.5	±1.0

表 8 镍铬-金铁、镍铬-铂、铂-金铁热电偶热电动势及允差

名称	测量端温度/℃	标准值/μV	等级	允差/μV	热电动势范围/μV
镍铬-金铁	−196	−4 046	Ⅰ	±9	−4 037～−4 055
			Ⅱ	±18	−4 028～−4 064
	−269	−5 267	Ⅰ	±7	−5 260～−5 274
			Ⅱ	±13	−5 254～−5 280

表 8（续）

名称	测量端温度/℃	标准值/μV	等　级	允差/μV	热电动势范围/μV
镍铬-铂	−196	−3 395	Ⅰ	±4	−3 391～−3 399
			Ⅱ	±8	−3 387～−3 403
	−269	−3 557	Ⅰ	±4	−3 553～−3 561
			Ⅱ	±8	−3 549～−3 565
铂-金铁	−196	−651	Ⅰ	±5	−646～−656
			Ⅱ	±10	−641～−661
	−269	−1 710	Ⅰ	±3	−1 707～−1 713
			Ⅱ	±5	−1 705～−1 715

表 9　铜-金铁、铜-铂、铂-金铁热电偶热电动势及允差

名称	测量端温度/℃	标准值/μV	等　级	允差/μV	热电动势范围/μV
铜-金铁	−196	−863	Ⅰ	±4	−859～−867
			Ⅱ	±8	−855～−871
	−269	−1 690	Ⅰ	±6	−1 684～−1 696
			Ⅱ	±12	−1 678～−1 702
铜-铂	−196	−212	Ⅰ	±2	−210～−214
			Ⅱ	±4	−208～−216
	−269	20	Ⅰ	±2	18～22
			Ⅱ	±5	15～25
铂-金铁	−196	−651	Ⅰ	±2	−649～−653
			Ⅱ	±4	−647～−655
	−269	−1 710	Ⅰ	±4	−1 706～−1 714
			Ⅱ	±7	−1 703～−1 717

4.6　稳定性

由偶丝构成的热电偶，用热冲击法，在液氦点测量的热电动势值前后变化不得超过 1 μV。

4.7　漆包丝击穿电压

漆包丝的击穿电压值，应不小于 900 V。

5　试验方法

5.1　表面质量

表面质量用目力观察。

5.2　尺寸

偶丝的直径和圆度用最小分度值不低于 0.01 mm 的千分尺在偶丝的同一截面两个垂直的方向上进行测量，每卷(盘)偶丝至少应测量三个不同部位。

5.3　不均匀热电动势

分别在同一卷(盘)偶丝的两端截取试样，将所取试样的一端与直径为 0.5 mm 的铂丝(铂丝的 $R_{100}/R_0 \geq 1.392\ 0$)焊接在一起作为测量端，插入低温槽中，插入深度不应小于 200 mm，另一端作为参考端置于 0 ℃。在参考端温度为 0 ℃，测量端温度为 −196 ℃时，测量其对铂热电动势。同一卷(盘)偶

丝试样间的对铂热电动势最大差值为不均匀热电动势值。

5.4 热电动势

热电动势按 GB/T 16701 规定的方法进行。将热电偶的试样测量端与低温温度计的感温元件中部处于同一水平位置，其插入深度 200 mm，当参考端温度为 0 ℃时，在 −196 ℃、−269 ℃用比较法在低温槽中进行测量。测量时槽内温度应控制在检测点的 ±1 ℃以内，整个测量过程中槽内温度变化不得大于 0.01 ℃。

5.5 稳定性

将正负极偶丝焊成热电偶，将测量端温度在液氦（−269 ℃）到室温热循环五次，分别测量参考端温度为 0 ℃，测量端温度为 −269 ℃时的热电动势值。

5.6 漆包丝击穿电压

漆包丝击穿电压测定，在电压试验仪上进行。试验电压近似正弦波形，频率为 50 Hz 的交流电压。

取长约 500 mm 的试样三个对折后，在 200 mm 长度上扭绞 32 圈，将中部的弯曲端环剪断并分开，在试样的另一端加试验电压，电压从零开始平稳地上升到击穿为止，读取击穿的电压值，升压速度 200 V/s。

6 检验规则

6.1 检验分类

产品检验分为出厂检验和型式检验。

6.1.1 出厂检验

偶丝应经过制造厂质量检验部门进行出厂检验合格并附有产品质量合格证，方可出厂。

出厂检验项目：

a) 表面质量；

b) 尺寸；

c) 不均匀热电动势；

d) 热电动势。

6.1.2 型式检验

按本产品标准规定的全部试验项目进行。有下列情况之一时，一般应进行型式检验：

a) 新产品或老产品转厂生产的试制定型鉴定；

b) 正常生产后，如原材料、工艺有较大改变时；

c) 正常生产时，每年应不少于一次检验；

d) 产品长期停产后，恢复生产时；

e) 出厂检验结果与上次型式检验有较大差异时；

f) 国家质量监督机构提出进行型式检验的要求时。

6.2 抽样规则

6.2.1 出厂检验应从生产的每卷（盘）偶丝的头尾两端各取 1.1 m 进行检验，其中表面质量[6.1.1a)]和尺寸[6.1.1b)]两项应对整卷（盘）偶丝进行检验。

6.2.2 型式检验应从生产厂的成品库中任意抽取正、负极各不少于 3 卷（盘）的偶丝，在头部取约 5.5 m、尾部取约 1.1 m 进行检验。其中表面质量和尺寸应对整卷（盘）产品进行检验。

6.3 判定规则

6.3.1 出厂检验时，只要有一项不合格，则判定该卷（盘）产品为不合格产品。

6.3.2 型式检验时，只要有一项不合格，则应加倍抽样进行全部复验。若仍有一项不合格，则判定型式检验不合格。

7 供应方式、包装及标志

7.1 供应方式

7.1.1 偶丝应经退火供应。

7.1.2 每卷(盘)偶丝应由一根丝绕成,中间不得有接头、扭曲及结节。

7.1.3 每卷(盘)偶丝重量应不小于 20 g。

7.2 包装

偶丝的正负极应分别卷绕在线盘上,丝头应固定稳妥,并用防潮材料包装牢固。

7.3 标志

7.3.1 每卷(盘)偶丝的标志应包括下列内容:

a) 制造厂名称或商标;

b) 产品名称、标记;

c) 产品编号;

d) 尺寸规格;

e) 每卷(盘)偶丝的毛质量和净质量;

f) 出厂日期。

7.3.2 每卷(盘)偶丝的产品合格证书上应标明:

a) 制造厂名或商标;

b) 产品名称;

c) 产品编号;

d) 尺寸规格或标记;

e) 本产品符合 GB/T 2904—2010;

f) 每卷(盘)偶丝的毛质量和净质量;

g) 出厂日期。

附 录 A
（资料性附录）
偶丝的力学性能和每米质量

A.1 偶丝的力学性能见表A.1。

表 A.1 偶丝力学性能

材料	检测项目		
	屈服强度/(N/mm²)	抗拉强度/(N/mm²)	延伸率(标距100)/%
金铁	≥84	≥141	≥16
镍铬	≥198	≥484	≥29
铜	≥196	≥50	≥30

A.2 每米质量见表A.2。

表 A.2 偶丝每米质量

材料	线径/mm	每米质量/(g/m)
镍铬	0.2	0.276
	0.3	0.620
铜	0.2	0.273
	0.3	0.612
金铁	0.2	0.613
	0.3	1.377

ICS 21.060.10
J 13

中华人民共和国国家标准

GB/T 3098.1—2010
代替 GB/T 3098.1—2000

紧固件机械性能 螺栓、螺钉和螺柱

Mechanical properties of fasteners—Bolts, screws and studs

(ISO 898-1:2009, Mechanical properties of fasteners made of carbon steel and alloy steel—Part 1: Bolts, screws and studs with specified property classes—Coarse thread and fine pitch thread, MOD)

2011-01-10 发布　　2011-10-01 实施

中华人民共和国国家质量监督检验检疫总局
中国国家标准化管理委员会　发布

前　言

GB/T 3098 的本部分(以下简称本部分)是国家标准"紧固件机械性能"系列标准之一。该系列包括:

——GB/T 3098.1—2010　紧固件机械性能　螺栓、螺钉和螺柱;

——GB/T 3098.2—2000　紧固件机械性能　螺母　粗牙螺纹;

——GB/T 3098.3—2000　紧固件机械性能　紧定螺钉;

——GB/T 3098.4—2000　紧固件机械性能　螺母　细牙螺纹;

——GB/T 3098.5—2000　紧固件机械性能　自攻螺钉;

——GB/T 3098.6—2000　紧固件机械性能　不锈钢螺栓、螺钉和螺柱;

——GB/T 3098.7—2000　紧固件机械性能　自挤螺钉;

——GB/T 3098.8—2010　紧固件机械性能　－200 ℃～＋700 ℃使用的螺栓连接;

——GB/T 3098.9—2010　紧固件机械性能　有效力矩型钢锁紧螺母;

——GB/T 3098.10—1993　紧固件机械性能　有色金属制造的螺栓、螺钉、螺柱和螺母;

——GB/T 3098.11—2002　紧固件机械性能　自钻自攻螺钉;

——GB/T 3098.12—1996　紧固件机械性能　螺母锥形保证载荷试验;

——GB/T 3098.13—1996　紧固件机械性能　螺栓与螺钉的扭矩试验和破坏扭矩　公称直径 1～10 mm;

——GB/T 3098.14—2000　紧固件机械性能　螺母扩孔试验;

——GB/T 3098.15—2000　紧固件机械性能　不锈钢螺母;

——GB/T 3098.16—2000　紧固件机械性能　不锈钢紧定螺钉;

——GB/T 3098.17—1996　紧固件机械性能　检查氢脆用预载荷试验　平行支承面法;

——GB/T 3098.18—2004　紧固件机械性能　盲铆钉试验方法;

——GB/T 3098.19—2004　紧固件机械性能　抽芯铆钉;

——GB/T 3098.20—2004　紧固件机械性能　蝶形螺母　保证扭矩;

——GB/T 3098.21—2008　紧固件机械性能　不锈钢自攻螺钉;

——GB/T 3098.22—2009　紧固件机械性能　细晶非调质钢螺栓、螺钉和螺柱。

本部分是 GB/T 3098 的第 1 部分。

本部分修改采用 ISO 898-1:2009《碳钢和合金钢制造的紧固件机械性能　第 1 部分:规定性能等级的螺栓、螺钉和螺柱　粗牙螺纹和细牙螺纹》(英文版),主要修改如下:

——修改了标准名称;

——在引用文件中,用我国标准代替国际标准(第 2 章);

——ISO 898-1 对"降低承载能力的紧固件"性能等级的标记不符合第 5 章的规定,本部分予以改正(见表 10、表 11 及表 22);

——ISO 898-1 规定 $d_s > d_2$ 的紧固件断裂应发生在未旋合螺纹的长度内,本部分改为:"断裂应发生在未旋合螺纹的长度内或无螺纹杆部"(见 8.2.1、9.1.6.1.2 及 9.2.6.2);

——ISO 898-1 未规定冲击试验时使用的摆锤刀刃半径,本部分规定:"用 2 mm 的摆锤刀刃半径"(见 9.14.5)。

本部分代替 GB/T 3098.1—2000《紧固件机械性能　螺栓、螺钉和螺柱》。

本部分与 GB/T 3098.1—2000 相比主要变化如下:

——新增术语与定义(第3章);
——全面更新了机械与物理性能用代号与术语(第4章～第9章);
——新增降低承载能力的紧固件的性能等级的标记、标志、基本类型及适用的试验方法(第5章、10.4、8.2.2、8.6.1及8.6.2);
——制造紧固件用材料中:对4.6级～6.8级规定“碳钢或添加元素的碳钢”;对8.8级～12.9级增加“添加元素的碳钢”,并代替旧标准规定的“低碳合金钢”(见表2);
——第6章有关紧固件用材料的注:“某些化学元素受一些国家的法规限制或禁止使用,当涉及有关国家或地区时应当注意。”;
——第6章增加:“GB/T 5267.3对紧固件材料的要求,适用于热浸镀锌紧固件”;
——取消了3.6级、10.9级,新增12.9级,修改12.9级(第6章、第7章);
——对4.6级～6.8级未规定硼的最大含量;
——对8.8级～12.9级的磷(P)和硫(S)的最大含量规定为0.025%;
——新增对使用12.9/12.9级时应谨慎从事等要求(表2角注i);
——修改吸收能量指标及冲击试验方法(表3及9.14);
——取消了旧标准的表4和表5,而规定了两个试验系列(组)(第8章);
——新增制造者、供方及需方可以选择自己的方法控制产品质量的规定(见8.3、8.4及8.5);
——新增对试验机的要求(见9.2.3等);
——新增拉力试验装置示例(见图2);
——新增楔负载试验及拉力试验用内螺纹夹具的螺纹(见表14);
——新增用实物拉力试验测定断后伸长率(A_f)及0.004 8d非比例延伸应力(R_{pf})等指标及试验方法(见第9章、附录C);
——取消了旧标准的附录A《高温下的屈服点或规定的非比例伸长应力》;
——新增资料性附录《抗拉强度与断后伸长率的关系》及《高温对紧固件机械性能的影响》(见附录A、附录B)。

本部分的附录A～附录C为资料性附录。

本部分由中国机械工业联合会提出。

本部分由全国紧固件标准化技术委员会(SAC/TC 85)归口。

本部分负责起草单位:中机生产力促进中心。

本部分参加起草单位:机械工业通用零部件产品质量监督检测中心、上海申光高强度螺栓有限公司、上海金马高强紧固件有限公司、河北信德电力配件有限公司、宁波九龙紧固件制造有限公司、宁波东港紧固件制造有限公司、晋亿实业股份有限公司、国家标准件产品质量监督检验中心、瑞安市瑞强标准件有限公司、山东高强紧固件有限公司、马鞍山钢铁股份有限公司、东风汽车紧固件有限公司、富奥汽车零部件有限公司标准件分公司、上海标五高强度紧固件有限公司、宁波中机机械零部件检测有限公司。

本部分由全国紧固件标准化技术委员会秘书处负责解释。

本部分所代替标准的历次版本发布情况为:

——GB 3098.1—1982、GB/T 3098.1—2000。

紧固件机械性能
螺栓、螺钉和螺柱

1 范围

GB/T 3098 的本部分规定了由碳钢或合金钢制造的、在环境温度为 10 ℃～35 ℃条件下进行测试时，螺栓、螺钉和螺柱的机械和物理性能。在该环境温度范围内，符合本部分技术要求的紧固件(含螺栓、螺钉和螺柱，下同)在较高(见附录 B)和/或较低温度下，也可能达不到规定的机械和物理性能。

注 1：按本部分生产的紧固件适用的使用温度为－50 ℃～＋150 ℃。当使用温度超过－50 ℃～＋150 ℃，甚至高达＋300 ℃时，使用者应向有关方面咨询。

注 2：对低温和高温用钢的选择与应用，可参考 EN 10269[1]、ASTM F2281[3] 和 ASTM A 320/A 320M[4]。

某些紧固件因头部几何尺寸造成头部剪切面积较小，可能达不到本部分的抗拉或扭矩要求。这些紧固件如，头部高度低的、带或不带外扳拧部分的、带内扳拧部分的扁圆头或低圆柱头或沉头紧固件(见 8.2)。

本部分适用的紧固件：

a) 由碳钢或合金钢制造的；

b) 符合 GB/T 192 规定的普通螺纹；

c) 粗牙螺纹 M1.6～M39；细牙螺纹 M8×1～M39×3；

d) 符合 GB/T 193 规定的直径与螺距组合；

e) 符合 GB/T 197、GB/T 9145 和 GB/T 22029 规定的公差。

本部分不适用于紧定螺钉及类似的不受拉力的螺纹紧固件(见 GB/T 3098.3)。

本部分未规定以下性能要求：

——可焊接性；

——耐腐蚀性；

——耐剪切应力；

——扭矩-夹紧力性能；

——耐疲劳性。

2 规范性引用文件

下列文件对于本文件的应用是必不可少的。凡是注日期的引用文件，仅注日期的版本适用于本文件。凡是不注日期的引用文件，其最新版本(包括所有的修改单)适用于本文件。

GB/T 90.3　紧固件　质量保证体系(GB/T 90.3—2010，ISO 16426:2002，IDT)

GB/T 192　普通螺纹　基本牙型(ISO 68-1:1998，ISO general purpose screw threads—Basic profile—Part 1:Metric screw threads，MOD)

GB/T 193　普通螺纹　直径与螺距系列(ISO 261:1998，ISO general purpose metric screw threads—General plan，MOD)

GB/T 196　普通螺纹　基本尺寸(ISO 724:1993，ISO general purpose metric screw threads—Basic dimensions，MOD)

GB/T 197　普通螺纹　公差(ISO 965-1:1998，ISO general purpose metric screw threads—Tolerances—Part 1:Principles and basic data,MOD)

GB/T 228.1 金属材料 拉伸试验 第1部分:室温试验方法(GB/T 228.1—2010,ISO 6892-1:2009,MOD)

GB/T 229 金属材料 夏比摆锤冲击试验方法(GB/T 229—2007,ISO 148-1:2006,MOD)

GB/T 230.1 金属材料 洛氏硬度试验 第1部分:试验方法(A、B、C、D、E、F、G、H、K、N、T标尺)(GB/T 230.1—2009,ISO 6508-1:2005,MOD)

GB/T 231.1 金属材料 布氏硬度试验 第1部分:试验方法(GB/T 231.1—2009,ISO 6506-1:2005,MOD)

GB/T 3098.2 紧固件机械性能 螺母 粗牙螺纹(GB/T 3098.2—2000,idt ISO 898-2:1992)

GB/T 3098.3 紧固件机械性能 紧定螺钉(GB/T 3098.3—2000,idt ISO 898-5:1998)

GB/T 3098.13 紧固件机械性能 螺栓与螺钉的扭矩试验和破坏扭矩公称直径1～10 mm(GB/T 3098.13—1996,idt ISO 898-7:1992)

GB/T 4340.1 金属材料 维氏硬度试验 第1部分:试验方法(GB/T 4340.1—2009,ISO 6507-1:2005,MOD)

GB/T 5267.1 紧固件 电镀层(GB/T 5267.1—2002,ISO 4042:1999,IDT)

GB/T 5267.2 紧固件 非电解锌片涂层(GB/T 5267.2—2002,ISO 10683:2000,IDT)

GB/T 5267.3 紧固件 热浸镀锌层(GB/T 5267.3—2008,ISO 10684:2004,IDT)

GB/T 5276 紧固件 螺栓、螺钉、螺柱及螺母尺寸代号和标注(GB/T 5276—1985,eqv ISO 225:1983)

GB/T 5277 紧固件 螺栓和螺钉通孔(GB/T 5277—1985,eqv ISO 273:1979)

GB/T 5779.1 紧固件表面缺陷 螺栓、螺钉和螺柱 一般要求(GB/T 5779.1—2000,idt ISO 6157-1:1988)

GB/T 5779.3 紧固件表面缺陷 螺栓、螺钉和螺柱 特殊要求(GB/T 5779.3—2000,idt ISO 6157-3:1988)

GB/T 9144 普通螺纹 优选系列(GB/T 9144—2003,ISO 262:1998,ISO general purpose metric screw threads—Selected sizes for screws,bolts and nuts,MOD)

GB/T 9145 普通螺纹 中等精度、优选系列的极限尺寸(GB/T 9145—2003,ISO 965-2:1998,ISO general purpose metric screw threads—Tolerances—Part 2:Limits of sizes for general purpose external and internal screw threads—Medium quality,MOD)

GB/T 16825.1—2002 静力单轴试验机的检验 第1部分:拉力和(或)压力试验机测力系统的检验与校准(ISO 7500-1:2004,IDT)

GB/T 22029 热浸镀锌螺纹 在外螺纹上容纳镀锌层(GB/T 22029—2008,ISO 965-4:1998,ISO general purpose metric screw threads—Tolerances—Part 4:Limits of sizes for hot-dip galvanized external screw threads to mate with internal screw threads tapped with tolerance position H or G after galvanizing,MOD)

ISO 4885:1996 铁制品 热处理 词汇表(Ferrous products—Hert treatments—Vocabulary)

3 术语与定义

下列术语和定义适用于本部分。

3.1

紧固件成品 finished fastener

已完成所有加工工序的,且未加工成机械加工试件的紧固件,它可以有或无表面处理,也可以具有全承载能力或降低承载能力。

3.2

机械加工试件　machined test piece

为评定材料性能由紧固件成品机械加工的试件。

3.3

紧固件实物　full-size fastener

杆径为 $d_s \approx d$ 或 $d_s > d$，或全螺纹螺钉（螺栓），或全螺纹螺柱（螺杆）的紧固件成品。

3.4

腰状杆紧固件　fastener with waisted shank

杆径 $d_s < d_2$ 的紧固件成品。

3.5

基体金属硬度　base metal hardness

恰好在显示增碳或脱碳造成的硬度增加或减少之前最接近表面的硬度（测试时，沿芯部向外径横切）。

3.6

脱碳　decarburization

通常指黑色金属材料（钢）表面碳的损耗（见 ISO 4885:1996）。

3.7

不完全脱碳　partial decarburization

由于碳的损耗已使回火后金相组织轻度变色，且硬度明显地比相邻基体硬度低的脱碳。

3.8

全脱碳　complete decarburization

由于碳全部损耗，在金相检查中只能看到铁素体组织的脱碳。

3.9

增碳　carburization

使基体金属表面增加碳含量的结果。

4　代号与术语

GB/T 5276、GB/T 197 和以下给出的代号与术语都适用于本部分。

A　机械加工试件的断后伸长率，%

A_f　紧固件实物的断后伸长率

$A_{s,nom}$　螺纹公称应力截面积，mm^2

A_{ds}　腰状杆横截面积，mm^2

b　螺纹长度，mm

b_m　螺柱（拧入金属端）螺纹长度，mm

d　螺纹公称直径，mm

d_0　机械加工试件的直径，mm

d_1　外螺纹基本小径，mm

d_2　外螺纹基本中径，mm

d_3　外螺纹小径，mm

d_a　过渡圆直径（支承面的内径），mm

d_h　楔垫或垫片的孔径，mm

d_s　无螺纹杆径，mm

E　螺纹未脱碳的高度，mm

F_m　极限拉力载荷，N

$F_{m,min}$　最小拉力载荷，N

F_P　保证载荷，N

F_{Pf}　紧固件实物的 0.004 8d 规定非比例伸长载荷，N

G　螺纹全脱碳层的深度，mm

H　螺纹原始三角形高度，mm

H_1　最大实体条件下外螺纹的牙形高度，mm

k　头部高度，mm

K_V　V 型缺口试样的冲击吸收能量，J

l　公称长度，mm

l_0　施加载荷前紧固件的总长度，mm

l_1　卸除第一次载荷后紧固件的总长度，mm

l_2　卸除第二次载荷后紧固件的总长度，mm

l_s　无螺纹杆部长度，mm

l_t　螺柱的总长度，mm

l_{th}　试验夹具中紧固件未旋合螺纹的长度(或未旋合螺纹的长度)，mm

L_c　机械加工试件直线段的长度，mm

L_0　机械加工试件的初始测量长度，mm

L_t　机械加工试件的总长度，mm

L_u　机械加工试件的最终测量长度，mm

ΔL_P　塑性变形量，mm

M_B　破坏扭矩，Nm

P　螺距，mm

r　圆角半径，mm

R_{eL}　机械加工试件的下屈服强度，MPa

R_m　抗拉强度，MPa

$R_{P0.2}$　机械加工试件的规定非比例延伸 0.2%的应力，MPa

R_{Pf}　紧固件实物的规定非比例延伸 0.004 8d 的应力，MPa

s　对边宽度，mm

S_0　拉力试验前机械加工试件的横截面积，mm^2

S_P　保证应力，MPa

S_u　机械加工试件的断后横截面积，mm^2

Z　机械加工试件的断面收缩率，%

α　楔负载拉力试验用楔垫角度，°

β　头部坚固性试验用试验模的角度，°

5　性能等级的标记制度

螺栓、螺钉和螺柱性能等级的代号，由点隔开的两部分数字组成(见表 1～表 3)：

——点左边的一或二位数字表示公称抗拉强度($R_{m,公称}$)的 1/100，以 MPa 计(见表 3，No.1)；

——点右边的数字表示公称屈服强度(下屈服强度)($R_{eL,公称}$)或规定非比例延伸 0.2%的公称应力($R_{P0.2,公称}$)或规定非比例延伸 0.004 8d 的公称应力($R_{Pf,公称}$)(见表 3，No.2～No.4)与公称抗拉强度($R_{m,公称}$)比值的 10 倍(见表 1)。

表 1 屈强比

点右边的数字	.6	.8	.9
$\dfrac{R_{eL,公称}}{R_{m,公称}}$ 或 $\dfrac{R_{P0.2,公称}}{R_{m,公称}}$ 或 $\dfrac{R_{Pf,公称}}{R_{m,公称}}$	0.6	0.8	0.9

示例：紧固件的公称抗拉强度 $R_{m,公称}=800$ MPa 和屈强比为 0.8，其性能等级标记为“8.8”。

若材料性能与 8.8 级相同，但其实际承载能力又低于 8.8 级的紧固件(降低承载能力的)产品，其性能等级应标记为“08.8”(见 10.4)。

公称抗拉强度和屈强比的乘积为公称屈服强度，以 MPa 计。附录 A 给出了表示各性能等级公称抗拉强度与断后伸长率关系的资料。

紧固件性能等级的标志和标签，应按 10.3 的规定，对降低承载能力的则应按 10.4 的规定。

如能符合表 2 及表 3 的规定，则本部分规定的性能等级标记制度也可用于超出标准范围(d>39 mm)的规格。

6 材料

表 2 规定了紧固件各性能等级用钢的化学成分极限和最低回火温度。该化学成分应按相关的国家标准的规定。

注：某些化学元素受一些国家的法规限制或禁止使用，当涉及有关国家或地区时应当注意。

GB/T 5267.3 的第 4 章对紧固件材料的要求，适用于热浸镀锌紧固件。

表 2 材料

<table>
<tr><th rowspan="3">性能等级</th><th rowspan="3">材料和热处理</th><th colspan="5">化学成分极限(熔炼分析%)[a]</th><th rowspan="2">回火温度
℃</th></tr>
<tr><th colspan="2">C</th><th>P</th><th>S</th><th>B[b]</th></tr>
<tr><th>min</th><th>max</th><th>max</th><th>max</th><th>max</th><th>min</th></tr>
<tr><td>4.6[c,d]</td><td rowspan="5">碳钢或添加元素的碳钢</td><td rowspan="2">—</td><td rowspan="2">0.55</td><td rowspan="2">0.050</td><td rowspan="2">0.060</td><td rowspan="5">未规定</td><td rowspan="5">—</td></tr>
<tr><td>4.8[d]</td></tr>
<tr><td>5.6[c]</td><td>0.13</td><td>0.55</td><td>0.050</td><td>0.060</td></tr>
<tr><td>5.8[d]</td><td>—</td><td>0.55</td><td>0.050</td><td>0.060</td></tr>
<tr><td>6.8[d]</td><td>0.15</td><td>0.55</td><td>0.050</td><td>0.060</td></tr>
<tr><td rowspan="3">8.8[f]</td><td>添加元素的碳钢(如硼或锰或铬)淬火并回火 或</td><td>0.15[e]</td><td>0.40</td><td>0.025</td><td>0.025</td><td rowspan="3">0.003</td><td rowspan="3">425</td></tr>
<tr><td>碳钢淬火并回火 或</td><td>0.25</td><td>0.55</td><td>0.025</td><td>0.025</td></tr>
<tr><td>合金钢淬火并回火[g]</td><td>0.20</td><td>0.55</td><td>0.025</td><td>0.025</td></tr>
<tr><td rowspan="3">9.8[f]</td><td>添加元素的碳钢(如硼或锰或铬)淬火并回火 或</td><td>0.15[e]</td><td>0.40</td><td>0.025</td><td>0.025</td><td rowspan="3">0.003</td><td rowspan="3">425</td></tr>
<tr><td>碳钢淬火并回火 或</td><td>0.25</td><td>0.55</td><td>0.025</td><td>0.025</td></tr>
<tr><td>合金钢淬火并回火[g]</td><td>0.20</td><td>0.55</td><td>0.025</td><td>0.025</td></tr>
<tr><td rowspan="3">10.9[f]</td><td>添加元素的碳钢(如硼或锰或铬)淬火并回火 或</td><td>0.20[e]</td><td>0.55</td><td>0.025</td><td>0.025</td><td rowspan="3">0.003</td><td rowspan="3">425</td></tr>
<tr><td>碳钢淬火并回火 或</td><td>0.25</td><td>0.55</td><td>0.025</td><td>0.025</td></tr>
<tr><td>合金钢淬火并回火[g]</td><td>0.20</td><td>0.55</td><td>0.025</td><td>0.025</td></tr>
</table>

表 2（续）

性能等级	材料和热处理	化学成分极限(熔炼分析%)[a]					回火温度 ℃ min
		C		P	S	B[b]	
		min	max	max	max	max	
12.9[f,h,i]	合金钢淬火并回火[g]	0.30	0.50	0.025	0.025	0.003	425
$\underline{12.9}$[f,h,i]	添加元素的碳钢(如硼或锰或铬或钼)淬火并回火	0.28	0.50	0.025	0.025	0.003	380

a 有争议时，实施成品分析。
b 硼的含量可达 0.005%，非有效硼由添加钛和/或铝控制。
c 对 4.6 和 5.6 级冷镦紧固件，为保证达到要求的塑性和韧性，可能需要对其冷镦用线材或冷镦紧固件产品进行热处理。
d 这些性能等级允许采用易切钢制造，其硫、磷和铅的最大含量为：硫 0.34%；磷 0.11%；铅 0.35%。
e 对含碳量低于 0.25% 的添加硼的碳钢，其锰的最低含量分别为：8.8 级为 0.6%；9.8 级和 10.9 级为 0.7%。
f 对这些性能等级用的材料，应有足够的淬透性，以确保紧固件螺纹截面的芯部在"淬硬"状态、回火前获得约 90% 的马氏体组织。
g 这些合金钢至少应含有下列的一种元素，其最小含量分别为：铬 0.30%；镍 0.30%；钼 0.20%；钒 0.10%。当含有二、三或四种复合的合金成分时，合金元素的含量不能少于单个合金元素含量总和的 70%。
h 对 12.9/$\underline{12.9}$ 级表面不允许有金相能测出的白色磷化物聚集层。去除磷化物聚集层应在热处理前进行。
i 当考虑使用 12.9/$\underline{12.9}$ 级，应谨慎从事。紧固件制造者的能力、服役条件和扳拧方法都应仔细考虑。除表面处理外，使用环境也可能造成紧固件的应力腐蚀开裂。

7 机械和物理性能

规定性能等级的紧固件，在环境温度[1)]下，应符合表 3～表 7 规定的机械和物理性能。

第 8 章为检验紧固件是否符合表 3～表 7 的规定，提供了可适用的试验方法。

注 1：即使紧固件的材料性能符合表 2 和表 3 的规定，但由于尺寸原因，某些型式的紧固件也会降低承载能力(见 8.2、9.4 和 9.5)。

注 2：虽然，本部分规定了高级别的性能等级，但这并不意味着所有等级均适用于所有紧固件。产品标准中规定的性能等级，可供非标准紧固件参考。

表 3 螺栓、螺钉和螺柱的机械和物理性能

No.	机械或物理性能		性能等级									
			4.6	4.8	5.6	5.8	6.8	8.8		9.8	10.9	12.9/$\underline{12.9}$
								$d \leqslant$ 16 mm[a]	$d>$ 16 mm[b]	$d \leqslant$ 16 mm		
1	抗拉强度 R_m/MPa	公称[c]	400		500		600	800		900	1 000	1 200
		min	400	420	500	520	600	800	830	900	1 040	1 220
2	下屈服强度 R_{eL}[d]/MPa	公称[c]	240	—	300	—	—	—	—	—	—	—
		min	240	—	300	—	—	—	—	—	—	—
3	规定非比例延伸 0.2% 的应力 $R_{P0.2}$/MPa	公称[c]	—	—	—	—	—	640	640	720	900	1 080
		min	—	—	—	—	—	640	660	720	940	1 100
4	紧固件实物的规定非比例延伸 0.004 8d 的应力 R_{Pf}/MPa	公称[c]	—	320	—	400	480	—	—	—	—	—
		min	—	340[e]	—	420[e]	480[e]	—	—	—	—	—

1） 吸收能量试验应在 −20 ℃下进行(见 9.14)。

表 3（续）

No.	机械或物理性能		性能等级 4.6	4.8	5.6	5.8	6.8	8.8 $d\leqslant$16 mm[a]	8.8 $d>$16 mm[b]	9.8 $d\leqslant$16 mm	10.9	12.9/<u>12.9</u>
5	保证应力 S_P[f]/MPa	公称	225	310	280	380	440	580	600	650	830	970
	保证应力比	$S_{P,公称}/R_{eL,min}$ 或 $S_{P,公称}/R_{P0.2,min}$ 或 $S_{P,公称}/R_{Pf,min}$	0.94	0.91	0.93	0.90	0.92	0.91	0.91	0.90	0.88	0.88
6	机械加工试件的断后伸长率 A/%	min	22	—	20	—	—	12	12	10	9	8
7	机械加工试件的断面收缩率 Z/%	min	—					52		48	48	44
8	紧固件实物的断后伸长率 A_f（见附录 C）	min	—	0.24	—	0.22	0.20	—	—	—	—	—
9	头部坚固性		不得断裂或出现裂缝									
10	维氏硬度/HV，$F\geqslant$98 N	min	120	130	155	160	190	250	255	290	320	385
		max	220[g]				250	320	335	360	380	435
11	布氏硬度/HBW，$F=30D^2$	min	114	124	147	152	181	245	250	286	316	380
		max	209[g]				238	316	331	355	375	429
12	洛氏硬度/HRB	min	67	71	79	82	89	—				
		max	95.0[g]				99.5	—				
	洛氏硬度/HRC	min	—					22	23	28	32	39
		max	—					32	34	37	39	44
13	表面硬度/HV0.3	max	—					h			h,i	h,j
14	螺纹未脱碳层的高度 E/mm	min	—					$1/2H_1$			$2/3H_1$	$3/4H_1$
	螺纹全脱碳层的深度 G/mm	max	—					0.015				
15	再回火后硬度的降低值/HV	max	—					20				
16	破坏扭矩 M_B/Nm	min	—					按 GB/T 3098.13 的规定				
17	吸收能量 $K_V^{k,l}$/J	min	—		27	—		27	27	27	27	m
18	表面缺陷		GB/T 5779.1[n]									GB/T 5779.3

[a] 数值不适用于栓接结构。
[b] 对栓接结构 $d\geqslant$M12。
[c] 规定公称值，仅为性能等级标记制度的需要，见第 5 章。
[d] 在不能测定下屈服强度 R_{eL} 的情况下，允许测量规定非比例延伸 0.2%的应力 $R_{P0.2}$。
[e] 对性能等级 4.8、5.8 和 6.8 的 $R_{Pf,min}$ 数值尚在调查研究中。表中数值是按保证载荷比计算给出的，而不是实测值。
[f] 表 5 和表 7 规定了保证载荷值。
[g] 在紧固件的末端测定硬度时，应分别为：250 HV、238 HB 或 HRB_{max} 99.5。
[h] 当采用 HV0.3 测定表面硬度及芯部硬度时，紧固件的表面硬度不应比芯部硬度高出 30 HV 单位。
[i] 表面硬度不应超出 390 HV。
[j] 表面硬度不应超出 435 HV。
[k] 试验温度在 −20 ℃下测定，见 9.14。
[l] 适用于 $d\geqslant$16 mm。
[m] K_v 数值尚在调查研究中。
[n] 由供需双方协议，可用 GB/T 5779.3 代替 GB/T 5779.1。

表 4 最小拉力载荷(粗牙螺纹)

螺纹规格(*d*)	螺纹公称应力截面积 $A_{s,公称}$[a]/mm^2	性能等级								
		4.6	4.8	5.6	5.8	6.8	8.8	9.8	10.9	12.9/12.9
		最小拉力载荷 $F_{m,min}$($A_{s,公称}\times R_{m,min}$)/N								
M3	5.03	2 010	2 110	2 510	2 620	3 020	4 020	4 530	5 230	6 140
M3.5	6.78	2 710	2 850	3 390	3 530	4 070	5 420	6 100	7 050	8 270
M4	8.78	3 510	3 690	4 390	4 570	5 270	7 020	7 900	9 130	10 700
M5	14.2	5 680	5 960	7 100	7 380	8 520	11 350	12 800	14 800	17 300
M6	20.1	8 040	8 440	10 000	10 400	12 100	16 100	18 100	20 900	24 500
M7	28.9	11 600	12 100	14 400	15 000	17 300	23 100	26 000	30 100	35 300
M8	36.6	14 600[b]	15 400	18 300[b]	19 000	22 000	29 200[b]	32 900	38 100[b]	44 600
M10	58	23 200[b]	24 400	29 000[b]	30 200	34 800	46 400[b]	52 200	60 300[b]	70 800
M12	84.3	33 700	35 400	42 200	43 800	50 600	67 400[c]	75 900	87 700	103 000
M14	115	46 000	48 300	57 500	59 800	69 000	92 000[c]	104 000	120 000	140 000
M16	157	62 800	65 900	78 500	81 600	94 000	125 000[c]	141 000	163 000	192 000
M18	192	76 800	80 600	96 000	99 800	115 000	159 000	—	200 000	234 000
M20	245	98 000	103 000	122 000	127 000	147 000	203 000	—	255 000	299 000
M22	303	121 000	127 000	152 000	158 000	182 000	252 000	—	315 000	370 000
M24	353	141 000	148 000	176 000	184 000	212 000	293 000	—	367 000	431 000
M27	459	184 000	193 000	230 000	239 000	275 000	381 000	—	477 000	560 000
M30	561	224 000	236 000	280 000	292 000	337 000	466 000	—	583 000	684 000
M33	694	278 000	292 000	347 000	361 000	416 000	576 000	—	722 000	847 000
M36	817	327 000	343 000	408 000	425 000	490 000	678 000	—	850 000	997 000
M39	976	390 000	410 000	488 000	508 000	586 000	810 000	—	1 020 000	1 200 000

[a] $A_{s,公称}$的计算见 9.1.6.1。

[b] 6az 螺纹(GB/T 22029)的热浸镀锌紧固件,应按 GB/T 5267.3 中附录 A 的规定。

[c] 对栓接结构为:70 000 N(M12)、95 500 N(M14)和 130 000 N(M16)。

表 5 保证载荷(粗牙螺纹)

螺纹规格(*d*)	螺纹公称应力截面积 $A_{s,公称}$[a]/mm^2	性能等级								
		4.6	4.8	5.6	5.8	6.8	8.8	9.8	10.9	12.9/12.9
		保证载荷 F_P($A_{s,公称}\times S_{P,公称}$)/N								
M3	5.03	1 130	1 560	1 410	1 910	2 210	2 920	3 270	4 180	4 880
M3.5	6.78	1 530	2 100	1 900	2 580	2 980	3 940	4 410	5 630	6 580
M4	8.78	1 980	2 720	2 460	3 340	3 860	5 100	5 710	7 290	8 520
M5	14.2	3 200	4 400	3 980	5 400	6 250	8 230	9 230	11 800	13 800
M6	20.1	4 520	6 230	5 630	7 640	8 840	11 600	13 100	16 700	19 500
M7	28.9	6 500	8 960	8 090	11 000	12 700	16 800	18 800	24 000	28 000
M8	36.6	8 240[b]	11 400	10 200[b]	13 900	16 100	21 200[b]	23 800	30 400[b]	35 500
M10	58	13 000[b]	18 000	16 200[b]	22 000	25 500	33 700[b]	37 700	48 100[b]	56 300
M12	84.3	19 000	26 100	23 600	32 000	37 100	48 900[c]	54 800	70 000	81 800
M14	115	25 900	35 600	32 200	43 700	50 600	66 700[c]	74 800	95 500	112 000

表 5（续）

螺纹规格 (d)	螺纹公称应力截面积 $A_{s,公称}$[a]/mm^2	性能等级								
		4.6	4.8	5.6	5.8	6.8	8.8	9.8	10.9	12.9/12.9
		保证载荷 F_P($A_{s,公称}$×$S_{P,公称}$)/N								
M16	157	35 300	48 700	44 000	59 700	69 100	91 000[c]	102 000	130 000	152 000
M18	192	43 200	59 500	53 800	73 000	84 500	115 000	—	159 000	186 000
M20	245	55 100	76 000	68 600	93 100	108 000	147 000	—	203 000	238 000
M22	303	68 200	93 900	84 800	115 000	133 000	182 000	—	252 000	294 000
M24	353	79 400	109 000	98 800	134 000	155 000	212 000	—	293 000	342 000
M27	459	103 000	142 000	128 000	174 000	202 000	275 000	—	381 000	445 000
M30	561	126 000	174 000	157 000	213 000	247 000	337 000	—	466 000	544 000
M33	694	156 000	215 000	194 000	264 000	305 000	416 000	—	576 000	673 000
M36	817	184 000	253 000	229 000	310 000	359 000	490 000	—	678 000	792 000
M39	976	220 000	303 000	273 000	371 000	429 000	586 000	—	810 000	947 000

[a] $A_{s,公称}$的计算见 9.1.6.1。

[b] 6az 螺纹(GB/T 22029)的热浸镀锌紧固件，应按 GB/T 5267.3 中附录 A 的规定。

[c] 对栓接结构为：50 700 N(M12)、68 800 N(M14)和 94 500 N(M16)。

表 6 最小拉力载荷(细牙螺纹)

螺纹规格 (d×P)	螺纹公称应力截面积 $A_{s,公称}$[a]/mm^2	性能等级								
		4.6	4.8	5.6	5.8	6.8	8.8	9.8	10.9	12.9/12.9
		最小拉力载荷 $F_{m,min}$($A_{s,公称}$×$R_{m,min}$)/N								
M8×1	39.2	15 700	16 500	19 600	20 400	23 500	31 360	35 300	40 800	47 800
M10×1.25	61.2	24 500	25 700	30 600	31 800	36 700	49 000	55 100	63 600	74 700
M10×1	64.5	25 800	27 100	32 300	33 500	38 700	51 600	58 100	67 100	78 700
M12×1.5	88.1	35 200	37 000	44 100	45 800	52 900	70 500	79 300	91 600	107 000
M12×1.25	92.1	36 800	38 700	46 100	47 900	55 300	73 700	82 900	95 800	112 000
M14×1.5	125	50 000	52 500	62 500	65 000	75 000	100 000	112 000	130 000	152 000
M16×1.5	167	66 800	70 100	83 500	86 800	100 000	134 000	150 000	174 000	204 000
M18×1.5	216	86 400	90 700	108 000	112 000	130 000	179 000	—	225 000	264 000
M20×1.5	272	109 000	114 000	136 000	141 000	163 000	226 000	—	283 000	332 000
M22×1.5	333	133 000	140 000	166 000	173 000	200 000	276 000	—	346 000	406 000
M24×2	384	154 000	161 000	192 000	200 000	230 000	319 000	—	399 000	469 000
M27×2	496	198 000	208 000	248 000	258 000	298 000	412 000	—	516 000	605 000
M30×2	621	248 000	261 000	310 000	323 000	373 000	515 000	—	646 000	758 000
M33×2	761	304 000	320 000	380 000	396 000	457 000	632 000	—	791 000	92 8000
M36×3	865	346 000	363 000	432 000	450 000	519 000	718 000	—	900 000	1 055 000
M39×3	1030	412 000	433 000	515 000	536 000	618 000	855 000	—	1 070 000	1 260 000

[a] $A_{s,公称}$的计算见 9.1.6.1。

表 7 保证载荷(细牙螺纹)

螺纹规格 ($d \times P$)	螺纹公称应力截面积 $A_{s,公称}$[a]/mm^2	性能等级								
		4.6	4.8	5.6	5.8	6.8	8.8	9.8	10.9	12.9/<u>12.9</u>
		保证载荷 $F_P(A_{s,公称} \times S_{P,公称})$/N								
M8×1	39.2	8 820	12 200	11 000	14 900	17 200	22 700	25 500	32 500	38 000
M10×1.25	61.2	13 800	19 000	17 100	23 300	26 900	355 000	39 800	50 800	59 400
M10×1	64.5	14 500	20 000	18 100	24 500	28 400	37 400	41 900	53 500	62 700
M12×1.5	88.1	19 800	27 300	24 700	33 500	38 800	51 100	57 300	73 100	85 500
M12×1.25	92.1	20 700	28 600	25 800	35 000	40 500	53 400	59 900	76 400	89 300
M14×1.5	125	28 100	38 800	35 000	47 500	55 000	72 500	81 200	104 000	121 000
M16×1.5	167	37 600	51 800	46 800	63 500	73 500	96 900	109 000	139 000	162 000
M18×1.5	216	48 600	67 000	60 500	82 100	95 000	130 000	—	179 000	210 000
M20×1.5	272	61 200	84 300	76200	103 000	120 000	163 000	—	226 000	264 000
M22×1.5	333	74 900	103 000	93 200	126 000	146 000	200 000	—	276 000	323 000
M24×2	384	86 400	119 000	108 000	146 000	169 000	230 000	—	319 000	372 000
M27×2	496	112 000	154 000	139 000	188 000	218 000	298 000	—	412 000	481 000
M30×2	621	140 000	192 000	174 000	236 000	273 000	373 000	—	515 000	602 000
M33×2	761	171 000	236 000	213 000	289 000	335 000	457 000	—	632 000	738 000
M36×3	865	195 000	268 000	242 000	329 000	381 000	519 000	—	718 000	839 000
M39×3	1 030	232 000	319 000	288 000	391 000	453 000	618 000	—	855 000	999 000

[a] $A_{s,公称}$的计算见 9.1.6.1。

8 试验方法的适用性

8.1 通则

FF 和 MP 两个试验系列(组),可对表 3 规定的紧固件机械和物理性能进行试验。FF 组用于紧固件成品试验,而 MP 组用于紧固件材料性能试验。FF 和 MP 组又分为:FF1、FF2、FF3、FF4,MP1 和 MP2。由于尺寸大小和/或承载能力的原因,有些类型或规格的紧固件,不能按表 3 的所有项目进行试验。

8.2 紧固件的承载能力

8.2.1 全承载能力的紧固件

全承载能力的紧固件(标准化的或非标准化的)应按 FF1、FF2 或 MP2 对紧固件成品进行拉力试验:

a) 断裂应发生在未旋合螺纹的长度内或无螺纹杆部;

b) 其最小拉力载荷($F_{m,min}$)应符合表 4 或表 6 的规定。

8.2.2 降低承载能力的紧固件

降低承载能力的紧固件(标准化的或非标准化的),虽然材料性能符合本部分的规定,但因几何尺寸的原因,如按 FF1、FF2 或 MP2 对其成品进行拉力试验时,则达不到承载能力的要求。

当按 FF3 或 FF4 进行拉力试验时,降低承载能力的紧固件通常不断裂在未旋合螺纹的长度内。

与螺纹的最小拉力载荷相比,因几何尺寸原因降低承载能力的紧固件有两种基本类型:

a) 螺栓或螺钉的头部设计:带或不带外扳拧的降低头部高度的螺栓,或带内扳拧的扁圆头、低圆柱头或某些沉头的螺钉。FF3 适用于此类紧固件(见表 10)。

b) 紧固件特殊的杆部设计：适用于不要求，或不按本部分规定的承载能力，如腰状杆螺钉。FF4 适用于此类紧固件(见表 11)。

8.3 制造者的控制

按本部分生产的紧固件，当采用表 8～表 11 规定的“可实施的试验”时，应能符合表 3～表 7 的技术要求。

本部分不要求制造者对每一生产批都要实施试验，但制造者的责任是：可以选择自己的方法，如工序控制或检查，以确保每一生产批均符合所有的技术要求。

有争议时，应按第 9 章规定的试验方法。

8.4 供方的控制

供方可选择自己的方法控制其提供的紧固件符合表 3～表 7 规定的机械和物理性能。

有争议时，应按第 9 章规定的试验方法。

8.5 需方的控制

需方可按第 9 章的试验方法，从 8.6 中选择适当的试验系列控制交付的紧固件质量。

有争议时，应按第 9 章规定的试验方法。

8.6 对紧固件与机械加工试件可实施的试验

8.6.1 通则

按第 9 章规定的试验方法，表 8～表 13 规定了 FF1～FF4、MP1 和 MP2 的适用性。

表 8～表 11 为紧固件成品试验，提供了 FF1～FF4 试验系列。

——FF1：用于测定标准头部和标准杆或细杆(全承载能力的)即 $d_s>d_2$ 或 $d_s\approx d_2$ 的螺栓和螺钉成品的性能，见表 8。

——FF2：用于测定标准杆或细杆(全承载能力的)即 $d_s>d_2$ 或 $d_s\approx d_2$ 的螺柱成品的性能，见表 9。

——FF3：用于测定 $d_s>d_2$ 或 $d_s\approx d_2$ 并且降低承载能力的螺栓和螺钉成品性能，其降低承载能力的原因为：

1) 低的头部高度，带或不带外扳拧结构；
2) 带内扳拧结构的扁圆头或低圆柱头；
3) 带内扳拧结构的某些沉头。

见表 10。

——FF4：用于测定特殊设计，即不要求，或不按本部分规定的承载能力的螺栓、螺钉和螺柱成品性能，如 $d_s<d_2$ 腰状杆紧固件(降低承载能力)，见表 11。

表 12～表 13 为紧固件材料性能试验和/或改进工艺的试验，提供了 MP1 和 MP2 试验系列。FF1～FF4 也可用于这一目的。

——MP1：用于机械加工试件测定紧固件材料性能和/或改进工艺的试验，见表 12。

——MP2：用于紧固件成品测定全承载能力紧固件实物($d_s>d$ 或 $d_s\approx d$)的材料性能和/或改进工艺的试验，见表 13。

8.6.2 适用性

各种试验方法对紧固件的适用性按表 8～表 13 的规定。

8.6.3 交付试验结果

当需方要求交付包括试验结果的报告(特殊订单)时，他们应按第 9 章的规定，并从表 8～表 13 中选取试验方法。由需方规定的特殊试验，应在订货时协议。

表 8 FF1 试验系列 全承载能力的螺栓和螺钉成品

No.(见表 3)	性 能	试验方法		条号	性能等级			
					4.6、4.8、5.6、5.8、6.8		8.8、9.8、10.9、12.9/<u>12.9</u>	
					$d<3$ mm 或 $l<2.5d$ 或 $b<2.0d$	$d\geqslant3$ mm 和 $l\geqslant2.5d$ 和 $b\geqslant2.0d$	$d<3$ mm 或 $l<2.5d$ 或 $b<2.0d$	$d\geqslant3$ mm 和 $l\geqslant2.5d$ 和 $b\geqslant2.0d$
1	最小抗拉强度 $R_{m,min}$	楔负载拉力试验		9.1	NF	[a]	NF	[a]
		拉力试验		9.2	NF	[a]	NF	[a]
5	公称保证应力 $S_{P,公称}$	保证载荷试验		9.6	NF		NF	
8	最小断后伸长率 $A_{f,min}$	紧固件实物拉力试验		9.3	NF	[b,d] [c,d]	NF	[b,d]
9	头部坚固性	头部坚固性试验 $d\leqslant10$mm	$1.5d\leqslant l<3d$	9.8				
			$l\geqslant3d$					
10 或 11 或 12	硬度	硬度试验		9.9				
13	最高表面硬度	增碳试验		9.11	NF	NF		
14	最大脱碳层	脱碳试验		9.10	NF	NF		
15	再回火后硬度降低值	再回火试验		9.12	NF	NF	[e]	[e]
16	最小破坏扭矩 $M_{B,min}$	扭矩试验 1.6 mm$\leqslant d\leqslant$10 mm; $b\geqslant1d+2p$		9.13	[f]	[f,g]		[g]
18	表面缺陷	表面缺陷检查		9.15				

[a] 对 $d\geqslant3$ mm 和 $l\geqslant2d$ 和 $b<2d$，见 9.1.5 和 9.2.5。

[b] 对 4.6、5.6、8.8 和 10.9 级的数值在附录 C 中给出。

[c] 对 4.8、5.8 和 6.8。

[d] $l\geqslant2.7d$ 和 $b\geqslant2.2d$。

[e] 有争议时，本试验是仲裁试验。

[f] GB/T 3098.13 对 4.6 级～6.8 级未规定数值。

[g] 有争议时，可以用拉力试验替代。

□ **可实施**：能按第 9 章实施试验，但有争议时，应按第 9 章实施。

▒ **仅在有明确规定时方可实施**：能按第 9 章实施试验：对一个性能作为可替换的试验（如，当拉力试验可以实施时，而又采用了扭矩试验），或在产品标准或需方在订货时，因有要求而作为特殊试验（如冲击试验）。

NF **不可实施**：该试验不能实施：因紧固件的形状和/或尺寸影响（如，长度太短而不能试验、无头的），或者因该试验仅适用于特殊类型的紧固件（如，高温处理紧固件的试验）。

表 9 FF2 试验系列 全承载能力的螺柱成品

No. (见表 3)	性 能	试 验 方 法	条号	性 能 等 级			
				4.6、4.8、5.6、5.8、6.8		8.8、9.8、10.9、12.9/12.9	
				$d<3$ mm 或 $l_t<3d$ 或 $b<2.0d$	$d\geqslant3$ mm 和 $l_t\geqslant3d$ 和 $b\geqslant2.0d$	$d<3$ mm 或 $l_t<3d$ 或 $b<2.0d$	$d\geqslant3$ mm 和 $l_t\geqslant3d$ 和 $b\geqslant2.0d$
1	最小抗拉强度 $R_{m,min}$	拉力试验	9.2	NF	[a]	NF	[a]
5	公称保证应力 $S_{P,公称}$	保证载荷试验	9.6	NF		NF	
8	断后最小伸长率 $A_{f,min}$	紧固件实物拉力试验	9.3	NF	[b,c] [b,d]	NF	[b,c]
10 或 11 或 12	硬度	硬度试验	9.9				
13	最高表面硬度	增碳试验	9.11	NF	NF		
14	最大脱碳层	脱碳试验	9.10	NF	NF		
15	再回火后硬度降低值	再回火试验	9.12	NF	NF	[e]	[e]
18	表面缺陷	表面缺陷检查	9.15				

[a] 如果螺柱断裂在拧入金属端的螺纹长度 b_m 内，可以最小硬度代替 $R_{m,min}$，或者也可以按 9.7 用机械加工试件测定抗拉强度 R_m。

[b] $l_t\geqslant3.2d$、$b\geqslant2.2d$。

[c] 对 4.6 级、5.6 级、8.8 级和 10.9 级的数值在附录 C 中给出。

[d] 对 4.8 级、5.8 级和 6.8 级。

[e] 有争议时，本试验是仲裁试验。

（空白框）**可实施**：能按第 9 章实施试验，但有争议时，应按第 9 章实施。

（阴影框）**仅在有明确规定时方可实施**：能按第 9 章实施试验：对一个性能作为可替换的试验(如，当拉力试验可以实施时，而又采用了扭矩试验)，或在产品标准或需方在订货时，因有要求而作为特殊试验(如冲击试验)。

NF **不可实施**：该试验不能实施：因紧固件的形状和/或尺寸影响(如，长度太短而不能试验、无头的)，或者因该试验仅适用于特殊类型的紧固件(如，高温处理紧固件的试验)。

表 10 FF3 试验系列 因头部设计降低承载能力的螺钉成品

No. (见表 3)	性 能	试 验 方 法	条号	性 能 等 级			
				04.6、04.8、05.6、05.8、06.8		08.8、09.8、010.9、012.9/012.9	
				$d<3$ mm 或 $l<2.5d$ 或 $b<2.0d$	$d\geqslant3$ mm 和 $l\geqslant2.5d$ 和 $b\geqslant2.0d$	$d<3$ mm 或 $l<2.5d$ 或 $b<2.0d$	$d\geqslant3$ mm 和 $l\geqslant2.5d$ 和 $b\geqslant2.0d$
[a]	最小拉力载荷	因头部设计的原因，拉力试验，不断在未旋合的螺纹长度内	9.4	NF	[a]	NF	[a]
10 或 11 或 12	硬度	硬度试验	9.9				
13	最高表面硬度	增碳试验	9.11	NF	NF		
14	最大脱碳层	脱碳试验	9.10	NF	NF		

表 10(续)

No.(见表 3)	性 能	试验方法	条号	性能等级			
				04.6、04.8、05.6、05.8、06.8		08.8、09.8、010.9、012.9/012.9	
				$d<3$ mm 或 $l<2.5d$ 或 $b<2.0d$	$d\geqslant3$ mm 和 $l\geqslant2.5d$ 和 $b\geqslant2.0d$	$d<3$ mm 或 $l<2.5d$ 或 $b<2.0d$	$d\geqslant3$ mm 和 $l\geqslant2.5d$ 和 $b\geqslant2.0d$
15	再回火后硬度降低值	再回火试验	9.12	NF	NF	[b]	[b]
18	表面缺陷[k]	表面缺陷检查	9.15				

[a] 最小拉力载荷,见相关产品标准。

[b] 有争议时,本试验是仲裁试验。

(空白框)**可实施**:能按第 9 章实施试验,但有争议时,应按第 9 章实施。

(灰色框)**仅在有明确规定时方可实施**:能按第 9 章实施试验:
对一个性能作为可替换的试验(如,当拉力试验可以实施时,而又采用了扭矩试验),或在产品标准或需方在订货时,因有要求而作为特殊试验(如冲击试验)。

NF **不可实施**:该试验不能实施:因紧固件的形状和/或尺寸影响(如,长度太短而不能试验、无头的),或者因该试验仅适用于特殊类型的紧固件(如,高温处理紧固件的试验)。

表 11 FF4 试验系列 降低承载能力的螺栓、螺钉和螺柱成品(如,腰状杆)

No.(见表 3)	性 能	试验方法	条号	性能等级			
				04.6、05.6		08.8、09.8、010.9、012.9/012.9	
				$d<3$ mm 或腰状杆长度 $<3d_s$ 或 $b<d$	$d\geqslant3$ mm 和腰状杆长度 $\geqslant3d_s$ 和 $b\geqslant d$	$d<3$ mm 或腰状杆长度 $<3d_s$ 或 $b<d$	$d\geqslant3$ mm 和腰状杆长度 $\geqslant3d_s$ 和 $b\geqslant d$
1	最小抗拉强度 $R_{m,min}$	对腰状杆螺栓和螺柱的拉力试验	9.5	NF	[a]	NF	[a]
10 或 11 或 12	硬度	硬度试验	9.9				
13	最高表面硬度	增碳试验	9.11	NF	NF		
14	最大脱碳层	脱碳试验	9.10	NF	NF		
15	再回火后硬度降低值	再回火试验	9.12	NF	NF	[b]	[b]
18	表面缺陷	表面缺陷检查	9.15				

[a] R_m 与腰状杆横截面积有关,$A_{ds}=\pi/4d_s^2$。

[b] 有争议时,本试验是仲裁试验。

(空白框)**可实施**:能按第 9 章实施试验,但有争议时,应按第 9 章实施。

(灰色框)**仅在有明确规定时方可实施**:能按第 9 章实施试验:
对一个性能作为可替换的试验(如,当拉力试验可以实施时,而又采用了扭矩试验),或在产品标准或需方在订货时,因有要求而作为特殊试验(如冲击试验)。

NF **不可实施**:该试验不能实施:因紧固件的形状和/或尺寸影响(如,长度太短而不能试验、无头的),或者因该试验仅适用于特殊类型的紧固件(如,高温处理紧固件的试验)。

表 12 MP1 试验系列 用机械加工试件测定材料性能

No.（见表 3）	性能	试验方法	条号	性能等级				
				4.6、5.6		8.8、9.8、10.9、12.9/<u>12.9</u>		
				$3 \leqslant d <$ 4.5 mm 和 $d_0 < d_{3,min}$ 和 $b \geqslant d$ 和 $l \geqslant 6.5d$	$d \geqslant 4.5$ mm 和 $d_0 \geqslant$ 3 mm 和 $b \geqslant d$ 和 $l \geqslant d+26$ mm	$3 \leqslant d <$ 4.5 mm 和 $d_0 < d_{3,min}$ 和 $b \geqslant d$ 和 $l \geqslant 6.5d$	$4.5 \leqslant d$ $\leqslant 16$ mm 和 $d_0 \geqslant 3$ mm 和 $b \geqslant d$ 和 $l \geqslant d+26$ mm	$d > 16$ mm 和 $d_0 \geqslant 0.75d_s$ 和 $b \geqslant d$ 和 $l \geqslant 5.5d+$ 8 mm
1	最小抗拉强度 $R_{m,min}$	机械加工试件的拉力试验	9.7	[a]	[a]	[a,b,c]	[a,d,e]	[a,f,g]
2	最小下屈服强度 $R_{eL,min}$			[h]	[h]	NF	NF	NF
3	规定非比例延伸 0.2% 的最小应力 $R_{P0.2,min}$			NF[h]	NF[h]			
6	最小断后伸长率 A_{min}							
7	最小断面收缩率 Z_{min}			NF	NF			
10 或 11 或 12	硬度	硬度试验	9.9					
13	最高表面硬度	增碳试验	9.11	NF	NF			
14	最大脱碳层	脱碳试验	9.10	NF	NF			
17	最小吸收能量 $K_{V,min}$	冲击试验 $d \geqslant 16$ mm 和 l^{i} 或 $l_t \geqslant 55$ mm	9.14	NF	[j]	NF		
18	表面缺陷[k]	表面缺陷检查	9.15					

[a] 如测定螺柱，最小总长度应在长度公式中增加 $1d$。

[b] 对螺栓和螺钉，测定 Z_{min} 则 $l \geqslant 5d$。

[c] 对螺柱，测定 Z_{min} 则 $l_t \geqslant 6d$。

[d] 对螺栓和螺钉，测定 Z_{min} 则 $l \geqslant d+20$ mm。

[e] 对螺柱，测定 Z_{min} 则 $l_t \geqslant 2d+20$ mm。

[f] 对螺栓和螺钉，测定 Z_{min} 则 $l \geqslant 4d+8$ mm。

[g] 对螺柱，测定 Z_{min} 则 $l_t \geqslant 5d+8$ mm。

[h] 在不能测定下屈服强度 R_{eL} 的情况下，允许测量规定非比例延伸 0.2% 的应力 $R_{P0.2}$。

[i] 头部高度可以包括在内。

[j] 仅对 5.6 级。

[k] 在机械加工之前实施检查。

可实施：能按第 9 章实施试验，但有争议时，应按第 9 章实施。

仅在有明确规定时方可实施：能按第 9 章实施试验：
对一个性能作为可替换的试验（如，当拉力试验可以实施时，而又采用了扭矩试验），或在产品标准或需方在订货时，因有要求而作为特殊试验（如冲击试验）。

NF **不可实施**：该试验不能实施：因紧固件的形状和/或尺寸影响（如，长度太短而不能试验、无头的），或者因该试验仅适用于特殊类型的紧固件（如，高温处理紧固件的试验）。

表 13　MP2 试验系列　用全承载能力的螺栓、螺钉和螺柱成品测定材料性能

No. (见表 3)	性能	试验方法	条号	性能等级		
				4.6、5.6	4.8、5.8、6.8	8.8、9.8、10.9、12.9/12.9
				$d \geqslant 3$ mm 或 $l \geqslant 2.7d$[a] 或 $b \geqslant 2.2d$		
1	最小抗拉强度 $R_{m,min}$	紧固件成品拉力试验	9.2	[d]	[d]	[d]
4	规定非比例延伸 0.004 8 d 的最小应力 $R_{Pf,min}$	紧固件实物拉力试验	9.3	[b]		[c]
5	公称保证应力 $S_{P,公称}$	紧固件实物保证载荷试验	9.6	[d]	[d]	[d]
8	最小断后伸长率 $A_{f,min}$	紧固件实物拉力试验	9.3	[e]		[e]
10 或 11 或 12	硬度	硬度试验	9.9			
13	最高表面硬度	增碳试验	9.11	NF	NF	
14	最大脱碳层	脱碳试验	9.10	NF	NF	
15	再回火后硬度降低值	再回火试验	9.12	NF	NF	[f]
18	表面缺陷	表面缺陷检查	9.15			

[a] 螺柱拧入机体端比拧入螺母端或 $l_t \geqslant 3.2d$ 的全螺纹螺柱受到更高的拉力载荷。
[b] 表 3 没有规定 4.6 级和 5.6 级的规定非比例延伸 0.004 8d 的最小应力 R_{Pf}。
[c] 无可使用的数值。
[d] $l \geqslant 2.5d$ 和 $b \geqslant 2.0d$。
[e] 附录 C 中给出 A_f 的参考数值。
[f] 有争议时，本试验是仲裁试验。

（空白框）**可实施**：能按第 9 章实施试验，但有争议时，应按第 9 章实施。

（灰色框）**仅在有明确规定时方可实施**：能按第 9 章实施试验：对一个性能作为可替换的试验（如，当拉力试验可以实施时，而又采用了扭矩试验），或在产品标准或需方在订货时，因有要求而作为特殊试验（如冲击试验）。

NF　**不可实施**：该试验不能实施：因紧固件的形状和/或尺寸影响（如，长度太短而不能试验、无头的），或者因该试验仅适用于特殊类型的紧固件（如，高温处理紧固件的试验）。

9　试验方法

9.1　螺栓和螺钉（不含螺柱）成品楔负载试验

9.1.1　通则

本试验可同时测定：

——螺栓和螺钉成品的抗拉强度 R_m；

——头与无螺纹杆部或螺纹部分交接处的牢固性。

9.1.2　适用范围

本试验适用于带或不带法兰面，并符合以下规定的螺栓和螺钉：

——平支承表面或锯齿形表面；

——头部承载能力强于螺纹杆部；
——头部承载能力强于无螺纹杆部；
——无螺纹杆径 $d_s > d_2$ 或 $d_s \approx d_2$；
——公称长度 $l \geqslant 2.5d$；
——螺纹长度 $b \geqslant 2.0d$；
——栓接结构的螺栓 $b < 2d$；
——3 mm≤d≤39 mm；
——所有性能等级。

9.1.3 设备

拉力试验机应符合 GB/T 16825.1 的规定。不能使用自动定心装置，因其对图 1 和表 16 所规定的楔垫角度有较大的影响。

9.1.4 试验装置

夹具、楔垫和螺纹夹具应按以下规定：
——硬度：≥45 HRC；
——内螺纹夹具的螺纹：按表 14 的规定；
——通孔直径 d_h：按表 15 的规定；
——楔垫：按图 1、表 15 和表 16 的规定。

表 14 内螺纹夹具的螺纹

紧固件表面处理	螺纹公差	
	表面处理前紧固件的螺纹	内螺纹夹具的螺纹
不经表面处理	6h 或 6g	6H
按 GB/T 5267.1 电镀	6g 或 6e 或 6f	6H
按 GB/T 5267.2 非电解锌片涂层	6g 或 6e 或 6f	6H
按 GB/T 5267.3 热浸镀锌、加大攻丝尺寸的螺母螺纹：		
——6H；	6az	6H
——6AZ；	6g 或 6h	6AZ
——6AX	6g 或 6h	6AX

该试验装置应有足够的刚性，以确保弯曲发生在头与无螺纹杆部或螺纹部分的交接处。

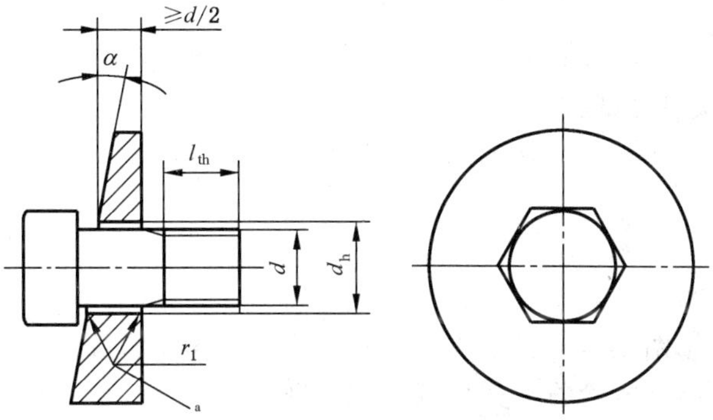

[a] 倒圆或 45°倒角，见表 15。

图 1 螺栓和螺钉成品楔负载试验用楔垫

表 15 楔垫孔径和圆角半径

单位为毫米

螺纹公称直径 d	$d_h^{a,b}$		r_1^c	螺纹公称直径 d	$d_h^{a,b}$		r_1^c
	min	max			min	max	
3	3.4	3.58	0.7	16	17.5	17.77	1.3
3.5	3.9	4.08	0.7	18	20	20.33	1.3
4	4.5	4.68	0.7	20	22	22.33	1.6
5	5.5	5.68	0.7	22	24	24.33	1.6
6	6.6	6.82	0.7	24	26	26.33	1.6
7	7.5	7.82	0.8	27	30	30.33	1.6
8	9	9.22	0.8	30	33	33.39	1.6
10	11	11.27	0.8	33	36	36.39	1.6
12	13.5	13.77	0.8	36	39	39.39	1.6
14	15.5	15.77	1.3	39	42	42.39	1.6

[a] 按 GB/T 5277 中等装配系列。

[b] 对方颈螺栓，该孔应能与方颈相配。

[c] C 级产品，圆角 r_1 按下式计算：

$$r_1 = r_{max} + 0.2$$

式中：

$r_{max} = (d_{a,max} - d_{s,min})/2$。

表 16 楔负载试验用楔垫角度 α

螺纹公称直径 d/mm	性能等级			
	螺栓或螺钉的无螺纹杆部长度 $l_s \geqslant 2$ d		全螺纹螺钉、螺栓或螺钉无螺纹杆部长度 $l_s < 2$ d	
	4.6、4.8、5.6、5.8、6.8、8.8、9.8、10.9	12.9/$\underline{12.9}$	4.6、4.8、5.6、5.8、6.8、8.8、9.8、10.9	12.9/$\underline{12.9}$
	$\alpha \pm 30'$			
$3 \leqslant d \leqslant 20$	10°	6°	6°	4°
$20 < d \leqslant 39$	6°	4°	4°	4°

头部支承面直径超过 1.7d，而未通过楔负载试验的螺栓和螺钉成品，可将头部加工到 1.7d，并按表 16 规定的楔垫角度再次进行试验。

此外，对头部支承面直径超过 1.9d 的螺栓和螺钉成品，可将楔垫角度 10°减小为 6°。

9.1.5 试验程序

试件应为经尺寸等检验合格的紧固件。

将 9.1.4 规定的楔垫按图 1 所示置于螺栓或螺钉头下。未旋合螺纹的长度 $l_{th} \geqslant 1d$。

对带短螺纹长度栓接结构螺栓的楔负载试验，允许的未旋合螺纹的长度 $l_{th} \leqslant 1d$。

应按 GB/T 228 的规定进行楔负载拉力试验。试验机夹头的分离速率，不应超过 25 mm/min。

拉力试验应持继进行，直至断裂。

测量极限拉力载荷 F_m。

9.1.6 试验结果

9.1.6.1 测定抗拉强度 R_m

9.1.6.1.1 方法

根据公称应力截面积，$A_{s,公称}$和试验过程中测量的极限拉力载荷，F_m 计算抗拉强度 R_m：

$$R_m = F_m / A_{s,公称}$$

式中：

$$A_{s,公称} = (\pi/4) \times [(d_2 + d_3)/2]^2$$

式中：

d_2——外螺纹的基本中径(GB/T 196)；

d_3——外螺纹小径，$d_3 = d_1 - H/6$；

d_1——外螺纹的基本小径(GB/T 196)；

H——原始三角形高度(GB/T 192)。

公称应力截面积 $A_{s,公称}$ 的数值在表 4 和表 6 中给出。

9.1.6.1.2 技术要求

螺栓和螺钉应断裂在未旋合螺纹的长度内或无螺纹杆部。

抗拉强度 R_m 应符合表 3 的规定。最小拉力载荷 $F_{m,min}$，应符合表 4 或表 6 的规定。

注：随着直径减小，公称应力截面积与有效应力截面积的差异逐渐增加。当硬度用于过程控制时，尤其对较小的直径，需要提高硬度值，并超过表 3 规定的最小硬度，以达到最小拉力载荷。

9.1.6.2 测定头与杆部或螺纹部分交接处的牢固性

不应断裂在头部。

带无螺纹杆部的螺栓和螺钉不应在头与杆部交接处断裂。

全螺纹的螺钉，如断裂始于未旋合螺纹的长度内，允许在拉断前已延伸或扩展到头部与螺纹交接处，或者进入头部。

9.2 为测定抗拉强度对紧固件成品的拉力试验

9.2.1 通则

本试验用于测定紧固件成品的抗拉强度 R_m。

本试验可与 9.3 规定的试验一并进行。

9.2.2 适用范围

本试验适用于符合以下规定的紧固件：

——头部承载能力强于螺纹杆部的螺栓和螺钉；

——头部承载能力强于无螺纹杆部的螺栓和螺钉；

——无螺纹杆径 $d_s > d_2$ 或 $d_s \approx d_2$；

——螺栓和螺钉的公称长度 $l \geqslant 2.5d$；

——螺纹长度 $b \geqslant 2.0d$；

——栓接结构螺栓 $b < 2d$；

——螺柱的总长度 $l_t \geqslant 3.0d$；

——3 mm$\leqslant d \leqslant$39 mm；

——所有性能等级。

9.2.3 设备

拉力试验机应符合 GB/T 16825.1 的规定。装夹紧固件时，应避免斜拉，可使用自动定心装置。

9.2.4 试验装置

夹具和螺纹夹具应符合以下规定：

——硬度：≥45 HRC；

——通孔直径 d_h：按表 15 的规定；

——内螺纹夹具的螺纹：按表 14 的规定。

9.2.5 试验程序

试件应为经尺寸等检验合格的紧固件。

螺栓和螺钉试件应按图 2a)和图 2b)所示拧入内螺纹夹具；对螺柱试件应拧入两个内螺纹夹具，见图 2c)和图 2d)。螺纹有效旋合长度≥1d。

未旋合螺纹的长度 l_{th}≥1d。

然而，当本试验与 9.3 规定的试验一并进行时，未旋合螺纹的长度 l_{th}=1.2d。

对带短螺纹栓接结构用螺栓的拉力试验，未旋合螺纹的长度 l_{th}<1d，并应按 GB/T 228 的规定进行拉力试验。试验机夹头的分离速率，不应超过 25 mm/min。

拉力试验应持续进行，直至断裂。

测量极限拉力载荷 F_m。

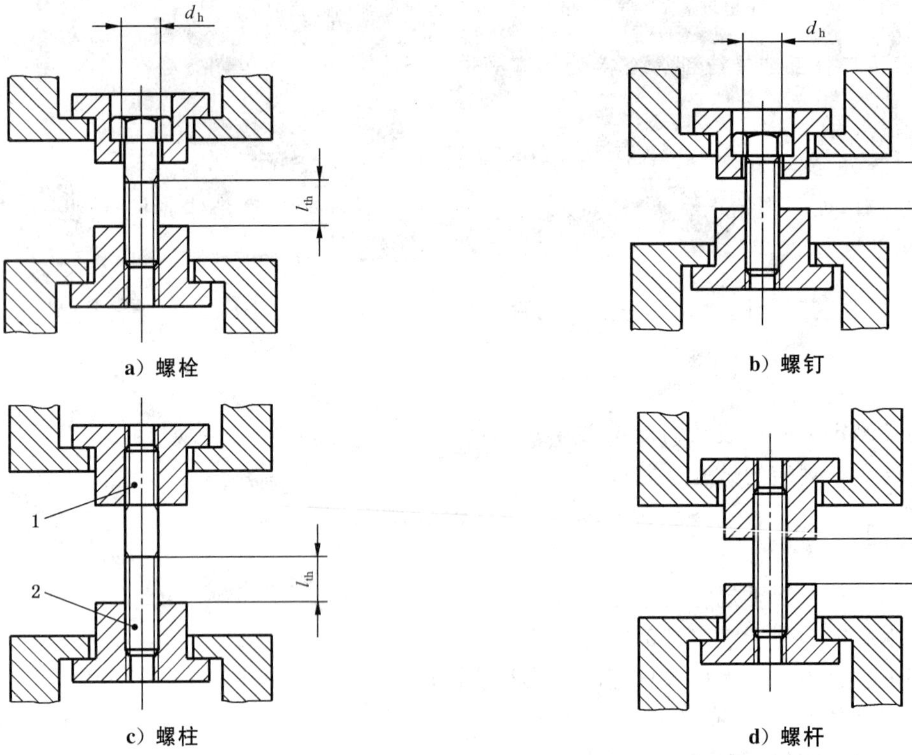

说明：

1——拧入机体端；

2——拧入螺母端；

d_h——孔径；

l_{th}——试验夹具中紧固件未旋合螺纹的长度。

图 2 试验装置示例

9.2.6 试验结果

9.2.6.1 方法

计算方法见 9.1.6.1。

9.2.6.2 技术要求

紧固件应断裂在未旋合螺纹的长度内或无螺纹杆部。

全螺纹的螺钉,如断裂始于未旋合螺纹的长度内,允许在拉断前已延伸或扩展到头部与螺纹交接处,或者进入头部。

抗拉强度 R_m 应符合表 3 的规定。最小拉力载荷 $F_{m,min}$,应符合表 4 或表 6 的规定。

注:随着直径减小,公称应力截面积与有效应力截面积的差异逐渐增加。当硬度用于过程控制时,尤其对较小的直径,需要提高硬度值,并超过表 3 规定的最小硬度,以达到最小拉力载荷。

9.3 为测定断后伸长率 A_f 和 0.004 8d 非比例延伸应力 R_{Pf} 对紧固件实物的拉力试验

9.3.1 通则

本试验可同时测定:

——紧固件实物的断后伸长率 A_f;

——紧固件实物的 0.004 8d 非比例延伸应力 R_{Pf}。

本试验可与 9.2 规定的试验一并进行。

9.3.2 适用范围

本试验适用于符合以下规定的紧固件:

——头部承载能力强于螺纹杆部的螺栓和螺钉;

——头部承载能力强于无螺纹杆部的螺栓和螺钉;

——无螺纹杆径 $d_s > d$ 或 $d_s \approx d$;

——螺栓和螺钉的公称长度 $l \geqslant 2.7d$;

——螺纹长度 $b \geqslant 2.2d$;

——螺柱的总长度 $l_t \geqslant 3.2d$;

——螺柱拧入基体端应比螺母端承受更高的极限拉力载荷。

——3 mm$\leqslant d \leqslant$39 mm;

——所有性能等级。

9.3.3 设备

拉力试验机应符合 GB/T 16825.1 的规定。装夹紧固件时,应避免斜拉,可使用自动定心装置。

9.3.4 试验装置

夹具和螺纹夹具应符合以下规定:

——硬度:≥45 HRC;

——通孔直径 d_h:按表 15 的规定;

——内螺纹夹具的螺纹:按表 14 的规定。

试验装置应有足够的刚性,以避免变形而产生影响测定 0.004 8d 非比例延伸载荷 F_{Pf} 或断后伸长率 A_f。

9.3.5 试验程序

试件应为经尺寸等检验合格的紧固件。

按图 2a)和图 2b)所示将紧固件试件拧入内螺纹夹具。对螺柱试件应使用两个螺纹夹具，见图 2c)和图 2d)。螺纹有效旋合长度，至少应为 1d。对承受载荷的未旋合螺纹的长度，l_{th}应为 1.2d。

注：为达到 $l_{th}=1.2d$ 的要求，建议采用以下实用的方法：首先，把螺纹夹具拧到螺纹收尾；然后，按相当于 1.2d 的扣数拧退夹具。

应按 GB/T 228 的规定进行拉力试验。进行 0.004 8d 非比例延伸载荷，F_{Pf}试验时，试验机夹头的分离速率不应超过 10 mm/min，其他试验不应超过 25 mm/min。

可以直接借助适合的电子装置(如微处理机)，或者依据载荷-位移曲线(见 GB/T 228)持续测量拉力载荷 F，直至断裂。该曲线可以自动绘制，或采用图解法。

为获得较精确的图解测量，曲线的比例尺应使表示弹性变形的直线部分与载荷轴线间的夹角在 30°～45°之间。

9.3.6 试验结果

9.3.6.1 测定断后伸长率 A_f

9.3.6.1.1 方法

塑性伸长 ΔL_P 是在电子装置或者用图解法绘制的载荷-位移曲线上直接进行测量，见图 3。

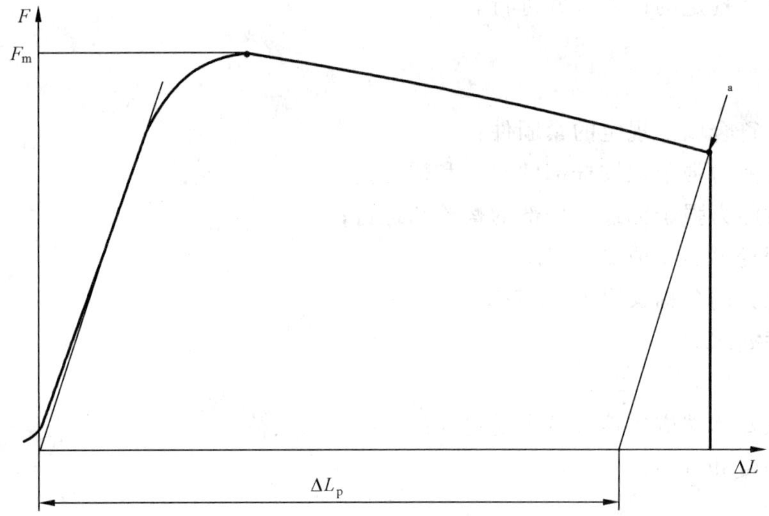

[a] 断裂点。

图 3 测定断后伸长率 A_f 的载荷-位移曲线

应测量弹性范围(曲线的直线部分)的倾斜角(斜率部分)；通过断裂点画一条平行于载荷-伸长曲线中弹性变形阶段直线部分的平行线，见图 3 中 a 线。该断裂点与夹紧位移的轴心线相交的直线 a 应与伸长量坐标(横坐标)ΔL 相交，应测出塑性伸长 ΔL_P，见图 3。

有争议时，例如在测量弹性范围内，直线部分有一定的弧度时，可以通过曲线上相当于 0.4F_P 和 0.7F_P的两个点画一直线(再按这一直线画通过断裂点的平行线)。F_P 是表 5 和表 7 给出的保证载荷。

按下式计算紧固件实物的断后伸长率：

$$A_f = \Delta L_P / 1.2d$$

9.3.6.1.2 技术要求

对 4.8 级、5.8 级和 6.8 级 A_f 应符合表 3 的规定。

9.3.6.2 测定 0.004 8d 非比例延伸应力 R_{Pf}

9.3.6.2.1 方法

R_{Pf} 应在载荷-位移曲线上直接测定，见图 4。

图 4 测定 0.004 8d 非比例延伸应力 R_{Pf} 的载荷-位移曲线

在夹紧位移的轴心线上，等于 0.004 8d 的距离，画一条平行于弹性范围(曲线的直线部分)倾斜角的直线。该线与曲线相交点即相当于载荷 F_{Pf}。

有争议时，在测量弹性范围内，载荷-位移曲线的倾斜角时，应通过相当于 0.4F_P 和 0.7F_P 与曲线相交的两个点画一直线。F_P 是表 5 和表 7 给出的保证载荷。

按下式计算 0.004 8d 非比例延伸应力 R_{Pf}：

$$R_{Pf} = F_{Pf}/A_{s,公称}$$

式中：$A_{s,公称}$ 在 9.1.6.1 中规定。

9.3.6.2.2 技术要求

尚无规定的技术要求。

注 1：R_{Pf} 的数值在调查研究中。作为参考，见表 3(No.4 和脚注 e)。

注 2：由于制造方法与规格的影响，由紧固件实物试验得到的屈服强度值代替机械加工试件得到的数值是有差异的。

9.4 头部弱的螺栓和螺钉拉力试验

9.4.1 通则

本试验为测定因头部设计，预计不断在未旋合螺纹的长度内的螺栓和螺钉的拉力载荷(见 8.2)。

9.4.2 适用范围

本试验适用于符合以下规定的螺栓和螺钉：

——无螺纹杆径 $d_s>d_2$ 或 $d_s\approx d_2$；

——公称长度 $l\geqslant 2.5d$；

——螺纹长度 $b\geqslant 2.0d$；

——3 mm≤d≤39 mm；

——所有性能等级。

9.4.3 设备

拉力试验机应符合 GB/T 16825.1 的规定。装夹紧固件时，应避免斜拉，可使用自动定心装置。

9.4.4 试验装置

夹具和螺纹夹具应符合以下规定：

——硬度：≥45 HRC；

——通孔直径 d_h：按表 15 的规定；

——内螺纹夹具的螺纹：按表 14 的规定。

9.4.5 试验程序

试件应为经尺寸等检验合格的紧固件。

按图 2a)和图 2b)所示将紧固件试件拧入内螺纹夹具。

对未旋合螺纹的长度 $l_{th}\geqslant 1d$。

应按 GB/T 228 的规定进行拉力试验。试验机夹头的分离速率，不应超过 25 mm/min。

拉力试验应持续进行，直至断裂。

测量极限拉力载荷 F_m。

9.4.6 试验结果　技术要求

该极限拉力载荷 F_m 应等于或大于在相应产品标准或其他技术条件中规定的最小拉力载荷。

9.5 腰状杆紧固件拉力试验

9.5.1 通则

本试验适用于测定腰状杆紧固件的抗拉强度 R_m(见 8.2)。

9.5.2 适用范围

本试验适用于符合以下规定的紧固件：

——无螺纹杆径 $d_s<d_2$；

——腰状杆长度≥$3d_s$(见图 6L_c)；

——螺纹长度 $b\geqslant 1d$；

——3 mm≤d≤39 mm；

——4.6、5.6、8.8、9.8、10.9 和 12.9/12.9 级。

9.5.3 设备

拉力试验机应按 GB/T 16825.1 的规定。装夹紧固件时，应避免斜拉，可使用自动定心装置。

9.5.4 试验装置

夹具和螺纹夹具应符合以下规定：

——硬度：≥45 HRC；
——通孔直径 d_h：按表 15 的规定；
——内螺纹夹具的螺纹：按表 14 的规定。

9.5.5 试验程序

试件应为经尺寸等检验合格的紧固件。

按图 2a)所示将紧固件试件拧入内螺纹夹具。对螺柱试件应使用两个螺纹夹具，见图 2c)。螺纹有效旋合长度，至少应为 $1d$。

应按 GB/T 228 的规定进行拉力试验。试验机夹头的分离速率，不应超过 25 mm/min。

拉力试验应持续进行，直至断裂。

测量极限拉力载荷 F_m。

9.5.6 试验结果

9.5.6.1 方法

根据腰状杆横截面积 A_{ds}和试验中测量的极限拉力载荷 F_m 计算抗拉强度 R_m：

$$R_m = F_m / A_{ds}$$

式中：

$$A_{ds} = (\pi/4) d_s^2$$

9.5.6.2 技术要求

断裂应发生在腰状杆内。

抗拉强度 R_m 应符合表 3 的规定。

9.6 紧固件成品保证载荷试验

9.6.1 通则

保证载荷试验包括两个步骤：
——实施规定的保证载荷(见图 5)；
——测量由保证载荷产生的永久伸长。

9.6.2 适用范围

本试验适用于符合以下规定的紧固件：
——头部承载能力强于螺纹杆部的螺栓和螺钉；
——头部承载能力强于无螺纹杆部的螺栓和螺钉；
——无螺纹杆径 $d_s > d_2$或 $d_s \approx d_2$；
——螺栓和螺钉的公称长度 $l \geq 2.5d$；
——螺纹长度 $b \geq 2.0d$；
——螺柱的总长度 $l_t \geq 3.0d$；
——3 mm≤d≤39 mm；
——所有性能等级。

9.6.3 设备

拉力试验机应按 GB/T 16825.1 的规定。装夹紧固件时，应避免斜拉，可使用自动定心装置。

9.6.4 试验装置

夹具和螺纹夹具应按以下规定：

——硬度：≥45 HRC；

——通孔直径 d_h：按表 15 的规定；

——内螺纹夹具的螺纹：按表 14 的规定。

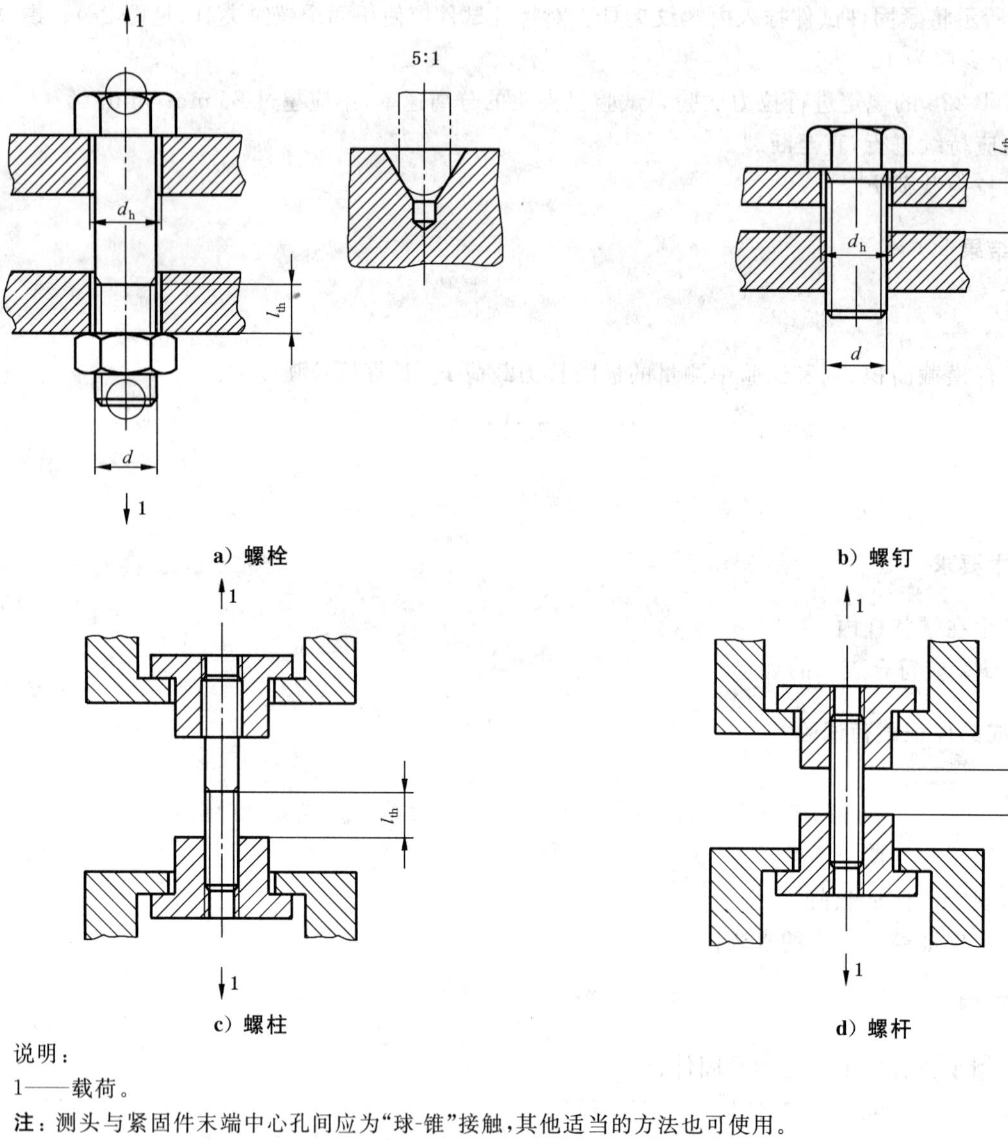

说明：

1——载荷。

注：测头与紧固件末端中心孔间应为“球-锥”接触，其他适当的方法也可使用。

图 5 紧固件成品施加保证载荷安装示例

9.6.5 试验程序

试件应为经尺寸等检验合格的紧固件。

试件每端应进行适当加工，如图 5 所示。为测量长度(施加载荷前、后)应将紧固件置于带球面测头(或其他适当的方法)的台架式测量仪器中。应使用手套或钳子，以使由温度影响的测量误差减少到最小。测量施加载荷前紧固件的总长度 l_0。

按图 5 所示将紧固件试件拧入螺纹夹具。对螺柱应使用两个螺纹夹具。螺纹有效旋合长度，至少应为 $1d$。对未旋合螺纹的长度 l_{th}应为 $1d$。

注：为达到 $l_{th}=1d$ 的要求，建议先把螺纹夹具拧到螺纹收尾；然后，按相当于 $1d$ 的扣数拧退夹具。

对紧固件轴向施加表 5 或表 7 规定的保证载荷。

试验机夹头的分离速率，不应超过 3 mm/min。应保持该保证载荷 15 s。

卸载后，测量紧固件总长度 l_1。

9.6.6 试验结果 技术要求

卸载后，紧固件的总长度 l_1 应与加载前的 l_0 相同（其公差 ±12.5 μm 为允许的测量误差）。某些不确定因素，如直线度、螺纹对中性和测量误差，当初次施加保证载荷时，可能导致紧固件明显的伸长。在这种情况下，可使用比表 5 和表 7 规定值增大 3% 的载荷，按 9.6.5 再次进行试验。如果第二次卸载后的长度（l_2）与其加载前的长度（l_1）相同（其公差 ±12.5 μm 为允许的测量误差），则应认为符合本试验要求。

9.7 机械加工试件拉力试验

9.7.1 通则

本试验可测定：

——抗拉强度 R_m；

——下屈服强度 R_{eL} 或 0.2% 非比例延伸应力 $R_{P0.2}$；

——机械加工试件的断后伸长率 A；

——机械加工试件的断面收缩率 Z。

9.7.2 适用范围

本试验适用于符合以下规定的紧固件：

a) 由螺栓和螺钉制取的机械加工试件：

——3 mm ≤ d ≤ 39 mm；

——螺纹长度 $b \geqslant 1d$；

——测定 A：公称长度 $l \geqslant 6d_0 + 2r + d$（见图 6）；

——测定 Z：公称长度 $l \geqslant 4d_0 + 2r + d$（见图 6）。

b) 由螺柱制取的机械加工试件：

——3 mm ≤ d ≤ 39 mm；

——螺纹长度 $b \geqslant 1d$；

——测定 A：总长度 $l_t \geqslant 6d_0 + 2r + 2d$（见图 6）；

——测定 Z：总长度 $l_t \geqslant 4d_0 + 2r + 2d$（见图 6）。

c) 4.6 级、5.6 级、8.8 级、9.8 级、10.9 级和 12.9/<u>12.9</u> 级。

注：机械加工试件可由因几何尺寸降低了承载能力、头部承载能力强于试件横截面面积（S_0）承载能力的螺栓或螺钉上制取，也可以由无螺纹杆径 $d_s < d_2$ 的紧固件上制取。

4.8 级、5.8 级和 6.8 级（冷作硬化的）紧固件应实施实物拉力试验，见 9.3。

9.7.3 设备

拉力试验机应按 GB/T 16825.1 的规定。装夹紧固件时，应避免斜拉，可使用自动定心装置。

9.7.4 试验装置

夹具和螺纹夹具应按以下规定：

——硬度：≥45 HRC；

——通孔直径 d_h：按表 15 的规定；

——内螺纹夹具的螺纹：按表 14 的规定。

9.7.5 机械加工试件

机械加工试件应由经尺寸等检验合格的紧固件制取。图 6 为拉力试验用机械加工试件。

机械加工试件的直径应为：$d_0 < d_{3,min}$，并且尽可能为：$d_0 \geqslant 3$ mm。

公称直径 $d > 16$ mm，且淬火并回火紧固件的机械加工试件，其直径的减小量不应超过原有直径 d 的 25%（初始横截面积的 44%）。对由螺柱制取的试件，其两端的螺纹长度最小为 $1d$。

9.7.6 试验程序

应按 GB/T 228 的规定进行拉力试验。试验机夹头的分离速率：对下屈服强度 R_{eL} 或 0.2%非比例延伸应力 $R_{P0.2}$ 不应超过 10 mm/min，而对其他的项目不应超过 25 mm/min。

拉力试验应持续进行，直至断裂。

测量极限拉力载荷 F_m。

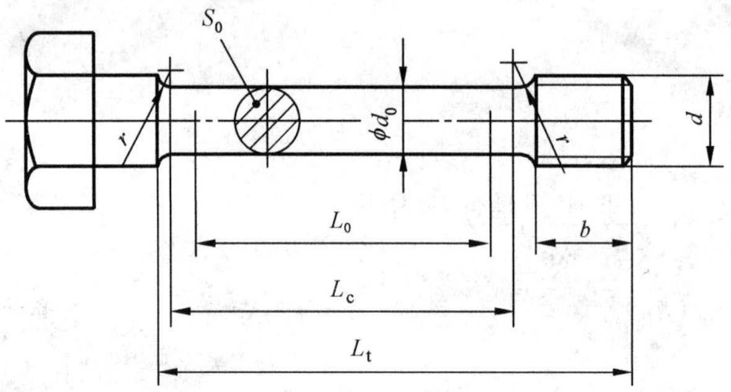

说明：

d——螺纹公称直径。

d_0——机械加工试件的直径（$d_0 < d_{3,min}$，并尽可能为：$d_0 \geqslant 3$ mm）。

b——螺纹长度（$b \geqslant d$）。

L_0——机械加工试件的初始测量长度：

——用于测定机械加工试件的断后伸长率：$L_0 = 5d_0$ 或（$5.65\sqrt{S_0}$）；

——用于测定机械加工试件的断面收缩率：$L_0 \geqslant 3d_0$。

L_c——机械加工试件直线段的长度（$L_0 + d_0$）。

L_t——机械加工试件的总长度（$L_c + 2r + b$）。

S_0——拉力试验前机械加工试件的横截面积。

r——圆角半径（$r \geqslant 4$ mm）。

图 6 拉力试验用机械加工试件

9.7.7 试验结果

9.7.7.1 方法

按 GB/T 228 的规定测定下列性能：

a） 抗拉强度 R_m，$R_m = F_m / S_0$。

b） 下屈服强度 R_{eL} 或 0.2%非比例延伸应力 $R_{P0.2}$。

c） 机械加工试件的断后伸长率，其 L_0 至少为 $5d_0$

$$A = (L_u - L_0)/L_0 \times 100$$

式中：L_u 是机械加工试件的最终测量长度（见 GB/T 228）。

d） 机械加工试件的断面收缩率，其 L_0 至少为 $3d_0$

$$Z = (S_0 - S_u)/S_0 \times 100$$

式中：S_u 是机械加工试件的断后横截面积。

9.7.7.2 技术要求

下列性能应符合表 3 的规定：

——最小抗拉强度 R_m；

——下屈服强度 R_{eL} 或 0.2%非比例延伸应力 $R_{P0.2}$；

——机械加工试件的断后伸长率 A；

——机械加工试件的断面收缩率 Z。

9.8 头部坚固性试验

9.8.1 通则

本试验用于检查头部与无螺纹杆部或螺纹过渡圆处的牢固性。检查时，锤击置于有规定角度试验模中的紧固件头部。

注：通常，本试验用于因紧固件太短，而不能实施楔负载试验的场合。

9.8.2 适用范围

本试验适用于符合以下规定的螺栓和螺钉：

——头部承载能力强于螺纹杆部；

——公称长度 $l \geqslant 1.5d$；

——$d \leqslant 10$ mm；

——所有性能等级。

9.8.3 试验装置

试验模如图 7 所示，并应符合以下规定：

——硬度：≥45 HRC；

——通孔直径 d_h 和圆角 r_1，按表 15 的规定；

——最小厚度：≥$2d$；

——β 角：按表 17 的规定。

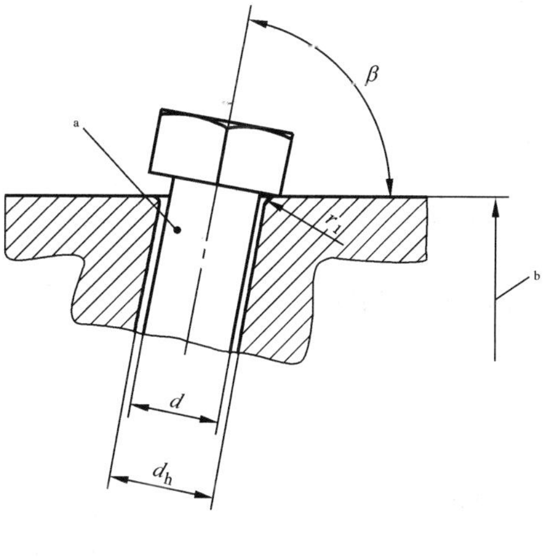

[a] $l \geqslant 1.5d$。

[b] 试验模厚度≥$2d$。

图 7 头部坚固性试验用试验模

表 17 头部坚固性试验用试验模 β 角

性能等级	4.6	5.6	4.8	5.8	6.8	8.8	9.8	10.9	12.9/<u>12.9</u>
β	60°		80°						

9.8.4 试验程序

试件应为经尺寸等检验合格的紧固件。

头部坚固性试验应使用图 7 所示的试验模。

试验模应固定牢固。用手锤击打螺栓或螺钉头部数次，使头弯曲 90°$-\beta$ 角。β 角按表 17 的规定。

应放大 8～10 倍进行检查。

9.8.5 试验结果 技术要求

在头部与无螺纹杆部或螺纹过渡圆处，不应发现裂缝。

全螺纹的螺钉，即使在第一扣螺纹上出现裂缝，只要头部未断掉，仍应视为符合本试验要求。

9.9 硬度试验

9.9.1 通则

本试验可测定：

——对不能实施拉力试验的紧固件：测定紧固件的硬度；

——对能实施拉力试验的紧固件(见 9.1、9.2、9.5 和 9.7)：测定紧固件的最高硬度。

注：硬度与抗拉强度可能没有直接的换算关系。最大硬度值的规定，除考虑理论的最大抗拉强度外，还有其他因素(如，避免脆断)。

可以在适当表面，或者螺纹横截面上测定硬度。

9.9.2 适用范围

本试验适用于符合以下规定的紧固件：

——所有规格；

——所有性能等级。

9.9.3 试验方法

可以采用维氏、布氏或洛氏硬度试验测定硬度。

a) 维氏硬度试验

维氏硬度试验应按 GB/T 4340.1 的规定。

b) 布氏硬度试验

布氏硬度试验应按 GB/T 231.1 的规定。

c) 洛氏硬度试验

洛氏硬度试验应按 GB/T 230.1 的规定。

9.9.4 试验程序

9.9.4.1 通则

应使用经尺寸等检验合格的紧固件进行硬度试验。

9.9.4.2 在螺纹横截面测定硬度

在距螺纹末端 $1d$ 处取一横截面，并应经适当处理。

在 1/2 半径与轴心线间的区域内测定硬度，见图 8。

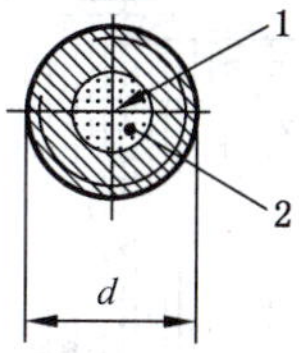

说明：

1——紧固件轴心线；

2——1/2 半径区域。

图 8 1/2 半径区域内测定硬度

9.9.4.3 在表面测定硬度

去除表面镀层或涂层，并对试件适当处理后，在头部平面、末端或无螺纹杆部测定硬度。

常规检查，可使用本方法。

9.9.4.4 测定硬度用试验载荷

维氏硬度试验用最小载荷为 98 N。

布氏硬度的试验载荷等于 $30D^2$，单位为 N。

9.9.5 技术要求

对不能实施拉力试验的紧固件和短螺纹长度的栓接结构用螺栓(对拉力试验其螺纹长度短的、未旋合螺纹的长度 $l_{th}<1d$)，其硬度应在表 3 规定的范围内。

对能实施拉力试验的紧固件、未旋合螺纹的长度 $l_{th}\geq 1d$、腰状杆紧固件，以及机械加工试件，其硬度均不应超过表 3 规定的最大值。

4.6 级、4.8 级、5.6 级、5.8 级和 6.8 级紧固件，应按 9.9.4.3 的规定在紧固件的末端测定硬度，并且不应超过表 3 规定的最大值。

对热处理紧固件，在 1/2 半径区域内(见图 8)测定的硬度值之差，若不大于 30 HV，则证实材料中马氏体已达到 90% 的要求(见表 2)。

4.8 级、5.8 级和 6.8 级冷作硬化紧固件，应按 9.9.4.2 的规定测定硬度，并且应在表 3 规定的硬度范围内。

如有争议，应按 9.9.4.2 的规定，并使用维氏硬度进行仲裁试验。

9.10 脱碳试验

9.10.1 通则

本试验可测定淬火并回火紧固件的表面脱碳和脱碳层深度(见图 9)。

注：由热处理工艺造成的，超过表 3 规定的脱碳层，会降低螺纹强度并可能造成其失效。

表面碳量的状态应用以下两个方法中的一个测定：

——金相法；

——硬度法。

金相法可以测定螺纹全脱碳层的深度 G 和螺纹未脱碳层的高度 E(见图 9)。

硬度法可以测定螺纹未脱碳层的高度 E 和用显微-硬度法测定不完全脱碳(见图 9)。

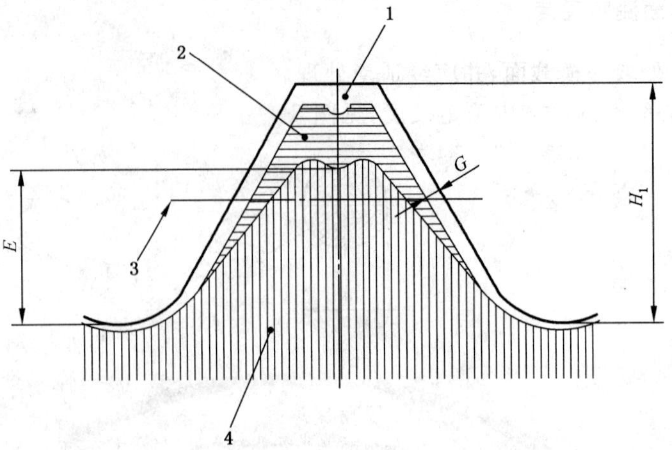

说明：

1——全脱碳；

2——不完全脱碳；

3——中径线；

4——基体金属；

E——螺纹未脱碳层的高度；

G——螺纹全脱碳层的深度；

H_1——最大实体条件下外螺纹的牙型高度。

图 9 脱碳层

9.10.2 金相法

9.10.2.1 适用范围

本方法适用于符合以下规定的紧固件：

——所有规格；

——8.8 级～12.9/12.9 级。

9.10.2.2 试件的制备

应从完成全部热处理工序，并应去除镀层或其他涂层后的紧固件上制取试件。

在距螺纹末端约一个公称直径（1d）、沿螺纹轴心线截取一纵向截面的试件。试件应嵌入塑料中或安装在夹具中。安装后，对表面进行研磨和抛光，直至可进行金相检查。

注：通常，浸入 3%的硝酸乙醇腐蚀液（浓硝酸与乙醇混合液），能显示由于脱碳而造成的金相结构的变化。

9.10.2.3 试验程序

将试件置于显微镜下，除非另有协议，否则应放大 100 倍进行检查。

如果显微镜带有毛玻璃屏，则可藉助刻度直接测量脱碳程度。如果用目镜测量，则应使用带十字准线或刻度的显微镜。

9.10.2.4 技术要求

全脱碳层的最大深度 G 应符合表 3 规定的技术要求。不完全脱碳层的高度 E 应符合表 18 规定的技术要求。

表 18　最大实体条件下，外螺纹的牙型高度 H_1 和螺纹不完全脱碳层的最小高度值 E_{min}

螺距 P[a]			0.5	0.6	0.7	0.8	1	1.25	1.5	1.75	2	2.5	3	3.5	4
H_1			0.307	0.368	0.429	0.491	0.613	0.767	0.920	1.074	1.227	1.534	1.840	2.147	2.454
性能等级	8.8、9.8	E_{min}[b]	0.154	0.184	0.215	0.245	0.307	0.384	0.460	0.537	0.614	0.767	0.920	1.074	1.227
	10.9		0.205	0.245	0.286	0.327	0.409	0.511	0.613	0.716	0.818	1.023	1.227	1.431	1.636
	12.9/<u>12.9</u>		0.230	0.276	0.322	0.368	0.460	0.575	0.690	0.806	0.920	1.151	1.380	1.610	1.841

[a] $P<1.25$ mm，仅用金相法。

[b] 按表 3 中 No. 14 的规定计算。

9.10.3　硬度法

9.10.3.1　适用范围

本方法适用于符合以下规定的紧固件：

——螺距 $P\geqslant1.25$ mm；

——8.8 级～12.9/<u>12.9</u> 级。

9.10.3.2　试件的制备

应按 9.10.2.2 制备试件，但不需要腐蚀和去除表面镀层。

9.10.3.3　试验程序

按图 10 所示测量第 1 点和第 2 点的维氏硬度。试验力为 2.942 N(维氏硬度试验 HV0.3)。

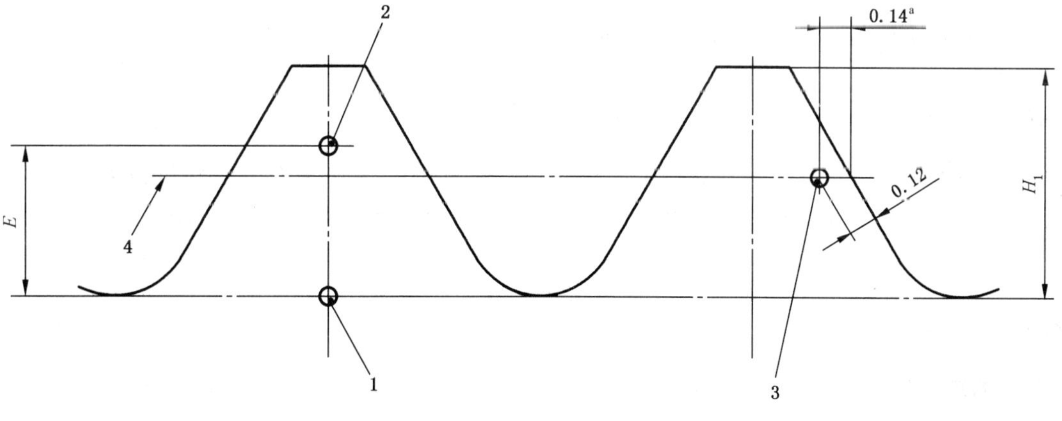

说明：

E——螺纹未脱碳层的高度，mm；

H_1——最大实体条件下外螺纹的牙型高度，mm；

1、2、3——测量点(第 1 点)；

4——螺距线。

[a] 给出 0.14 mm 值仅表明在螺距线上该点的位置。

未脱碳：HV(2)≥HV(1)－30

未增碳：HV(3)≥HV(1)－30

图 10　脱碳试验和增碳试验的硬度测量

9.10.3.4 技术要求

第 2 点的维氏硬度值，HV(2)应等于或大于第 1 点维氏硬度，HV(1)减去 30 个维氏单位。螺纹未脱碳层的高度 E 应符合表 18 规定的技术要求。

注：全脱碳达到表 3 规定的最大值时，不能采用硬度测量法。

9.11 增碳试验

9.11.1 通则

本试验适用于测定淬火并回火紧固件的表面在热处理工艺中是否形成增碳。对于表层增碳状态的评定，基体金属硬度和表面硬度的差值是决定性指标。

注：由于增加表面硬度能造成脆断或降低抗疲劳性，所以增碳是有害的。应仔细区分硬度的增加是由于增碳还是热处理或表面冷作硬化而引起的，例如热处理后辗制螺纹。

可采用以下方法之一进行增碳试验：

——在纵向截面上测定硬度；

——在表面测定硬度。

如有争议，以及当 $P \geqslant 1.25$ mm 时，按 9.11.2 规定的硬度试验，是仲裁试验方法。

9.11.2 在纵向截面测定硬度

9.11.2.1 适用范围

本方法适用于符合以下规定的紧固件：

——螺距 $P \geqslant 1.25$ mm；

——8.8 级～12.9/12.9 级。

9.11.2.2 试件的制备

应按 9.10.2.2 制备试件，但不需要腐蚀和去除表面镀层。

9.11.2.3 试验程序

按图 10 所示测量第 1 点和第 3 点的维氏硬度。试验力为：2.942 N(维氏硬度试验 HV0.3)。

如果在按 9.10.3.3 的试验中已使用过的试件，则第 3 点的硬度应在螺纹螺距线上，并在测定第 1 点和第 2 点硬度相邻的牙上进行测定。

9.11.2.4 技术要求

第 3 点的维氏硬度值，HV(3)应等于或小于第 1 点维氏硬度，HV(1)加上 30 个维氏单位。

超过 30 个维氏单位，表示已增碳，见表 3(No.13 和脚注 h、i 和 j)对 10.9 级和 12.9/12.9 级的硬度规定。

9.11.3 在表面测定硬度

9.11.3.1 适用范围

本方法适用于符合以下规定的紧固件：

——所有规格；

——8.8 级～12.9/12.9 级。

9.11.3.2 **试件的制备**

在紧固件的头部或末端用研磨或抛光准备一个适当的平面，以确保材料表面原始特征的复现与保持。

从距螺纹末端 1*d* 处截取一个横截面，并经适当地制备。

9.11.3.3 **试验程序**

表面硬度应在制备的表面进行测定。

应在横截面上测定基体金属硬度。

测定以上硬度中使用的试验力为：2.942 N（维氏硬度试验 HV0.3）。

9.11.3.4 **技术要求**

表面硬度值应等于或小于基体金属硬度值加上 30 个维氏单位。

超过 30 个维氏单位，表示已增碳，见表 3（No.13 和脚注 h）。对 10.9 级或 12.9/12.9 级最大表面硬度不应大于 390 HV 或 435 HV。

9.12 **再回火试验**

9.12.1 **通则**

本试验适用于检验热处理工艺的最低回火温度。

有争议时，本试验是仲裁试验。

9.12.2 **适用范围**

本方法适用于符合以下规定的紧固件：

——所有规格；

——8.8 级～12.9/12.9 级。

9.12.3 **试验程序**

按 9.9.4.2 的规定测定维氏硬度，并在一个紧固件上读取三点数值。

再回火本紧固件，零件温度应比表 2 规定的最低回火温度低 10 ℃，并保持 30 min。再回火后，在同一紧固件上并在与第一次测定相同的区域，测定新的三点维氏硬度值。

9.12.4 **技术要求**

对比再回火前、后三点硬度平均值。再回火后，（如果有时）硬度降低，应小于 20 个维氏单位。

9.13 **扭矩试验**

9.13.1 **通则**

本扭矩试验可以测定破坏扭矩 M_B，适用于不能进行拉力试验的螺栓和螺钉。

9.13.2 **适用范围**

本试验适用于符合以下规定的紧固件：

——头部承载能力强于螺纹杆部的螺栓和螺钉；

——无螺纹杆部直径 $d_s > d_2$ 或 $d_s \approx d_2$；

——螺纹长度 $b \geqslant 1d+2P$；

——1.6 mm$\leqslant d \leqslant$10 mm；

——4.6 级～12.9/$\underline{12.9}$ 级。

注：GB/T 3098.13 中未对 4.6 级～6.8 级规定数值。

9.13.3 试验仪器与装置

见 GB/T 3098.13。

9.13.4 试验程序

试件应为经尺寸等检验合格的紧固件。

按 GB/T 3098.13 规定将螺栓或螺钉装入试验夹具，应至少有 $1d$ 螺纹长度。从头部到螺纹收尾，或无螺纹杆部到螺纹收尾的未旋合螺纹的长度 l_{th} 至少有 $2P$。应连续施加扭矩。

注：ISO 898-7:1992(GB/T 3098.13—1996,idt)已列入修订计划。有关基本研究的一项调研已表明对未旋合螺纹和螺纹啮合长度的数值可能相互交换。

9.13.5 试验结果

9.13.5.1 方法

见 GB/T 3098.13。

9.13.5.2 技术要求

见 GB/T 3098.13。

有争议时，以下列试验为准：

——对不能进行拉力试验的螺栓和螺钉：按 9.9 规定的硬度试验为仲裁试验；

——对能进行拉力试验的螺栓和螺钉：拉力试验为仲裁试验。

9.14 机械加工试件冲击试验

9.14.1 通则

本试验用于检验在规定的低温条件下，紧固件材料的韧性。如在产品标准或供需双方协议中有要求时，方可实施本试验。

9.14.2 适用范围

本试验适用于符合以下规定的紧固件：

——由螺栓、螺钉和螺柱制取的机械加工试件；

——$d \geqslant$16 mm；

——螺栓和螺钉的总长(包括头部)$\geqslant$55 mm；

——螺柱的总长，$l_t \geqslant$55 mm；

——5.6 级、8.8 级、9.8 级、10.9 级和 12.9/$\underline{12.9}$ 级。

9.14.3 试验仪器与装置

试验仪器与装置应符合 GB/T 229 的规定。

9.14.4 机械加工试件

应从尺寸等检验合格的紧固件成品上制取试件。

机械加工试件应符合 GB/T 229(夏比 V 型缺口试验)的规定。该试件应沿螺杆纵向,尽量靠近紧固件表面,并尽可能远离螺纹部分。试件无刻槽的一边应靠近紧固件的表面。

9.14.5 试验程序

机械加工试件应置于恒温 −20 ℃的条件下,用 2 mm 的摆锤刀刃半径,按 GB/T 229 的规定进行试验。

9.14.6 技术要求

试件在 −20 ℃温度下的吸收能量,应符合表 3 的规定。

注:其他试验温度与吸收能量值,可在有关产品标准中或由供需双方协议规定。

9.15 表面缺陷检查

紧固件表面缺陷应控制在能够接收的范围内。对 4.6 级～10.9 级紧固件表面缺陷的检查,应按 GB/T 5779.1 的规定。由供需双方协议也可按 GB/T 5779.3 进行检查。

对 12.9/12.9 级紧固件表面缺陷的检查,应按 GB/T 5779.3 的规定。

在 MP1 系列试验(见第 8 章)的情况下,表面缺陷的检查应在机械加工前实施。

10 标志

10.1 通则

只有全面符合本部分规定的技术要求,才能按第 5 章的标记制度进行标记,以及按 10.2 和 10.3 或 10.4 提供标志。

除非在产品标准中另有规定,否则在头部顶面凸起的标志高度,不应计入头部高度尺寸。

10.2 制造者识别标志

制造者识别标志应在生产过程中,在标志性能等级代号的所有紧固件产品上进行标志。也推荐在不标志性能等级的紧固件上标志制造者识别标志。

紧固件的销售者使用自己的识别标志,也应视为制造者识别标志。

10.3 全承载能力紧固件的标记与标志

10.3.1 通则

按本部分技术要求生产的全承载能力的紧固件,应按 10.3.2～10.3.4 进行标志。

在 10.3.2～10.3.4 中规定允许任意选择的标志,应由制造者确定。

10.3.2 性能等级的标志代号

性能等级的标志代号,应按表 19 的规定。

表 19 全承载能力紧固件的标志代号

性能等级	4.6	4.8	5.6	5.8	6.8	8.8	9.8	10.9	12.9	12.9
标志代号[a]	4.6	4.8	5.6	5.8	6.8	8.8	9.8	10.9	12.9	12.9
[a] 标志代号中的“.”可以省略。										

在小螺钉的情况下，或当头部形状不允许按表19标志时，可以使用表20给出的时钟面标志符号。

表20　全承载能力螺栓和螺钉的时钟面标志符号

性能等级	4.6	4.8	5.6	5.8	
标志符号	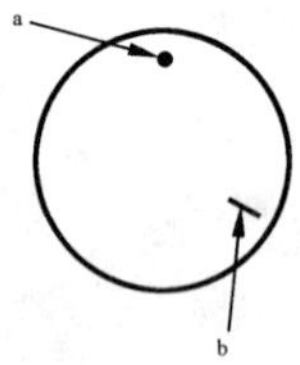	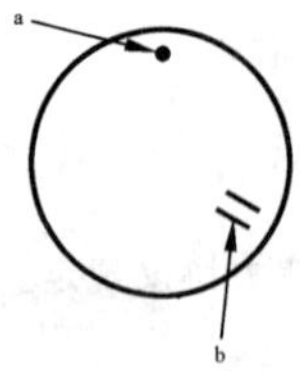	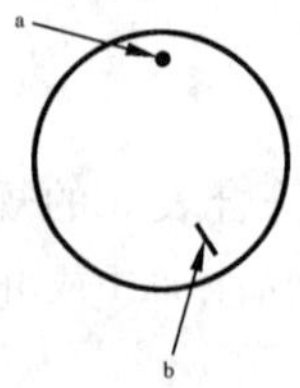		
性能等级	6.8	8.8	9.8	10.9	12.9
标志符号	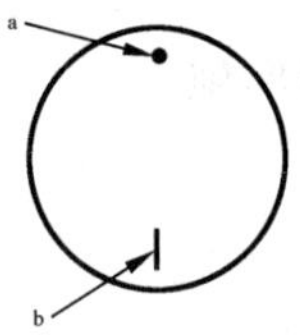	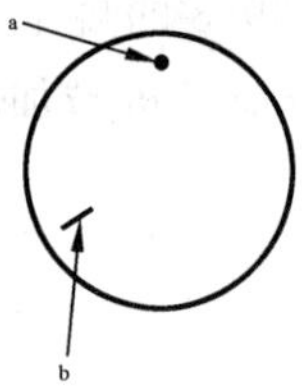	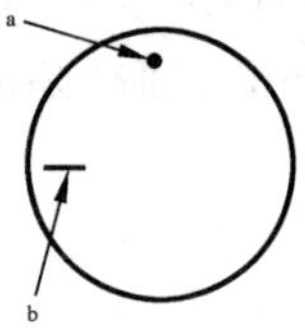	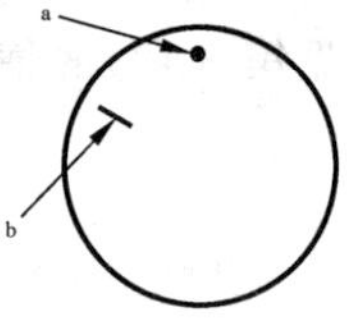	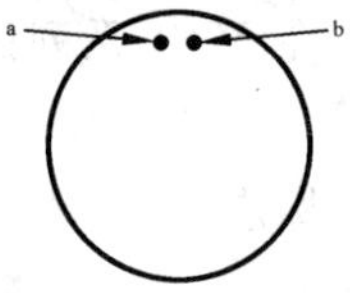

[a] 12点的位置(参照标志)应标志制造者识别标志，或标志一个圆点。

[b] 用一长划或两个长划线标志性能等级，对12.9级用一个圆点。

10.3.3 识别标志

10.3.3.1 六角和六角花形头螺栓和螺钉

六角和六角花形头螺栓和螺钉(包括法兰面紧固件)应标志制造者识别标志和表19规定的性能等级的标志代号。

对所有性能等级的和公称直径≥5 mm的紧固件均要求制出标志。

标志最好在头部顶面用凹字或凸字，或在头部侧面用凹字(见图11)。对法兰面螺栓或螺钉，当制造工艺不允许在头部顶面标志时，可在法兰上标志。

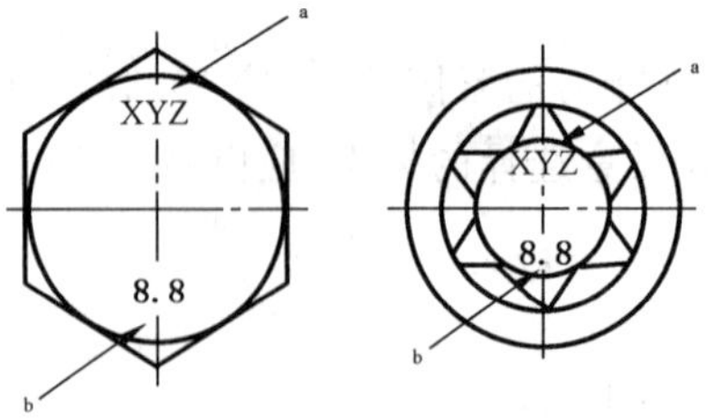

[a] 制造者识别标志。

[b] 性能等级。

图11　六角和六角花形头螺栓和螺钉标志示例

10.3.3.2 内六角和内六角花形圆柱头螺钉

内六角和内六角花形圆柱头螺钉应标志制造者识别标志和表19规定的性能等级的标志代号。

对所有性能等级和公称直径≥5 mm 的紧固件均要求制出标志。

标志最好在头部侧面用凹字或在头部顶面用凹字或凸字(见图 12)。

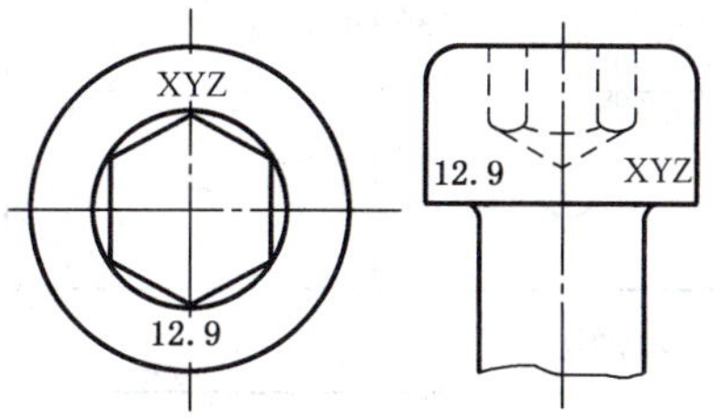

图 12 内六角圆柱头螺钉标志示例

10.3.3.3 圆头方颈螺栓

圆头方颈螺栓应标志制造者识别标志和表 19 中规定的性能等级的标志代号。

对所有性能等级和公称直径≥5 mm 的紧固件均要求制出标志。

在头部用凹字或凸字标志(见图 13)。

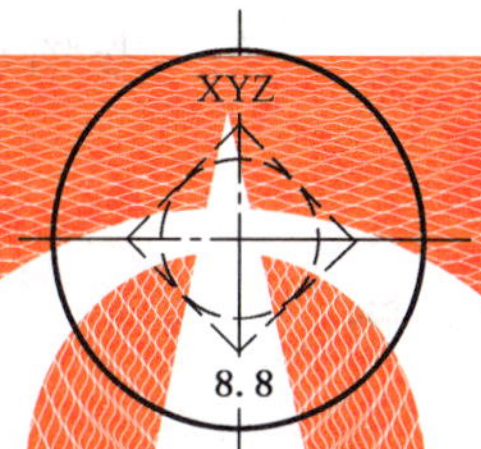

图 13 圆头方颈螺栓标志示例

10.3.3.4 螺柱

螺柱应标志制造者识别标志和表 19 规定的性能等级的标志代号,或表 21 规定的可选用的性能等级标志符号。

对 5.6 级、8.8 级、9.8 级、10.9 级和 12.9/12.9 级,及公称直径≥5 mm 的螺柱要求制出标志。

应在螺柱无螺纹杆部进行标志,如不可能时,应在螺柱的拧入螺母端标志性能等级,并可省略标志制造者识别标志(见图 14)。

对过盈配合的螺柱应在拧入螺母端标志性能等级,并可省略标志制造者识别标志。

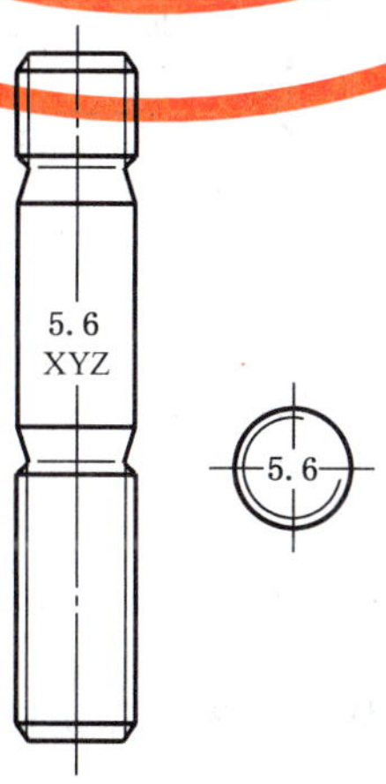

图 14 螺柱标志示例

表 21　可选用的螺柱标志符号

性能等级	5.6	8.8	9.8	10.9	12.9
标志符号	—	○[a]	+	□[a]	△[a]
[a] 允许该符号仅显示个轮廓或整个区域凹陷。					

10.3.3.5　其他类型的螺栓和螺钉

根据用户要求，10.3 规定的标志代号，也可以用于其他类型的螺栓和螺钉，以及专用紧固件。

通常，对沉头、半沉头、圆柱头及盘头螺钉，或类似开槽、十字槽形状的，或有内凹槽，或者其他内扳拧结构的，均不进行标志。

10.3.4　左旋螺纹的螺栓和螺钉的标志

对公称直径≥5 mm 的左旋螺纹的螺栓和螺钉应按图 15 规定的符号，在头部顶面或末端进行标志。

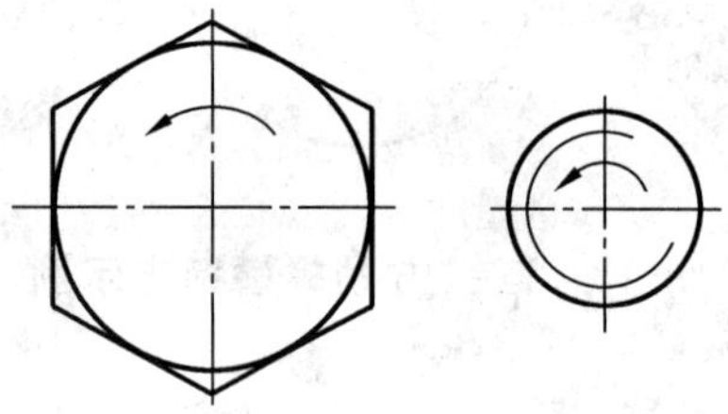

图 15　左旋螺纹的螺栓和螺钉的标志

对六角头螺栓和螺钉亦可选用图 16 规定的左旋螺纹的标志。

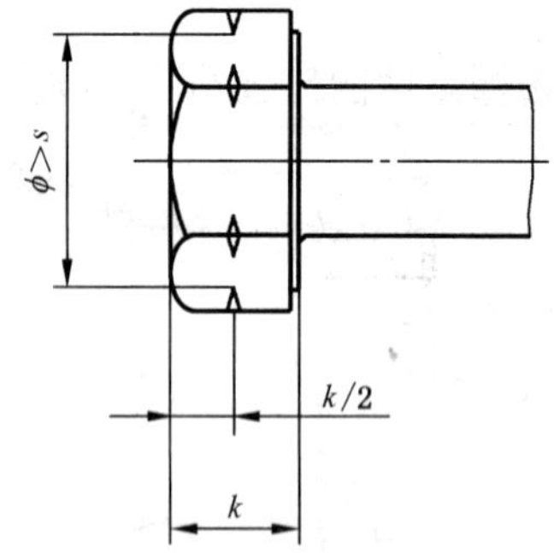

s——对边宽度；
k——头部高度。

图 16　左旋螺纹的螺栓和螺钉可选用的标志

10.4 降低承载能力紧固件的标记与标志

10.4.1 通则

按本部分生产的降低承载能力的紧固件，应按表 22 的规定进行标志，其余则应参照 10.3.3 和 10.3.4 的规定进行标志。

对降低承载能力的紧固件不应使用表 19、表 20 和表 21 规定的标志代号。

产品标准为降低承载能力的紧固件，即使某些规格能够达到全承载能力的技术要求，但对该产品的所有规格还应按表 22 的规定进行标志。

10.4.2 降低承载能力的紧固件的标志代号

降低承载能力的紧固件的标志代号应按表 22 的规定。

表 22 降低承载能力的紧固件的标志代号

性能等级	04.6	04.8	05.6	05.8	06.8	08.8	09.8	010.9	012.9	<u>012.9</u>
标志代号[a]	04.6	04.8	05.6	05.8	06.8	08.8	09.8	010.9	012.9	<u>012.9</u>
[a] 标志代号中的“.”可以省略。										

10.5 包装标志

对各类紧固件、所有规格的所有包装上，均应有标志(含贴或拴标签)。标志应包括制造者和/或经销者商标(或识别标志)和性能等级标志代号，以及 GB/T 90.3 规定的生产批号。

附 录 A
（资料性附录）
抗拉强度与断后伸长率的关系

抗拉强度与断后伸长率的关系，见表 A.1。

表 A.1 抗拉强度与断后伸长率的关系

抗拉强度 $R_{m,nom}$/MPa			400	500	600	700	800	900	1 000	1 100	1 200	1 300
断后伸长率[a] $A_{f,min}$ or A_{min}	$A_{f\,min}$	A_{min}										
	0.37	22	4.6									
	0.33	20		5.6								
	0.24		4.8									
	0.22			5.8								
	0.20[b]	12[c]			6.8		8.8					
	—	10						9.8				
	0.13	9							10.9			
	—	8									12.9/12.9	

[a] $A_{f,min}$和 A_{min}黑体字的数值是标准值，见表 3。

[b] 仅适用于 6.8 级。

[c] 仅适用于 8.8 级。

附 录 B
（资料性附录）
高温对紧固件机械性能的影响

高温能改变紧固件的机械性能和工作性能。

我们知道，当达到典型的服役温度 150 ℃时，对紧固件机械性能尚无有害影响。当温度超过 150 ℃并最大达到 300 ℃时，则应当仔细检查，以确保紧固件的工作性能。

伴随温度的增加，将逐渐展现：

——对紧固件成品的下屈服强度，或规定非比例延伸 0.2%的应力，或规定非比例延伸 0.004 8d 的应力的降低，和

——抗拉强度的降低。

经验之谈：在高温服役条件下，紧固件持续运行时，随着更高的温度增长，能导致应力松弛。应力松弛将伴随夹紧力的损失。

冷作硬化紧固件(4.8、5.8、6.8)比淬火并回火或消除应力的紧固件对应力松弛更敏感。

对高温紧固件使用含铅-钢时，应当注意。对这种紧固件，当服役温度处于铅的熔点范围时，应当考虑液态金属脆变(LME)风险。

有关“高温紧固件用钢的选择与应用”的参考资料，如 EN 10269 和 ASTM F 2281。

附 录 C
（资料性附录）
紧固件实物断后伸长率 A_f

表 3 仅对 4.8 级、5.8 级和 6.8 级螺栓、螺钉和螺柱实物规定了最小断后伸长率 $A_{f,min}$。作为资料，对其他性能等级的数值在表 C.1 中给出。这些数值仍在调查研究中。

表 C.1 紧固件实物断后伸长率，A_f

性能等级	4.6	5.6	8.8	9.8	10.9	12.9/<u>12.9</u>
$A_{f,min}$	0.37	0.33	0.20	—	0.13	—

参 考 文 献

[1] EN 10269 规定的高温和/或低温紧固件用钢和镍合金.

[2] ISO 1891 紧固件 术语(GB/T 3099.1—2008 与 ISO/FDIS 1981:2008 一致).

[3] ASTM F 2281 耐热与高温用不锈钢和镍合金螺栓、内六角圆柱头螺钉和螺柱标准技术条件.

[4] ASTM A 320/A 320M 低温服役用合金/钢栓接材料标准技术条件.

ICS 21.060.10
J 13

中华人民共和国国家标准

GB/T 3098.8—2010
代替 GB/T 3098.8—1992

紧固件机械性能 −200 ℃～+700 ℃使用的螺栓连接零件

Mechanical properties of fasteners
Parts for bolted connections for use at temperatures from −200 ℃～+700 ℃

2011-01-10 发布　　2011-10-01 实施

中华人民共和国国家质量监督检验检疫总局
中国国家标准化管理委员会　发布

前　言

GB/T 3098的本部分(以下简称本部分)是国家标准“紧固件机械性能”系列标准之一。该系列包括:

a) GB/T 3098.1—2010　紧固件机械性能　螺栓、螺钉和螺柱;
b) GB/T 3098.2—2000　紧固件机械性能　螺母　粗牙螺纹;
c) GB/T 3098.3—2000　紧固件机械性能　紧定螺钉;
d) GB/T 3098.4—2000　紧固件机械性能　螺母　细牙螺纹;
e) GB/T 3098.5—2000　紧固件机械性能　自攻螺钉;
f) GB/T 3098.6—2000　紧固件机械性能　不锈钢螺栓、螺钉和螺柱;
g) GB/T 3098.7—2000　紧固件机械性能　自挤螺钉;
h) GB/T 3098.8—2010　紧固件机械性能　－200 ℃～＋700 ℃使用的螺栓连接零件;
i) GB/T 3098.9—2010　紧固件机械性能　有效力矩型钢六角锁紧螺母;
j) GB/T 3098.10—1993　紧固件机械性能　有色金属制造的螺栓、螺钉、螺柱和螺母;
k) GB/T 3098.11—2002　紧固件机械性能　自钻自攻螺钉;
l) GB/T 3098.12—1996　紧固件机械性能　螺母锥形保证载荷试验;
m) GB/T 3098.13—1996　紧固件机械性能　螺栓与螺钉的扭矩试验和破坏扭矩　公称直径1～10 mm;
n) GB/T 3098.14—2000　紧固件机械性能　螺母扩孔试验;
o) GB/T 3098.15—2000　紧固件机械性能　不锈钢螺母;
p) GB/T 3098.16—2000　紧固件机械性能　不锈钢紧定螺钉;
q) GB/T 3098.17—1996　紧固件机械性能　检查氢脆用预载荷试验　平行支承面法;
r) GB/T 3098.18—2004　紧固件机械性能　盲铆钉试验方法;
s) GB/T 3098.19—2004　紧固件机械性能　抽芯铆钉;
t) GB/T 3098.20—2004　紧固件机械性能　蝶形螺母　保证扭矩;
u) GB/T 3098.21—2008　紧固件机械性能　不锈钢自攻螺钉;
v) GB/T 3098.22—2009　紧固件机械性能　细晶非调质钢螺栓、螺钉和螺柱。

本部分是GB/T 3098的第8部分。

本部分等同采用DIN 267-13:2007《紧固件　技术条件　第13部分:适用于－200 ℃～＋700 ℃特殊机械性能的螺栓连接零件》(德文版)。主要修改如下:

——在引用文件中,用我国标准代替德国标准(第2章);
——在标记中用我国GB/T 13807.2产品标准,代替德国DIN 2510(第7章);
——增加资料性附录A。

本部分代替GB/T 3098.8—1992《紧固件机械性能　耐热用螺纹连接副》。

本部分与GB/T 3098.8—1992相比主要变化如下:

——修改了标准名称;
——等同采用DIN 267-13:2007;
——修改适用范围,并规定了－200 ℃的低温韧性及＋700 ℃的高温强度的有关技术要求(第1章);
——全面修改、增加了引用文件(第2章);
——增加:奥氏体材料低温达－200 ℃的零件,必须满足GB/T 3098.6和GB/T 3098.15对各种性

能等级的要求(见 4.1、表 1);

——增加:使用温度高达+700 ℃的钢和镍合金钢的材料牌号、性能等级,必须满足 DIN EN 10269 的规定(见 4.1、表 2);

——增加有关螺栓连接副的承载能力的规定(见 4.2);

——增加螺栓与螺母材料的合理匹配表(见表 3);

——增加螺栓最小拉力载荷、螺母保证载荷值(见表 4~表 7);

——调整检验方法,增加仲裁检验方法的规定(第 5 章);

——增加产品标记中有关性能等级或材料的标记示例(第 7 章);

——增加附录 A。

本部分的附录 A 为资料性附录。

本部分由中国机械工业联合会提出。

本部分由全国紧固件标准化技术委员会(SAC/TC 85)归口。

本部分负责起草单位:中机生产力促进中心。

本部分参加起草单位:马鞍山钢铁股份有限公司、山东美陵化工设备股份有限公司、宁波九龙紧固件制造有限公司、宁波东港紧固件制造有限公司。

本部分所代替标准的历次版本发布情况为:

——GB/T 3098.8—1992。

紧固件机械性能
－200 ℃～＋700 ℃使用的螺栓连接零件

1 范围

GB/T 3098 的本部分规定了螺栓和螺母的材料牌号和机械性能，以及对于－200 ℃的低温韧性及＋700 ℃的高温强度的有关技术要求。

作为对 GB/T 3098.1、GB/T 3098.2 和 GB/T 3098.4 的一个重要的补充，即适用于工作温度低于－50 ℃或高于＋150 ℃的特殊工作环境紧固件的机械性能。

2 规范性引用文件

下列文件对于本文件的应用是必不可少的。凡是注日期的引用文件，仅注日期的版本适用于本文件。凡是不注日期的引用文件，其最新版本(包括所有的修改单)适用于本文件。

GB/T 228 金属材料 室温拉伸试验方法(GB/T 228—2002,eqv ISO 6892:1998)

GB/T 3098.1 紧固件机械性能 螺栓、螺钉和螺柱(GB/T 3098.1—2010,ISO 898-1:2009,MOD)

GB/T 3098.2 紧固件机械性能 螺母 粗牙螺纹(GB/T 3098.2—2000, idt ISO 898-2:1992)

GB/T 3098.4 紧固件机械性能 螺母 细牙螺纹(GB/T 3098.4—2000,idt ISO 898-6:1994)

GB/T 3098.6 紧固件机械性能 不锈钢螺栓、螺钉和螺柱(GB/T 3098.6—2000,idt ISO 3506-1:1997)

GB/T 3098.15 紧固件机械性能 不锈钢螺母(GB/T 3098.15—2000,idt ISO 3506-2:1997)

GB/T 3103.4 紧固件公差 耐热用螺纹连接副

GB/T 3104 紧固件 六角产品的对边宽度(GB/T 3104—1982,eqv ISO 272:1982)

GB/T 4340.1 金属维氏硬度试验 第1部分:试验方法(GB/T 4340.1—2009,ISO 6507-1:2005,MOD)

GB/T 13807.2 腰状杆螺柱连接副 螺柱(GB/T 13807.2—2008,DIN 2510-3/4/8:1971,MOD)

GB/T 13807.3 腰状杆螺柱连接副 螺母、受力套管(GB/T 13807.3—2008,DIN 2510-5/6/7:1971,MOD)

DIN EN 10269:2006-07 用于高温或/和低温的紧固件用钢和镍合金钢

AD 2000—说明书 W2[1)]，奥氏体和奥氏体——铁素体钢

AD 2000—说明书 W7[1)]，铁素体钢制造的螺栓和螺母

AD 2000—说明书 W10[1)]，低温材料——铁材料

TRD 106[1)]，钢制螺栓和螺母

VdTUV WB 113/2[2)]，轧制或锻压耐高温奥氏体钢，×8 CrNiMoBNb16—16＋wk—材料编号 Nr1.4986＋wk

VdTUV WB 435/3[2)]，轧制或锻压耐热奥氏体钢，×5Ni Cr Ti 26 15—16—材料编号 Nr1.4980

VdTUV WB 490[2)]，由耐热钢 35B2 制造的螺栓和螺母—材料编号 Nr1.5511

---

1) 资料来源:Beuth 出版有限公司，柏林 10772。

2) 资料来源:Rheinland 有限公司 TÜV 出版社，邮编 10 17 50 ，50672 科隆。

3 术语与定义

DIN EN 10269、GB/T 3098.1、GB/T 3098.2、GB/T 3098.4、GB/T 3098.6 和 GB/T 3098.15 规定的术语与定义适用于本部分。

4 材料和机械性能等级

4.1 机械性能

表 1 给出了最低工作温度可达－200 ℃的奥氏体钢紧固件。该材料的性能应符合 GB/T 3098.6 和 GB/T 3098.15 的规定。

表 1 符合 GB/T 3098.6 和 GB/T 3098.15 奥氏体钢紧固件的最低工作温度

持续工作的最低温度（近似值）	钢的组别[a]	性能等级	
		螺栓	螺母
	A2L		
—60℃[b]	A2	50	50
	A3		70
—200℃[c]	A4L	70	80
	A4		
	A5		

注：高于这些温度，对使用没有影响。低于这些温度，应按使用条件，进行相应的性能试验。

[a] 铜含量≤1%（按 GB/T 3098.6 和 GB/T 3098.15 的规定）。
[b] 有头螺栓。
[c] 螺柱。

适用于高温达＋700 ℃的钢和镍合金钢，见表 2。该材料性能应符合 DIN EN 10269 的表 4 对热处理状态的规定。

通常，对紧固件可按 DIN EN 10269 的表 5、表 C.1 和表 D.1 确定高温规定非比例延伸 0.2%的应力、抗蠕变强度，以及松弛性能的参考数据。

对有附加条件的情况，则应按有关约定。这些要求与 AD2000—说明书 W2、W7 和 W10 有关，涉及 VdTUV 材料分册 WB 113/2、WB 435/3 和 WB 490 或蒸汽锅炉的规范 TRD 106，或对于一些奥氏体材料的限制。

表 2 DIN EN 10269 钢和镍合金钢适用的工作温度

DIN EN 10269 规定的工作温度范围			材　料				螺栓和/或螺母硬度/HV	
min	短时间[a] max	长时间[b] max	缩　写	编　号	牌　号	状　态[c]	min	max
－120℃	—	—	KB	1.568 0	X12Ni5	＋NT	157	203
						＋QT	173	235
—	400 ℃	500 ℃	Y[d]	1.118 1	C35E	＋N	150	200
—	400 ℃	500 ℃	YK	1.118 1	C35E	＋QT	165	210

表 2（续）

DIN EN 10269 规定的工作温度范围			材料				螺栓和/或螺母硬度/HV	
min	短时间[a] max	长时间[b] max	缩写	编号	牌号	状态[c]	min	max
—	400 ℃	—	YB	1.551 1	35B2[g]	+QT	165	210
−60 ℃	500 ℃	550 ℃	KG	1.721 8	25CrMo4	+QT	195	240
−100 ℃	500 ℃	—	GC	1.722 5	42CrMo4	+QT	275	337
—	500 ℃	550 ℃	GA	1.770 9	21CrMoV5-7	+QT	225	272
—	600 ℃	550 ℃	GB	1.771 1	40CrMoV46	+QT	272	320
—	550 ℃	600 ℃	V[e]	1.492 3	X22CrMoV12-1	+QT 1[e]	256	303
—	550 ℃	600 ℃	VH[f]	1.492 3	X22CrMoV12-1	+QT 2[f]	287	367
—	600 ℃	600 ℃	VW	1.491 3	X19CrMoNbVN11-1	+QT	287	367
—	650 ℃	670 ℃	S	1.498 6	X7CrNiMoBNb16-16	+WW+P	210	272
−196 ℃	650 ℃	650 ℃	SD	1.498 0	X6NiCrTiMoVB25-15-2	+AT+P	287	367
−196 ℃	650 ℃	800 ℃	SB	2.495 2	NiCr20TiAl	+AT+P	320	417

[a] 给出屈服强度和抗拉强度的温度上限。

[b] 给出蠕变极限和持久强度极限的温度上限。

[c] DIN EN 10269 的表 4 中的各种状态：

+N：正火；

+NT：正火和回火；

+QT：淬火并回火；

+WW：热加工硬化；

+AT：固溶；

+P：时效硬化。

[d] 仅对螺母。

[e] 缩写 V 按 DIN EN 10269，材料 X22CrMoV12-1 机械加工试件的规定非比例延伸 0.2%的应力 $R_{P0.2} \geqslant 600\ N/mm^2$（+QT1）。

[f] 缩写 VII 按 DIN EN 10269，材料 X22CrMoV12-1 机械加工试件的规定非比例延伸 0.2%的应力 $R_{P0.2} \geqslant 600\ N/mm^2$（+QT2）。

[g] 也可参阅 VdTUV 材料分册 WB 490。

4.2 螺栓连接副的承载能力

4.2.1 通则

由螺栓和螺母组成的一个连接副，必须符合以下要求，方可认为是全承载能力的：

——相配的螺栓和螺母分别是全承载能力的，螺母还应符合：对粗牙螺母，不低于 1 型螺母高度，或对细牙螺母，不低于 2 型螺母高度；

——螺纹公差相配适当，如 6H/6g[3)]；

——螺母材料的抗拉强度应高于螺栓材料抗拉强度的 70%；

——螺栓与螺母材料的合理匹配见表 3。

注： 如果按表 3 选取螺栓材料，并采用了受力套管时，则该受力套管应优先选择与螺栓相同的材料。

3) 杆部降低承载能力的腰状杆螺柱，见 GB/T 13807.2 和 GB/T 13807.3。其螺纹公差按 GB/T 3103.4 规定。

4.2.2 全承载能力的的螺栓

断裂时，满足以下要求的螺栓，方可认为是全承载能力的：

——对螺栓实物进行拉力试验时，能够达到表 4a 或表 5a 的最小拉力载荷($R_{m,min} \times A_{s,公称}$)；

——对表 2 由钢和镍铬钢制造的螺栓按 GB/T 3098.1 进行试验时，断裂应发生在未旋合螺纹的长度内；

——对表 1 由奥氏体钢制造的螺栓按 GB/T 3098.6 进行试验时，断裂应发生在未旋合螺纹的长度内或无螺纹杆部。

4.2.3 全承载能力的螺母

断裂时，满足以下要求的螺母，方可认为是全承载能力的：

——螺母能够承受表 4a 或表 5a 给出的螺栓最小拉力载荷($R_{m,min} \times A_{s,公称}$)；

——圆螺母的外径或六角螺母对边宽度最小值符合 GB/T 3104 的规定；

——粗牙螺母高度最小值符合 1 型，细牙螺母高度最小值符合 2 型的规定。

表 3 螺栓与螺母材料的合理匹配

			螺栓															螺母	
			奥氏体不锈钢性能等级		钢和镍合金钢													保证应力[a] S_p/(N/mm²)	
			50	70	KB	YK	YB	KG	GA	GB	GC	V	VH	VW	S	SD	SB	粗牙 1 型	细牙 2 型
螺母	奥氏体不锈钢性能等级	50	○	—	—	—	—	—	—	—	—	—	—	—	—	—	—	629[b]	725[b]
		70	○	○	—	—	—	—	—	—	—	—	—	—	—	—	—	800[b]	875[b]
		80	●	●	—	—	—	—	—	—	—	—	—	—	—	—	—	886[b]	950[b]
	钢和镍合金钢	KB	—	—	●	—	—	—	—	—	—	—	—	—	—	—	—	654	748
		Y	—	—	—	○	○	○	—	—	—	—	—	—	—	—	—	714	800
		YK	—	—	—	●	●	●	—	—	—	—	—	—	—	—	—	714	800
		YB	—	—	—	○	○	○	—	—	—	—	—	—	—	—	—	714	800
		KG	—	—	—	—	—	○	●	—	—	—	—	—	—	—	—	800	875
		GA	—	—	—	—	—	●	●	●	●	—	—	—	—	—	—	937	995
		GB	—	—	—	—	—	—	○	○	○	—	—	—	—	—	—	937	995
		GC	—	—	—	—	—	—	○	○	○	—	—	—	—	—	—	937	995
		V	—	—	—	—	—	—	—	—	—	○	○	○	—	—	—	971	1 025
		VH	—	—	—	—	—	—	—	—	—	○	○	○	—	—	—	971	1 025
		VW	—	—	—	—	—	—	—	—	—	○	○	○	—	—	—	971	1 025
		S	—	—	—	—	—	—	—	—	—	—	—	—	○	—	—	775	838
		SD	—	—	—	—	—	—	—	—	—	—	—	—	—	○	—	971	1 025
		SB	—	—	—	—	—	—	—	—	—	—	—	—	—	—	○	1 057	1 100

表 3（续）

			螺栓															螺母	
			奥氏体不锈钢性能等级		钢和镍合金钢													保证应力[a] S_p/(N/mm²)	
			50	70	KB	YK	YB	KG	GA	GB	GC	V	VH	VW	S	SD	SB	粗牙 1 型	细牙 2 型
螺栓	抗拉强度 R_m/(N/mm²)	max	—	—	710	650	650	750	850	1 000	1 060	950	1 050	1 050	850	1 150	1 300		
		min	500	700	530	500	500	600	700	850	860	800	900	900	650	900	1 000		

注：● 优先匹配的；○ 允许匹配的；—不推荐的。

[a] 在确定保证应力时，考虑试验芯棒的硬度应高于与螺母匹配的螺栓的硬度。但螺母的保证应力应当高于匹配的螺栓中最高性能等级的最小抗拉强度值。

[b] 为了在检测中识别全承载能力的螺母，必须施加比 GB/T 3098.15 提高了的保证应力。按 GB/T 3098.15 对 70 级和 80 级的要求，大批量生产较小规格的螺母时，通常采用冷加工；只对 50 级的大规格螺母采用热加工。若按本标准对特殊螺母的要求，小批量生产大多数采用棒料经切削加工而成。这些棒料由于冷作硬化（拉拔）变形的不均匀性，在其横截面内各点的机械性能也不均匀。因此，这样制造的螺母存在着风险，即在检验保证载荷时，虽然采用了淬硬试棒，但测定的保证应力只能达到 GB/T 3098.15 规定的较低的保证应力值。所以，与一个较软的螺栓匹配时，不能达到最小拉力载荷。因此，这里要求采用较高的保证应力。

表 4a　粗牙螺纹螺栓的最小拉力载荷（$A_{s,公称} \times R_{m,min}$/kN）

螺纹规格 d	螺纹应力截面积 $A_{s,公称}$/mm²	奥氏体不锈钢性能等级		钢和镍合金钢										
		50	70	KB	YK YB	KG	GA	GB	GC	V	VH VW	S	SD	SB
M3	5.03	2.52	3.52	2.67	2.52	3.02	3.52	4.28	4.33	4.02	4.53	3.27	4.53	5.03
M3.5	6.78	3.39	4.75	3.59	3.39	4.07	4.75	5.76	5.83	5.42	6.10	4.41	6.10	6.78
M4	8.78	4.39	6.15	4.65	4.39	5.27	6.15	7.46	7.55	7.02	7.90	5.71	7.90	8.78
M5	14.2	7.10	9.94	7.53	7.1	8.52	9.94	12.1	12.2	11.4	12.8	9.23	12.8	14.2
M6	20.1	10.1	14.1	10.7	10.1	12.1	14.1	17.1	17.3	16.1	18.1	13.1	18.1	20.1
M7	28.9	14.5	20.2	15.3	14.5	17.3	20.2	24.6	24.9	23.1	26.0	18.8	26.0	28.9
M8	36.6	18.3	25.6	19.4	18.3	22.0	25.6	31.1	31.5	29.3	32.9	23.8	32.9	36.6
M10	58.0	29.0	40.6	30.7	29.0	34.8	40.6	49.3	49.9	46.4	52.2	37.7	52.2	58.0
M12	84.3	42.2	59.0	44.7	42.2	50.6	59.0	71.7	72.5	67.4	75.9	54.8	75.9	84.3
M14	115	57.5	80.5	61.0	57.5	69.0	80.5	97.8	98.9	92.0	104	74.8	104	115
M16	157	78.5	110	83.2	78.5	94.2	110	133	135	126	141	102	141	157
M18	192	96.0	134	102	96.0	115	134	163	165	154	173	125	173	192
M20	245	123	172	130	123	147	172	208	211	196	221	159	221	245
M22	303	152	212	161	152	182	212	258	261	242	273	197	273	303
M24	353	177	247	187	177	212	247	300	304	282	318	229	318	353

表 4a（续）

螺纹规格 d	螺纹应力截面积 $A_{s,公称}$/mm^2	奥氏体不锈钢性能等级		钢和镍合金钢										
		50	70	KB	YK YB	KG	GA	GB	GC	V	VH VW	S	SD	SB
M27	459	230	—	243	230	275	321	390	395	367	413	298	413	459
M30	561	281	—	297	281	337	393	477	482	449	505	365	505	561
M33	694	347	—	368	347	416	486	590	597	555	625	451	625	694
M36	817	409	—	433	409	490	572	694	703	654	735	531	735	817
M39	976	488	—	517	488	586	683	830	839	781	878	634	878	976

表 4b　粗牙螺纹螺母的保证载荷（$A_{s,公称} \times S_p$/kN）

螺纹规格 d	螺纹应力截面积 $A_{s,公称}$/mm^2	奥氏体不锈钢性能等级			钢和镍合金钢							
		50[a]	70[a]	80[a]	KB	Y YK YB	KG	GA GB GC	V VH VW	S	SD	SB
M3	5.03	3.16	4.02	4.46	3.29	3.59	4.02	4.71	4.88	3.81	4.88	5.32
M3.5	6.78	4.26	5.42	6.01	4.43	4.84	5.42	6.35	6.58	5.13	6.58	7.17
M4	8.78	5.52	7.02	7.78	5.74	6.27	7.02	8.23	8.53	6.65	8.53	9.28
M5	14.2	8.93	11.4	12.6	9.29	10.1	11.4	13.3	13.8	10.7	13.8	15.0
M6	20.1	12.6	16.1	17.8	13.1	14.4	16.1	18.8	19.5	15.2	19.5	21.2
M7	28.9	18.2	23.1	25.6	18.9	20.6	23.1	27.1	28.1	21.9	28.1	30.5
M8	36.6	23.0	29.3	32.4	23.9	26.1	29.3	34.3	35.5	27.7	35.5	38.7
M10	58.0	36.5	46.4	51.4	37.9	41.4	46.4	54.3	56.3	43.9	56.3	61.3
M12	84.3	53.0	67.4	74.7	55.1	60.2	67.4	79.0	81.9	63.8	81.9	89.1
M14	115	72.3	92.0	102	75.2	82.1	92.0	108	112	87.1	112	122
M16	157	99	126	139	103	112	126	147	152	119	152	166
M18	192	121	154	170	126	137	154	180	186	145	186	203
M20	245	154	196	217	160	175	196	230	238	185	238	259
M22	303	191	242	268	198	216	242	284	294	229	294	320
M24	353	222	282	313	231	252	282	331	343	267	343	373
M27	459	289	—	—	300	328	367	430	446	347	446	485
M30	561	353	—	—	367	401	449	526	545	425	545	593
M33	694	437	—	—	454	496	555	650	674	525	674	734
M36	817	514	—	—	534	583	654	766	793	618	793	864
M39	976	614	—	—	638	697	781	915	948	739	948	1 032

[a] 保证载荷高于 GB/T 3098.15 规定的数值，见表 3 注 b。

表 5a　细牙螺纹螺栓的最小拉力载荷($A_{s,公称} \times R_{m,min}$/kN)

螺纹规格 $d \times P$	螺纹应力截面积 $A_{s,公称}$/mm^2	奥氏体不锈钢性能等级		钢和镍合金钢										
		50	70	KB	YK YB	KG	GA	GB	GC	V	VH VW	S	SD	SB
M8×1	39.2	19.6	27.4	20.8	19.6	23.5	27.4	33.3	33.7	31.4	35.3	25.5	35.3	39.2
M10×1	64.5	32.3	45.2	34.2	32.3	38.7	45.2	54.8	55.7	51.6	58.1	41.9	58.1	64.5
M10×1.25	61.2	30.6	42.8	32.4	30.6	36.7	42.8	52.0	52.6	49.0	55.1	39.8	55.1	61.2
M12×1.25	92.1	46.1	64.5	48.8	46.1	55.3	64.5	78.3	79.2	73.7	82.9	59.9	82.9	92.1
M12×1.5	88.1	44.1	61.7	46.7	44.1	52.9	61.7	74.9	75.8	70.5	79.3	57.3	79.3	88.1
M14×1.5	125	62.5	88	66.3	62.5	75.0	87.5	106	108	100	113	81.3	113	125
M16×1.5	167	83.5	117	88.5	83.5	100	117	142	144	134	150	109	150	167
M18×1.5	215	108	151	114	108	129	151	183	185	172	194	140	194	215
M18×2	204	102	143	108	102	122	143	173	175	163	184	133	184	204
M20×1.5	272	136	190	144	136	163	190	231	234	218	245	177	245	272
M20×2	258	129	181	137	129	155	181	219	222	206	232	168	232	258
M22×1.5	333	167	233	176	165	200	233	283	286	266	300	216	300	333
M22×2	318	159	223	169	159	191	223	270	273	254	286	207	286	318
M24×2	384	192	269	204	192	230	269	326	330	307	346	250	346	384
M27×2	496	248	—	263	248	298	347	422	427	397	446	322	446	496
M30×2	621	311	—	329	311	373	435	528	534	497	559	404	559	621
M33×2	761	381	—	403	381	457	533	647	654	609	685	495	685	761
M36×3	865	433	—	458	433	519	606	735	744	692	779	562	779	865
M39×3	1030	515	—	546	515	618	721	876	886	824	927	670	927	1 030

表 5b　细牙螺纹螺母的保证载荷($A_{s,公称} \times S_p$/kN)

螺纹规格 $d \times P$	螺纹应力截面积 $A_{s,公称}$/mm^2	奥氏体不锈钢性能等级			钢和镍合金钢							
		50[a]	70[a]	80[a]	KB	Y YK YB	KG	GA GB GC	V VH VW	S	SD	SB
M8×1	39.2	28.4	34.3	37.2	29.3	31.4	34.3	39.0	40.2	32.8	40.2	43.1
M10×1	64.5	46.8	56.4	61.3	48.2	51.6	56.4	64.2	66.1	54.1	66.1	71.0
M10×1.25	61.2	44.4	53.6	58.2	45.8	49.0	53.6	60.9	62.7	51.3	62.7	67.3
M12×1.25	92.1	66.8	80.6	87.5	68.9	73.7	80.6	91.6	94.4	77.2	94.4	101.3
M12×1.5	88.1	63.9	77.1	83.7	65.9	70.5	77.1	87.7	90.3	73.8	90.3	96.9
M14×1.5	125	90.6	109	119	93.5	100	109	124	128	105	128	138
M16×1.5	167	121	146	159	125	134	146	166	171	140	171	184

表 5b(续)

螺纹规格 $d \times P$	螺纹应力截面积 $A_{s,公称}$/mm^2	奥氏体不锈钢性能等级			钢和镍合金钢							
		50[a]	70[a]	80[a]	KB	Y YK YB	KG	GA GB GC	V VH VW	S	SD	SB
M18×1.5	215	156	188	204	161	172	188	214	220	180	220	237
M18×2	204	148	179	194	153	163	179	203	209	171	209	224
M20×1.5	272	197	238	258	203	218	238	271	279	228	279	299
M20×2	258	187	226	245	193	206	226	257	264	216	264	284
M22×1.5	333	241	291	316	249	266	291	331	341	279	341	366
M22×2	318	231	278	302	238	254	278	316	326	266	326	350
M24×2	384	278	336	365	287	307	336	382	394	322	394	422
M27×2	496	360	—	—	371	397	434	494	508	416	508	546
M30×2	621	450	—	—	465	497	543	618	637	520	637	683
M33×2	761	552	—	—	569	609	666	757	780	638	780	837
M36×3	865	627	—	—	647	692	757	861	887	725	887	952
M39×3	1 030	747	—	—	770	824	901	1 025	1 056	863	1 056	1 133

[a] 保证载荷高于 GB/T 3098.15 规定的数值,见表 3 注 b。

5 检验

5.1 通则

对冷成型或热成型连接件的要求见表 2,但材料缩写字母 Y(C35E+N)的热成型螺母,应按 DIN EN 10269 表 4 进行热处理。

按表 1~表 3 及有关标准的机械性能试验,必须作为制造这些零件的基本要求。

对表 2 给出的材料或表 1 中 50 级,并且不进行热处理的连接件,只有按 EN 10269 的表 4 提供了钢棒供应状态的机械性能质保单,才能采用切削加工工艺。此时,可以采用滚压螺纹工艺。

在工厂产品检验时,制造者可按表 2 对连接件进行维氏硬度测试。而对表 1 奥氏体连接件不进行硬度测试。

5.2 全承载能力的螺栓

仲裁试验:

对全承载能力并符合表 1 材料的螺栓,按 GB/T 3098.6 对螺栓实物进行拉力试验,测定 $R_{P0.2}$,R_m 及 A。

对全承载能力并符合表 2 材料的螺栓,按 GB/T 3098.1 对螺栓实物进行拉力试验,测定 R_m(表 3)。

5.3 全承载能力的螺母

仲裁试验:

对全承载能力并符合表 1 或表 2 材料的螺母,按 GB/T 3098.2 或 GB/T 3098.4 测定保证载荷

（表 4b 或表 5b）。

5.4 降低承载能力的螺栓

仲裁试验：

对降低承载能力并符合表 1 材料的腰状杆螺栓，按 GB/T 228 对螺栓实物进行拉力试验测定：$R_{P0.2}$，R_m，A 和 Z(按 DIN EN 10269)。

对降低承载能力并符合表 1 材料、头部承载能力较低，且性能均匀的螺栓（如 50 级，状态按 DIN EN 10269 为＋AT），按 GB/T 228 对机械加工试件进行拉力试验测定：$R_{P0.2}$，R_m，A 和 Z（按 DIN EN 10269）。

对降低承载能力并符合表 1 材料、头部承载能力较低、70 级（状态按 DIN EN 10269 为＋C700）、并经冷作硬化的螺栓，按 GB/T 3098.6 对螺栓实物进行拉力试验测定最小拉力载荷。

对于降低承载能力并符合表 2 材料的螺栓，按 GB/T 228 对机械加工试件进行拉力试验测定：$R_{P0.2}$，R_m，A 和 Z(按 DIN EN 10269)。只有当螺栓长度不能进行拉力试验时，才按 GB/T 4340.1 测试其维氏硬度值(按 GB/T 3098.1)。

5.5 降低承载能力的螺母

对降低承载能力并符合表 1 材料的螺母，按 GB/T 3098.2 或 GB/T 3098.4 测定保证载荷。

对降低承载能力并符合表 2 材料的螺母，按表 2 及 GB/T 4340.1 测定维氏硬度。

6 识别标志

符合本部分规定的连接件产品，必须有制造者识别标志，并按表 1 制出钢的组别和性能等级，或按表 2 制出制造者识别标志和材料的缩写。如无其他约定，应从 GB/T 3098.6、GB/T 3098.15 或 GB/T 3098.4，或 GB/T 13807.2 和 GB/T 13807.3 中选择标志的规定。

对奥氏体螺栓或螺母设计要求一定的材料时，应以材料编号替代按 GB/T 3098.6 或 GB/T 3098.15 选择钢的组别。

7 标记

由具有冷韧性或高温强度材料制造的紧固件，应按表 1 标记钢的组别和性能等级，或表 2 标记材料的缩写，例如：

螺纹规格 d＝M30、公称长度 l＝200 mm、L 型、材料为 A4-70、产品等级为 TB 级、经表面氧化处理的等长双头螺柱的标记：

螺柱 GB/T 13807.2　LM30×200-TB-A4-70-氧化

螺纹规格 d＝M30、公称长度 l＝200 mm、L 型、材料为 GA、产品等级为 TB 级、经表面氧化处理的等长双头螺柱的标记：

螺柱 GB/T 13807.2　LM30×200-TB-GA-氧化

对奥氏体螺栓或螺母设计要求一定的材料时，应以材料编号替代按 GB/T 3098.6 或 GB/T 3098.15 选择钢的组别的标记：

螺柱 GB/T 13807.2　LM30×200-TB-1.4541-70-氧化

附 录 A
（资料性附录）
高温或/和低温紧固件用钢
国标与 DIN EN 10269 材料牌号对照

表 A.1 高温或/和低温紧固件用钢 国标与 DIN EN 10269 材料牌号对照

DIN EN 10269 规定的温度范围			材 料					螺栓和(或)螺母硬度/HV	
min	短时间[a] max	长时间[b] max	缩写	编号	材料牌号	国标材料牌号	状态[c]	min	max
−120 ℃	—	—	KB	1.568 0	X12Ni5	—	+NT	157	203
							+QT	173	235
—	400 ℃	500 ℃	Y[d]	1.118 1	C35E	ML35Mn	+N	150	200
—	400 ℃	500 ℃	YK	1.118 1	C35E	ML35Mn	+QT	165	210
—	400 ℃	—	YB	1.551 1	35B2[g]	ML35B	+QT	165	210
−60 ℃	500 ℃	550 ℃	KG	1.721 8	25CrMo4	ML30CrMo	+QT	195	240
−100 ℃	500 ℃	—	GC	1.722 5	42CrMo4	ML42CrMo	+QT	275	337
—	500 ℃	550 ℃	GA	1.770 9	21CrMoV5-7	25Cr2MoV	+QT	225	272
—	600 ℃	550 ℃	GB	1.771 1	40CrMoV4-6	35CrMoV	+QT	272	320
—	550 ℃	600 ℃	V[e]	1.492 3	X22CrMoV12-1	21Cr12MoV	+QT 1[e]	256	303
—	550 ℃	600 ℃	VH[f]	1.492 3	X22CrMoV12-1	21Cr12MoV	+QT 2[f]	287	367
—	600 ℃	600 ℃	VW	1.491 3	X19CrMoNbVN11-1	18Cr12MoVNbN	+QT	287	367
—	650 ℃	670 ℃	S	1.498 6	X7CrNiMoBNb16-16	—	+WW+P	210	272
−196 ℃	650 ℃	650 ℃	SD	1.498 0	X6NiCrTiMoVB25-15-2	GH2132	+AT+P	287	367
−196 ℃	650 ℃	800 ℃	SB	2.495 2	NiCr20TiAl	GH4080A	+AT+P	320	417

注：X12Ni5、X7CrNiMoBNb16-16 我国目前尚无对应牌号。

[a] 给出屈服强度和抗拉强度的温度上限。

[b] 给出蠕变极限和持久强度极限的温度上限。

[c] DIN EN 10269，表 4 中的各种状态：

+N：正火；

+NT：正火和回火；

+QT：淬火并回火；

+WW：热加工硬化；

+AT：固溶；

+P：时效硬化。

[d] 仅对螺母。

[e] 缩写 V 按 DIN EN 10269，材料 X22CrMoV12-1 规定非比例延伸 0.2%的应力 $R_{P0.2} \geqslant 600\ N/mm^2$（+QT 1）。

[f] 缩写 VH 按 DIN EN 10269，材料 X22CrMoV12-1 规定非比例延伸 0.2%的应力 $R_{P0.2} \geqslant 600\ N/mm^2$（+QT 2）。

[g] 也可参阅 VdTUV 材料分册 WB 490。

ICS 21.060.20
J 13

中华人民共和国国家标准

GB/T 3098.9—2010/ISO 2320:2008
代替 GB/T 3098.9—2002

紧固件机械性能　有效力矩型钢锁紧螺母

Mechanical properties of fasteners—Prevailing torque type steel nuts

(ISO 2320:2008,IDT)

2011-01-10 发布　　2011-10-01 实施

中华人民共和国国家质量监督检验检疫总局
中国国家标准化管理委员会　发布

前　言

GB/T 3098的本部分(以下简称本部分)是国家标准“紧固件机械性能”系列标准之一。该系列包括:

——GB/T 3098.1—2010　紧固件机械性能　螺栓、螺钉和螺柱;
——GB/T 3098.2—2000　紧固件机械性能　螺母　粗牙螺纹;
——GB/T 3098.3—2000　紧固件机械性能　紧定螺钉;
——GB/T 3098.4—2000　紧固件机械性能　螺母　细牙螺纹;
——GB/T 3098.5—2000　紧固件机械性能　自攻螺钉;
——GB/T 3098.6—2000　紧固件机械性能　不锈钢螺栓、螺钉和螺柱;
——GB/T 3098.7—2000　紧固件机械性能　自挤螺钉;
——GB/T 3098.8—2010　紧固件机械性能　−200 ℃～+700 ℃使用的螺栓连接零件;
——GB/T 3098.9—2010　紧固件机械性能　有效力矩型钢锁紧螺母;
——GB/T 3098.10—1993　紧固件机械性能　有色金属制造的螺栓、螺钉、螺柱和螺母;
——GB/T 3098.11—2002　紧固件机械性能　自钻自攻螺钉;
——GB/T 3098.12—1996　紧固件机械性能　螺母锥形保证载荷试验;
——GB/T 3098.13—1996　紧固件机械性能　螺栓与螺钉的扭矩试验和破坏扭矩　公称直径1～10 mm;
——GB/T 3098.14—2000　紧固件机械性能　螺母扩孔试验;
——GB/T 3098.15—2000　紧固件机械性能　不锈钢螺母;
——GB/T 3098.16—2000　紧固件机械性能　不锈钢紧定螺钉;
——GB/T 3098.17—1996　紧固件机械性能　检查氢脆用预载荷试验　平行支承面法;
——GB/T 3098.18—2004　紧固件机械性能　盲铆钉试验方法;
——GB/T 3098.19—2004　紧固件机械性能　抽芯铆钉;
——GB/T 3098.20—2004　紧固件机械性能　蝶形螺母　保证扭矩;
——GB/T 3098.21—2008　紧固件机械性能　不锈钢自攻螺钉;
——GB/T 3098.22—2009　紧固件机械性能　超细晶非调质钢螺栓、螺钉和螺柱。

本部分是GB/T 3098的第9部分。

本部分等同采用ISO 2320:2008《有效力矩型钢螺母　机械和工作性能》(英文版),主要修改如下:

——在引用文件中,用我国标准代替国际标准(第2章)。

本部分代替GB/T 3098.9—2002《紧固件机械性能　有效力矩型钢六角锁紧螺母》。

本部分与GB/T 3098.9—2002相比主要变化如下:

——调整全金属锁紧螺母的工作温度范围为−50 ℃～+150 ℃(第1章);
——新增名词术语与定义(第3章);
——新增标记代号与定义(第4章);
——新增5、9级螺母工作性能试验数据表(第8章);
——新增附录B;
——调整螺母工作性能试验数据表(第8章);
——调整有效力矩性能试验程序(9.3.4);
——取消了原标准的第4章、第5章部分内容和第7章机械性能数据表,而规定按相应标准执行;

——取消了原标准的第9章；

——删除原标准附录A,但规定允许采用手动形式。

本部分的附录A为规范性附录,附录B为资料性附录。

本部分由中国机械工业联合会提出。

本部分由全国紧固件标准化技术委员会(SAC/TC 85)归口。

本部分负责起草单位:中机生产力促进中心。

本部分参加起草单位:机械工业通用零部件产品质量监督检测中心、国家标准件产品质量监督检验中心。

本部分所代替标准的历次版本发布情况为:

——GB 3098.9—1993、GB/T 3098.9—2002;

——GB 928—1980。

紧固件机械性能　有效力矩型钢锁紧螺母

1　范围

GB/T 3098 的本部分规定了在环境温度为 10 ℃～35 ℃条件下进行试验时，有效力矩型钢锁紧螺母的机械和工作性能。包括单项试验确定有效力矩性能(工作性能)和/或扭矩-夹紧力性能。

本部分适用于符合以下规定的有效力矩型全金属锁紧螺母和非金属嵌件锁紧螺母：

——符合 GB/T 192 规定的普通螺纹；

——符合 GB/T 193 规定的直径与螺距组合；

——螺纹规格 M3～M39，机械性能符合 GB/T 3098.2；

——螺纹规格 M8×1～M39×3，机械性能符合 GB/T 3098.4；

——有效力矩型全金属锁紧螺母的工作温度范围为－50 ℃～＋150 ℃；

注 1：见第 7 章，第 3 段。

——有效力矩型非金属嵌件锁紧螺母的工作温度范围为－50 ℃～＋120 ℃。

注 2：见第 7 章，第 4 段。

2　规范性引用文件

下列文件对于本文件的应用是必不可少的。凡是注日期的引用文件，仅注日期的版本适用于本文件。凡是不注日期的引用文件，其最新版本(包括所有的修改单)适用于本文件。

GB/T 192　普通螺纹　基本牙型(GB/T 192—2003，ISO 68-1:1998，ISO general purpose screw threads—Basic profile—Psrt 1:Metric screw threads，MOD)

GB/T 193　普通螺纹　直径与螺距系列(GB/T 193—2003，ISO 261:1998，ISO general purpose metric screw threads—General plan，MOD)

GB/T 3098.1　紧固件机械性能　螺栓、螺钉和螺柱(GB/T 3098.1—2010，ISO 898-1:2009，MOD)

GB/T 3098.2　紧固件机械性能　螺母　粗牙螺纹(GB/T 3098.2—2000，idt ISO 898-2:1992)

GB/T 3098.4　紧固件机械性能　螺母　细牙螺纹(GB/T 3098.4—2000，idt ISO 898-6:1994)

GB/T 5277　紧固件　螺栓和螺钉通孔(GB/T 5277—1985，eqv ISO 273:1979)

GB/T 9145　普通螺纹　中等精度、优选系列的极限尺寸(GB/T 9145—2003，ISO 965-2:1998，MOD)

GB/T 16823.3　紧固件　扭矩-夹紧力试验(GB/T 16823.3—2010，ISO 16047:2005，IDT)

3　术语和定义

GB/T 16823.3 确立的以及下列术语和定义适用于本部分。

3.1

有效力矩型螺母

螺母借助自身的有效力矩特性使其不能在相配螺纹上自由转动，并能在夹紧力或压缩力之外提供一定程度的防止转退的功能。

3.2

螺母产生的有效力矩

无轴向载荷下，螺母在相配螺纹上转动所需力矩。

3.3

拧入有效力矩

螺母在相配螺纹上无轴向载荷时，拧入的力矩。

3.4

拧出有效力矩

拧出螺母直至去除轴向载荷，继续转动360°中出现的力矩。

3.5

有效力矩型全金属螺母

螺母有一个或多个金属元件限制螺母螺纹和/或螺母体或金属嵌件，而提供的有效力矩特性。

3.6

有效力矩型非金属嵌件螺母

螺母有多个元件，由螺母中的非金属嵌件提供有效力矩特性，

3.7

密贴点

拧紧过程中，首次出现夹紧力的点。

4 代号

下列代号和GB/T 16823.3规定的代号均适用于本部分。

$\boldsymbol{d}$ 螺纹公称直径，mm

$\boldsymbol{d}_4$ 销孔直径，mm

$\boldsymbol{F}_{p}$ 保证载荷，N

$\boldsymbol{F}_{65}$ 评价总摩擦系数的下限载荷，N

$\boldsymbol{F}_{75}$ 评价总摩擦系数的上限载荷，N

$\boldsymbol{F}_{80}$ 试验夹紧力，N

$\boldsymbol{P}$ 螺距，mm

$\boldsymbol{T}_{Fv}$ 拧入有效力矩，N·m

$\boldsymbol{T}_{Fd}$ 拧出有效力矩，N·m

$\boldsymbol{T}_{65}$ 评价总摩擦系数的下限力矩，N·m

$\boldsymbol{T}_{75}$ 评价总摩擦系数的上限力矩，N·m

$\boldsymbol{T}_{80}$ 夹紧力为80%保证载荷对应的试验力矩，N·m

$\boldsymbol{\mu}_{tot}$ 总摩擦系数

5 螺纹

除有效力矩部分外，螺母的螺纹应符合GB/T 9145的规定。

——非金属嵌件有效力矩型螺母，应能用手将通规顺利拧至嵌件处；

——全金属螺母，应能用手将通规顺利拧入至少一个螺距。

6 润滑

为满足性能要求，制造者可以选择用于制造批的润滑剂。

7 有效力矩型螺母机械性能

有效力矩型螺母机械性能应符合 GB/T 3098.2 或 GB/T 3098.4 的规定。

保证载荷的试验方法应按 9.2 的规定。

当全金属锁紧螺母的工作温度超出 −50 ℃～+150 ℃范围时,使用者应向紧固件材料方面的专家咨询,以确定可以适用的材料。

当工作温度在或接近 −50 ℃和 +120 ℃时,可能降低非金属嵌件锁紧螺母的有效力矩性能,也可能需要选择合适的非金属材料。当工作温度超出 −50 ℃～+120 ℃范围时,使用者应向紧固件材料方面的专家咨询,以确定可以适用的材料。

8 对有效力矩工作性能的要求

拧入有效力矩值不应超过表 1～表 8 规定的数值。

拧出有效力矩值不应小于表 1～表 8 规定的数值。

对于验收检查,除非另有协议,应进行第 1 次拧入/拧出试验。

对于初次型式试验和仲裁试验,除非另有协议,应进行第 5 次拧出试验。

随着重复使用的次数增加,有效力矩的性能降低。螺母再次使用前,使用者应考虑性能下降的影响。

当要求时,有效力矩型非金属嵌件锁紧螺母按附录 A 进行耐温性能试验。

第 7 章的第 3 段和第 4 段也适用于工作性能要求。

表 1 04 级有效力矩型螺母试验夹紧力和有效力矩

螺纹规格 (D) 或 (D×P)	试验夹紧力 F_{80}[a]/N	评价总摩擦系数夹紧力 μ_{tot}[b]		有效力矩/(N·m)		
		上极限 F_{75}[c]/N	下极限 F_{66}[d]/N	第一次拧入 $T_{Fv,max}$[e]	第一次拧出 $T_{Fd,min}$[f]	第五次拧出 $T_{Fd,min}$[f]
M3	1 528	1 433	1 242	0.43	0.12	0.08
M4	2 672	2 505	2 171	0.9	0.18	0.12
M5	4 320	4 050	3 510	1.6	0.29	0.2
M6	6 112	5 730	4 966	3	0.45	0.3
M7	8 800	8 250	7 150	4.5	0.65	0.45
M8	11 120	10 425	9 035	6	0.85	0.6
M8×1	11 920	11 175	9 685			
M10	17 600	16 500	14 300	10.5	1.5	1
M10×1.25	18 640	17 475	15 145			
M10×1	19 600	18 375	15 925			
M12	25 600	24 000	20 800	15.5	2.3	1.6
M12×1.5	26 800	25 125	21 775			
M12×1.25	28 000	26 250	22 750			
M14	34 960	32 775	28 405	24	3.3	2.3
M14×1.5	38 000	35 625	30 875			

表 1（续）

螺纹规格 (D) 或 (D×P)	试验夹紧力 F_{80}[a]/N	评价总摩擦系数夹紧力 μ_{tot}[b]		有效力矩/(N·m)		
		上极限 F_{75}[c]/N	下极限 F_{65}[d]/N	第一次拧入 $T_{Fv,max}$[e]	第一次拧出 $T_{Fd,min}$[f]	第五次拧出 $T_{Fd,min}$[f]
M16	47 760	44 775	38 805	32	4.5	3
M16×1.5	50 800	47 625	41 275			
M18	58 400	54 750	47 450	42	6	4.2
M18×1.5	65 360	61 275	53 105			
M20	74 480	69 825	60 515	54	7.5	5.3
M20×1.5	82 720	77 550	67 210			
M22	92 080	86 325	74 815	68	9.5	6.5
M22×1.5	101 200	94 875	82 225			
M24	107 280	100 575	87 165	80	11.5	8
M24×2	116 720	109 425	94 835			
M27	139 520	130 800	113 360	94	13.5	10
M27×2	150 800	141 375	122 525			
M30	170 560	159 900	138 580	108	16	12
M30×2	188 800	177 000	153 400			
M33	210 960	197 775	171 405	122	18	14
M33×2	231 360	216 900	187 980			
M36	248 400	232 875	201 825	136	21	16
M36×3	262 960	246 525	213 655			
M39	296 720	278 175	241 085	150	23	18
M39×3	313 120	293 550	254 410			

注：用统计程序控制法(SPC)对有效力矩试验的评定与统计无关。

[a] 3 mm ≤d≤39 mm 的 04 级螺母的夹紧力，等于 04 级螺母保证载荷的 80%。保证载荷值在 GB/T 3098.2 和 GB/T 3098.4 中给出。

[b] 参见附录 B。

[c] 夹紧力的上极限值等于保证载荷的 75%，参见附录 B。

[d] 夹紧力的下极限值等于保证载荷的 65%，参见附录 B。

[e] 第 1 次拧入有效力矩仅适用于全金属锁紧螺母；对非金属嵌件锁紧螺母，第 1 次拧入有效力矩的最大值为这些数值的 50%。

[f] 表中数值要求在实验室条件下完成。这类紧固件的应用取决于其适用性，在正常使用时，零件的性能也可能会改变。对产品性能有疑问时，推荐对整个接头(用实际使用的零件)进行附加的试验。

表 2 05 级有效力矩型螺母试验夹紧力和有效力矩

螺纹规格 (D) 或 (D×P)	试验夹紧力 $F_{80}{}^{a}$/N	评价总摩擦系数夹紧力 $\mu_{tot}{}^{b}$		有效力矩/(N·m)		
		上极限 $F_{75}{}^{c}$/N	下极限 $F_{65}{}^{d}$/N	第一次拧入 $T_{Fv,max}{}^{e}$	第一次拧出 $T_{Fd,min}{}^{f}$	第五次拧出 $T_{Fd,min}{}^{f}$
M3	2 000	1 875	1 625	0.6	0.15	0.1
M4	3 520	3 300	2 860	1.2	0.22	0.15
M5	5 680	5 325	4 615	2.1	0.35	0.24
M6	8 000	7 500	6 500	4	0.55	0.4
M7	11 600	10 875	9 425	6	0.85	0.6
M8	14 640	13 725	11 895	8	1.15	0.8
M8×1	15 680	14 700	12 740			
M10	23 200	21 750	18 850	14	2	1.4
M10×1.25	24 480	22 950	19 890			
M10×1	25 760	24 150	20 930			
M12	33 760	31 650	27 430	21	3.1	2.1
M12×1.5	35 200	33 000	28 600			
M12×1.25	36 800	34 500	29 900			
M14	46 000	43 125	37 375	31	4.4	3
M14×1.5	50 000	46 875	40 625			
M16	62 800	58 875	51 025	42	6	4.2
M16×1.5	66 800	62 625	54 275			
M18	76 800	72 000	62 400	56	8	5.5
M18×1.5	86 000	80 625	69 875			
M20	98 000	91 875	79 625	72	10.5	7
M20×1.5	108 800	102 000	88 400			
M22	121 200	113 625	98 475	90	13	9
M22×1.5	133 200	124 875	108 225			
M24	141 200	132 375	114 725	106	15	10.5
M24×2	153 600	144 000	124 800			
M27	183 600	172 125	149 175	123	17	12
M27×2	198 400	186 000	161 200			
M30	224 400	210 375	182 325	140	19	14
M30×2	248 400	232 875	201 825			
M33	277 600	260 250	225 550	160	21.5	15.5
M33×2	304 400	285 375	247 325			
M36	326 800	306 375	265 525	180	24	17.5
M36×3	346 000	324 375	281 125			

表 2（续）

螺纹规格 (D) 或 (D×P)	试验夹紧力 F_{80}[a]/N	评价总摩擦系数夹紧力 μ_{tot}[b]		有效力矩/(N·m)		
		上极限 F_{75}[c]/N	下极限 F_{65}[d]/N	第一次拧入 $T_{Fv,max}$[e]	第一次拧出 $T_{Fd,min}$[f]	第五次拧出 $T_{Fd,min}$[f]
M39	390 400	366 000	317 200	200	26.5	19.5
M39×3	412 000	386 250	334 750			
注：用统计程序控制法(SPC)对有效力矩试验的评定与统计无关。						

[a] 3 mm≤d≤39 mm 的 05 级螺母的夹紧力，等于 05 级螺母保证载荷的 80%。保证载荷值在 GB/T 3098.2 和 GB/T 3098.4 中给出。

[b] 参见附录 B。

[c] 夹紧力的上极限值等于保证载荷的 75%，参见附录 B。

[d] 夹紧力的下极限值等于保证载荷的 65%，参见附录 B。

[e] 第 1 次拧入有效力矩仅适用于全金属锁紧螺母；对非金属嵌件锁紧螺母，第 1 次拧入有效力矩最大值为这些数值的 50%。

[f] 本表中数值要求在实验室条件下完成。这类紧固件的应用取决于其适用性，在正常使用时，零件的性能也可能会改变。对产品性能有疑问时，推荐对整个接头(用实际使用的零件)进行附加的试验。

表 3　5 级有效力矩型螺母试验夹紧力和有效力矩

螺纹规格 (D) 或 (D×P)	试验夹紧力 F_{80}[a]/N	评价总摩擦系数夹紧力 μ_{tot}[b]		有效力矩/(N·m)		
		上极限 F_{75}[c]/N	下极限 F_{65}[d]/N	第一次拧入 $T_{Fv,max}$[e]	第一次拧出 $T_{Fd,min}$[f]	第五次拧出 $T_{Fd,min}$[f]
M3	1 528	1 433	1 242	0.43	0.12	0.08
M4	2 672	2 505	2 171	0.9	0.18	0.12
M5	4 320	4 050	3 510	1.6	0.29	0.2
M6	6 112	5 730	4 966	3	0.45	0.3
M7	8 800	8 250	7 150	4.5	0.65	0.45
M8	11 120	10 425	9 035	6	0.85	0.6
M8×1	11 920	11 175	9 685			
M10	17 600	16 500	14 300	10.5	1.5	1
M10×1.25	18 640	17 475	15 145			
M10×1	19 600	18 375	15 925			
M12	25 600	24 000	20 800	15.5	2.3	1.6
M12×1.5	26 800	25 125	21 775			
M12×1.25	28 000	26 250	22 750			
M14	34 960	32 775	28 405	24	3.3	2.3
M14×1.5	38 000	35 625	30 875			

表 3（续）

螺纹规格 (D) 或 (D×P)	试验夹紧力 F_{80} [a]/N	评价总摩擦系数夹紧力 μ_{tot} [b]		有效力矩/(N·m)		
		上极限 F_{75} [c]/N	下极限 F_{65} [d]/N	第一次拧入 $T_{Fv,max}$ [e]	第一次拧出 $T_{Fd,min}$ [f]	第五次拧出 $T_{Fd,min}$ [f]
M16	47 760	44 775	38 805	32	4.5	3
M16×1.5	50 800	47 625	41 275			
M18	58 400	54 750	47 450	42	6	4.2
M18×1.5	65 680	61 575	53 365			
M20	74 480	69 825	60 515	54	7.5	5.3
M20×1.5	82 400	77 250	66 950			
M22	92 000	86 250	74 750	68	9.5	6.5
M22×1.5	100 800	94 500	81 900			
M24	107 200	100 500	87 100	80	11.5	8
M24×2	116 800	109 500	94 900			
M27	113 600	106 500	92 300	94	13.5	10
M27×2	123 200	115 500	100 100			
M30	139 200	130 500	113 100	108	16	12
M30×2	153 600	144 000	124 800			
M33	172 000	161 250	139 750	122	18	14
M33×2	188 800	177 000	153 400			
M36	202 400	189 750	164 450	136	21	16
M36×3	214 400	201 000	174 200			
M39	242 400	227 250	196 950	150	23	18
M39×3	255 200	239 250	207 350			

注：用统计程序控制法(SPC)对有效力矩试验的评定与统计无关。

[a] 5 级螺母的夹紧力：当 3 mm≤d≤24 mm 时，等于 5.8 级螺栓保证载荷的 80%；当 d>24 mm 时，等于 4.8 级螺栓保证载荷的 80%。螺栓保证载荷值在 GB/T 3098.1 中给出。

[b] 参见附录 B。

[c] 夹紧力的上极限值等于保证载荷的 75%，参见附录 B。

[d] 夹紧力的下极限值等于保证载荷的 65%，参见附录 B。

[e] 第 1 次拧入有效力矩仅适用于全金属锁紧螺母；对非金属嵌件锁紧螺母，第 1 次拧入有效力矩最大值为这些数值的 50%。

[f] 本表中数值要求在实验室条件下完成。这类紧固件的应用取决于其适用性，在正常使用时，零件的性能也可能会改变。对产品性能有疑问时，推荐对整个接头(用实际使用的零件)进行附加的试验。

表 4　6 级有效力矩型螺母试验夹紧力和有效力矩

螺纹规格 (D) 或 (D×P)	试验夹紧力 F_{80}[a]/N	评价总摩擦系数夹紧力 μ_{tot}[b]		有效力矩/(N·m)		
		上极限 F_{75}[c]/N	下极限 F_{65}[d]/N	第一次拧入 $T_{Fv,max}$[e]	第一次拧出 $T_{Fd,min}$[f]	第五次拧出 $T_{Fd,min}$[f]
M3	1 768	1 658	1 437	0.43	0.12	0.08
M4	3 088	2 895	2 509	0.9	0.18	0.12
M5	5 000	4 688	4 063	1.6	0.29	0.2
M6	7 072	6 630	5 746	3	0.45	0.3
M7	10 160	9 525	8 255	4.5	0.65	0.45
M8	12 880	12 075	10 465	6	0.85	0.6
M8×1	13 760	12 900	11 180			
M10	20 400	19 125	16 575	10.5	1.5	1
M10×1.25	21 520	20 175	17 485			
M10×1	22 720	21 300	18 460			
M12	29 680	27 825	24 115	15.5	2.3	1.6
M12×1.5	31 040	29 100	25 220			
M12×1.25	32 400	30 375	26 325			
M14	40 480	37 950	32 890	24	3.3	2.3
M14×1.5	44 000	41 250	35 750			
M16	55 280	51 825	44 915	32	4.5	3
M16×1.5	58 800	55 125	47 775			
M18	67 600	63 375	54 925	42	6	4.2
M18×1.5	76 000	71 250	61 750			
M20	86 400	81 000	70 200	54	7.5	5.3
M20×1.5	96 000	90 000	78 000			
M22	106 400	99 750	86 450	68	9.5	6.5
M22×1.5	116 800	109 500	94 900			
M24	124 000	116 250	100 750	80	11.5	8
M24×2	135 200	126 750	109 850			
M27	161 600	151 500	131 300	94	13.5	10
M27×2	174 400	163 500	141 700			
M30	197 600	185 250	160 550	108	16	12
M30×2	218 400	204 750	177 450			
M33	244 000	228 750	198 250	122	18	14
M33×2	268 000	251 250	217 750			
M36	287 200	269 250	233 350	136	21	16
M36×3	304 800	285 750	247 650			

表 4（续）

螺纹规格 (D) 或 (D×P)	试验夹紧力 F_{80} [a]/N	评价总摩擦系数夹紧力 μ_{tot} [b]		有效力矩/(N·m)		
		上极限 F_{75} [c]/N	下极限 F_{65} [d]/N	第一次拧入 $T_{Fv,max}$ [e]	第一次拧出 $T_{Fd,min}$ [f]	第五次拧出 $T_{Fd,min}$ [f]
M39	343 200	321 750	278 850	150	23	18
M39×3	362 400	339 750	294 450			

注：用统计程序控制法(SPC)对有效力矩试验的评定与统计无关。

[a] 6 级螺母的夹紧力等于 6.8 级螺栓保证载荷的 80%。螺栓保证载荷值在 GB/T 3098.1 中给出。

[b] 参见附录 B。

[c] 夹紧力的上极限值等于保证载荷的 75%，参见附录 B。

[d] 夹紧力的下极限值等于保证载荷的 65%，参见附录 B。

[e] 第 1 次拧入有效力矩仅适用于全金属锁紧螺母；对非金属嵌件锁紧螺母，第 1 次拧入有效力矩最大值为这些数值的 50%。

[f] 本表中数值要求在实验室条件下完成。这类紧固件的应用取决于其适用性，在正常使用时，零件的性能也可能会改变。对产品性能有疑问时，推荐对整个接头(用实际使用的零件)进行附加的试验。

表 5　8 级有效力矩型螺母试验夹紧力和有效力矩

螺纹规格 (D) 或 (D×P)	试验夹紧力 F_{80} [a]/N	评价总摩擦系数夹紧力 μ_{tot} [b]		有效力矩/(N·m)		
		上极限 F_{75} [c]/N	下极限 F_{65} [d]/N	第一次拧入 $T_{Fv,max}$ [e]	第一次拧出 $T_{Fd,min}$ [f]	第五次拧出 $T_{Fd,min}$ [f]
M3	2 336	2 190	1 898	0.43	0.12	0.08
M4	4 080	3 825	3 315	0.9	0.18	0.12
M5	6 584	6 173	5 350	1.6	0.29	0.2
M6	9 280	8 700	7 540	3	0.45	0.3
M7	13 440	12 600	10 920	4.5	0.65	0.45
M8	16 960	15 900	13 780	6	0.85	0.6
M8×1	18 160	17 025	14 755			
M10	26 960	25 275	21 905	10.5	1.5	1
M10×1.25	28 400	26 625	23 075			
M10×1	29 920	28 050	24 310			
M12	39 120	36 675	31 785	15.5	2.3	1.6
M12×1.5	40 880	38 325	33 215			
M12×1.25	42 720	40 050	34 710			
M14	53 360	50 025	43 355	24	3.3	2.3
M14×1.5	58 000	54 375	47 125			
M16	72 800	68 250	59 150	32	4.5	3
M16×1.5	77 520	72 675	62 985			

表 5（续）

螺纹规格 (*D*) 或 (*D*×*P*)	试验夹紧力 F_{80}[a]/N	评价总摩擦系数夹紧力 μ_{tot}[b]		有效力矩/(N·m)		
		上极限 F_{75}[c]/N	下极限 F_{65}[d]/N	第一次拧入 $T_{Fv,max}$[e]	第一次拧出 $T_{Fd,min}$[f]	第五次拧出 $T_{Fd,min}$[f]
M18	92 000	86 250	74 750	42	6	4.2
M18×1.5	104 000	97 500	84 500			
M20	117 600	110 250	95 550	54	7.5	5.3
M20×1.5	130 400	122 250	105 950			
M22	145 600	136 500	118 300	68	9.5	6.5
M22×1.5	160 000	150 000	130 000			
M24	169 600	159 000	137 800	80	11.5	8
M24×2	184 000	172 500	149 500			
M27	220 000	206 250	178 750	94	13.5	10
M27×2	238 400	223 500	193 700			
M30	269 600	252 750	219 050	108	16	12
M30×2	298 400	279 750	242 450			
M33	332 800	312 000	270 400	122	18	14
M33×2	365 600	342 750	297 050			
M36	392 000	367 500	318 500	136	21	16
M36×3	415 200	389 250	337 350			
M39	468 800	439 500	380 900	150	23	18
M39×3	494 400	463 500	401 700			

注：用统计程序控制法(SPC)对有效力矩试验的评定与统计无关。

[a] 8 级螺母的夹紧力等于 8.8 级螺栓保证载荷的 80%。螺栓保证载荷值在 GB/T 3098.1 中给出。

[b] 参见附录 B。

[c] 夹紧力的上极限值等于保证载荷的 75%，参见附录 B。

[d] 夹紧力的下极限值等于保证载荷的 65%，参见附录 B。

[e] 第 1 次拧入有效力矩仅适用于全金属锁紧螺母；对非金属嵌件锁紧螺母，第 1 次拧入有效力矩最大值为这些数值的 50%。

[f] 本表中数值要求在实验室条件下完成。这类紧固件的应用取决于其适用性，在正常使用时，零件的性能也可能会改变。对产品性能有疑问时，推荐对整个接头(用实际使用的零件)进行附加的试验。

表 6　9 级有效力矩型螺母试验夹紧力和有效力矩

螺纹规格 (D) 或 (D×P)	试验夹紧力 F_{80}[a]/N	评价总摩擦系数夹紧力 μ_{tot}[b]		有效力矩/(N·m)		
		上极限 F_{75}[c]/N	下极限 F_{65}[d]/N	第一次拧入 $T_{Fv,max}$[e]	第一次拧出 $T_{Fd,min}$[f]	第五次拧出 $T_{Fd,min}$[f]
M3	2 616	2 453	2 126	0.43	0.12	0.08
M4	4 568	4 283	3 712	0.9	0.18	0.12
M5	7 384	6 923	6 000	1.6	0.29	0.2
M6	10 480	9 825	8 515	3	0.45	0.3
M7	15 040	14 100	12 220	4.5	0.65	0.45
M8	19 040	17 850	15 470	6	0.85	0.6
M8×1	20 400	19 125	16 575			
M10	30 160	28 275	24 505	10.5	1.5	1
M10×1.25	31 840	29 850	25 870			
M10×1	33 520	31 425	27 235			
M12	43 840	41 100	35 620	15.5	2.3	1.6
M12×1.5	45 840	42 975	37 245			
M12×1.25	47 920	44 925	38 935			
M14	59 840	56 100	48 620	24	3.3	2.3
M14×1.5	64 960	60 900	52 780			
M16	81 600	76 500	66 300	32	4.5	3
M16×1.5	87 200	81 750	70 850			

注：用统计程序控制法(SPC)对有效力矩试验的评定与统计无关。

[a] 9 级螺母的夹紧力等于 9.8 级螺栓保证载荷的 80%。螺栓保证载荷值在 GB/T 3098.1 中给出。

[b] 参见附录 B。

[c] 夹紧力的上极限值等于保证载荷的 75%，参见附录 B。

[d] 夹紧力的下极限值等于保证载荷的 65%，参见附录 B。

[e] 第 1 次拧入有效力矩仅适用于全金属锁紧螺母；对非金属嵌件锁紧螺母，第 1 次拧入有效力矩最大值为这些数值的 50%。

[f] 本表中数值要求在实验室条件下完成。这类紧固件的应用取决于其适用性，在正常使用时，零件的性能也可能会改变。对产品性能有疑问时，推荐对整个接头(用实际使用的零件)进行附加的试验。

表 7　10 级有效力矩型螺母试验夹紧力和有效力矩

螺纹规格 (*D*) 或 (*D*×*P*)	试验夹紧力 F_{80} [a]/N	评价总摩擦系数夹紧力 μ_{tot} [b]		有效力矩/(N·m)		
		上极限 F_{75} [c]/N	下极限 F_{65} [d]/N	第一次拧入 $T_{Fv,max}$ [e]	第一次拧出 $T_{Fd,min}$ [f]	第五次拧出 $T_{Fd,min}$ [f]
M3	3 344	3 135	2 717	0.6	0.15	0.1
M4	5 832	5 468	4 739	1.2	0.22	0.15
M5	9 440	8 850	7 670	2.1	0.35	0.24
M6	13 360	12 525	10 855	4	0.55	0.4
M7	19 200	18 000	15 600	6	0.85	0.6
M8	24 320	22 800	19 760	8	1.15	0.8
M8×1	26 000	24 375	21 125			
M10	38 480	36 075	31 265	14	2	1.4
M10×1.25	40 640	38 100	33 020			
M10×1	42 800	40 125	34 775			
M12	56 000	52 500	45 500	21	3.1	2.1
M12×1.5	58 480	54 825	47 515			
M12×1.25	61 120	57 300	49 660			
M14	76 400	71 625	62 075	31	4.4	3
M14×1.5	83 200	78 000	67 600			
M16	104 000	97 500	84 500	42	6	4.2
M16×1.5	111 200	104 250	90 350			
M18	127 200	119 250	103 350	56	8	5.5
M18×1.5	143 200	134 250	116 350			
M20	162 400	152 250	131 950	72	10.5	7
M20×1.5	180 800	169 500	146 900			
M22	201 600	189 000	163 800	90	13	9
M22×1.5	220 800	207 000	179 400			
M24	234 400	219 750	190 450	106	15	10.5
M24×2	255 200	239 250	207 350			
M27	304 800	285 750	247 650	123	17	12
M27×2	329 600	309 000	267 800			
M30	372 800	349 500	302 900	140	19	14
M30×2	412 000	386 250	334 750			
M33	460 800	432 000	374 400	160	21.5	15.5
M33×2	505 600	474 000	410 800			
M36	542 400	508 500	440 700	180	24	17.5
M36×3	574 400	538 500	466 700			

表 7（续）

螺纹规格 (D) 或 (D×P)	试验夹紧力 F_{80}[a]/N	评价总摩擦系数夹紧力 μ_{tot}[b]		有效力矩/(N·m)		
		上极限 F_{75}[c]/N	下极限 F_{65}[d]/N	第一次拧入 $T_{Fv,max}$[e]	第一次拧出 $T_{Fd,min}$[f]	第五次拧出 $T_{Fd,min}$[f]
M39	648 000	607 500	526 500	200	26.5	19.5
M39×3	684 000	641 250	555 750			

注：用统计程序控制法(SPC)对有效力矩试验的评定与统计无关。

[a] 10 级螺母的夹紧力等于 10.9 级螺栓保证载荷的 80%。螺栓保证载荷值在 GB/T 3098.1 中给出。

[b] 参见附录 B。

[c] 夹紧力的上极限值等于保证载荷的 75%，参见附录 B。

[d] 夹紧力的下极限值等于保证载荷的 65%，参见附录 B。

[e] 第 1 次拧入有效力矩仅适用于全金属锁紧螺母；对非金属嵌件锁紧螺母，第 1 次拧入有效力矩最大值为这些数值的 50%。

[f] 本表中数值要求在实验室条件下完成。这类紧固件的应用取决于其适用性，在正常使用时，零件的性能也可能会改变。对产品性能有疑问时，推荐对整个接头(用实际使用的零件)进行附加的试验。

表 8　12 级有效力矩型螺母试验夹紧力和有效力矩

螺纹规格 (D) 或 (D×P)	试验夹紧力 F_{80}[a]/N	评价总摩擦系数夹紧力 μ_{tot}[b]		有效力矩/(N·m)		
		上极限 F_{75}[c]/N	下极限 F_{65}[d]/N	第一次拧入 $T_{Fv,max}$[e]	第一次拧出 $T_{Fd,min}$[f]	第五次拧出 $T_{Fd,min}$[f]
M3	3 904	3 660	3 172	0.6	0.15	0.1
M4	6 816	6 390	5 538	1.2	0.22	0.15
M5	11 040	10 350	8 970	2.1	0.35	0.24
M6	15 600	14 625	12 675	4	0.55	0.4
M7	22 400	21 000	18 200	6	0.85	0.6
M8	28 400	26 625	23 075	8	1.15	0.8
M8×1	30 400	28 500	24 700			
M10	45 040	42 225	36 595	14	2	1.4
M10×1.25	47 520	44 550	38 610			
M10×1	50 160	47 025	40 755			
M12	65 440	61 350	53 170	21	3.1	2.1
M12×1.5	68 400	64 125	55 575			
M12×1.25	71 440	66 975	58 045			
M14	89 600	84 000	72 800	31	4.4	3
M14×1.5	96 800	90 750	78 650			
M16	121 600	114 000	98 800	42	6	4.2
M16×1.5	129 600	121 500	105 300			

表 8（续）

螺纹规格 (*D*) 或 (*D*×*P*)	试验夹紧力 F_{80} [a]/N	评价总摩擦系数夹紧力 μ_{tot} [b]		有效力矩/(N·m)		
		上极限 F_{75} [c]/N	下极限 F_{65} [d]/N	第一次拧入 $T_{Fv,max}$ [e]	第一次拧出 $T_{Fd,min}$ [f]	第五次拧出 $T_{Fd,min}$ [f]
M18	148 800	139 500	120 900	56	8	5.5
M18×1.5	168 000	157 500	136 500			
M20	190 400	178 500	154 700	72	10.5	7
M20×1.5	211 200	198 000	171 600			
M22	235 200	220 500	191 100	90	13	9
M22×1.5	258 400	242 250	209 950			
M24	273 600	256 500	222 300	106	15	10.5
M24×2	297 600	279 000	241 800			
M27	356 000	333 750	289 250	123	17	12
M27×2	384 800	360 750	312 650			
M30	435 200	408 000	353 600	140	19	14
M30×2	481 600	451 500	391 300			
M33	538 400	504 750	437 450	160	21.5	15.5
M33×2	590 400	553 500	479 700			
M36	633 600	594 000	514 800	180	24	17.5
M36×3	671 200	629 250	545 350			
M39	757 600	710 250	615 550	200	26.5	19.5
M39×3	799 200	749 250	649 350			

注：用统计程序控制法(SPC)对有效力矩试验的评定与统计无关。

[a] 12 级螺母的夹紧力等于 12.9 级螺栓保证载荷的 80%。螺栓保证载荷值在 GB/T 3098.1 中给出。

[b] 参见附录 B。

[c] 夹紧力的上极限值等于保证载荷的 75%，参见附录 B。

[d] 夹紧力的下极限值等于保证载荷的 65%，参见附录 B。

[e] 第 1 次拧入有效力矩仅适用于全金属锁紧螺母；对非金属嵌件锁紧螺母，第 1 次拧入有效力矩最大值为这些数值的 50%。

[f] 本表中数值要求在实验室条件下完成。这类紧固件的应用取决于其适用性，在正常使用时，零件的性能也可能会改变。对产品性能有疑问时，推荐对整个接头(用实际使用的零件)进行附加的试验。

9 试验方法

9.1 通则

试件应为经尺寸等检验合格的螺母。

9.2 保证载荷试验

保证载荷试验应按 GB/T 3098.2 或 GB/T 3098.4 的规定，以及下列要求进行。

将螺母试件拧入试验螺栓(见 9.3)或淬硬芯棒上。在第一扣完整螺纹穿过有效力矩部分后的 360°

中测量并记录出现的最大有效力矩值，继续拧入直至有3扣完整螺纹露出螺母顶面。仲裁试验时，对非金属嵌件锁紧螺母应使用淬硬芯棒；对全金属锁紧螺母应使用试验螺栓。在螺母拧入试验螺栓或淬硬芯棒的过程中，记录第一扣完整螺纹穿过有效力矩部分后出现的最大有效力矩。

保证载荷试验应按 GB/T 3098.2 或 GB/T 3098.4 规定的保证载荷，由试验螺栓或淬硬芯棒对螺母支承面施加轴向拉力载荷，保持 15 s。螺母应能承受该载荷而不得脱扣或断裂。保证载荷试验是最终判定试验。

在拆卸螺母的过程中，拧退螺母半圈后，测试出现的最大有效力矩。该值不应超出安装时记录的最大有效力矩。

9.3 有效力矩试验

9.3.1 总则

本试验方法可同时测定有效力矩型螺母的下列特性：

——性能特性(由螺母产生的有效力矩)；

——供需双方同意时，按 GB/T 16823.3 进行扭矩-夹紧力性能试验。

9.3.2 试验装置

试验装置见 GB/T 16823.3。

试验安装示意图见图1。在有效力矩试验过程中，试验装置不应产生夹紧力。

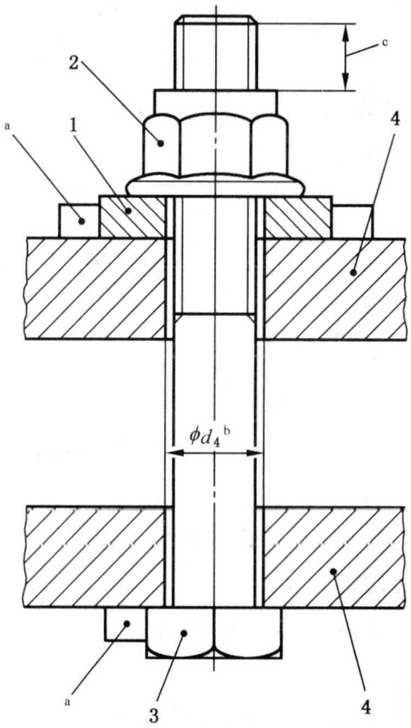

说明：

1——试验支承板/垫圈；

2——螺母试件；

3——试验螺栓/螺钉；

4——载荷传感器；

d_4——通孔直径。

[a] 试验支承板/垫圈与螺栓头应适当固定，以防止转动并应保持对中。

[b] d_4 按 GB/T 5277，精装配。

[c] (4 ～7)螺距。

图1 试验安装示意图

9.3.3 试验零件

试验螺栓/螺钉和垫圈，见 GB/T 16823.3。试验螺栓和垫圈表面粗糙度按 GB/T 16823.3 规定，平面应无镀层和油污，除非另有协议。应采用 HH 型试验垫圈，除非另有协议。除试验芯棒外，试验零件只能使用一次。

试验螺栓/螺钉的性能等级应按表 9 规定进行选择。

表 9 试验螺栓/螺钉性能等级

螺 母 试 件	相应的试验螺栓/螺钉
性能等级	
04	≥8.8
5	≥8.8
05	≥10.9
6	≥8.8
8	≥8.8
9	≥9.8
10	≥10.9
12	12.9

9.3.4 试验程序

试验应在适当的试验装置上自动完成，或使用适当的手动工具，如扭矩扳手和载荷传感器完成，见 9.3.2。

有争议时，采用自动模式。

扭矩-夹紧力试验条件按 GB/T 16823.3 规定。

将试验用螺栓/螺钉置入试验装置，并应露出螺母有效力矩部分，见图 1。

将螺母试件用手拧在螺栓/螺钉上，直至与螺母有效力矩部分啮合。试验前，试验螺栓/螺钉末端不能露出螺母顶面。拧紧时，应有 4～7 扣螺纹长度伸出螺母顶面，见图 1。

起动拧紧装置相当于安装阶段的起点（见图 2 中第 1 点）。

由第 1 点连续、均匀地转动螺母，直至试验夹紧力达到 F_{80}。F_{80}值在表 1～表 8 中给出。应记录并评定对应夹紧力为 F_{75}时的扭矩值。

注：F_{80}值提供关闭信号给试验装置，以确保在 F_{75}值时可以精确评定。

应确定贴合点(图 2 中第 2 点)。在第 1 点和第 2 点之间测量拧入有效力矩 $T_{\mathrm{Fv,max}}$(见表 1～表 8)。

用反向扭矩将螺母松开直至试验螺栓/螺钉上夹紧力降到"0"(见图 2 中第 3 点)。继续拧退，在其转动 360°的一周中测量拧出扭矩 $T_{\mathrm{Fd,min}}$(见表 1～表 8)，第 4 点相应的角坐标为第 3 点角度减 360°。

螺母继续拧退直到初始角坐标位置，到达起始点(第 1 点)。

在拧退螺母过程中，旋转应是连续和均匀的由试验夹紧力 F_{80}点拧至第 1 点。

螺母完全退出后，螺母和螺栓螺纹不应损坏。有争议时，试验螺栓应使用环规检验。

为测定第 5 次拧出值，以上程序应当仅在第 1 点和第 2 点之间进行 4 次。

在第五次拧出过程中，应在拧退螺母的第一个 360°内测量出现的扭矩，该扭矩应等于或大于表 1～表 8 中规定的第五次拧出有效力矩值。

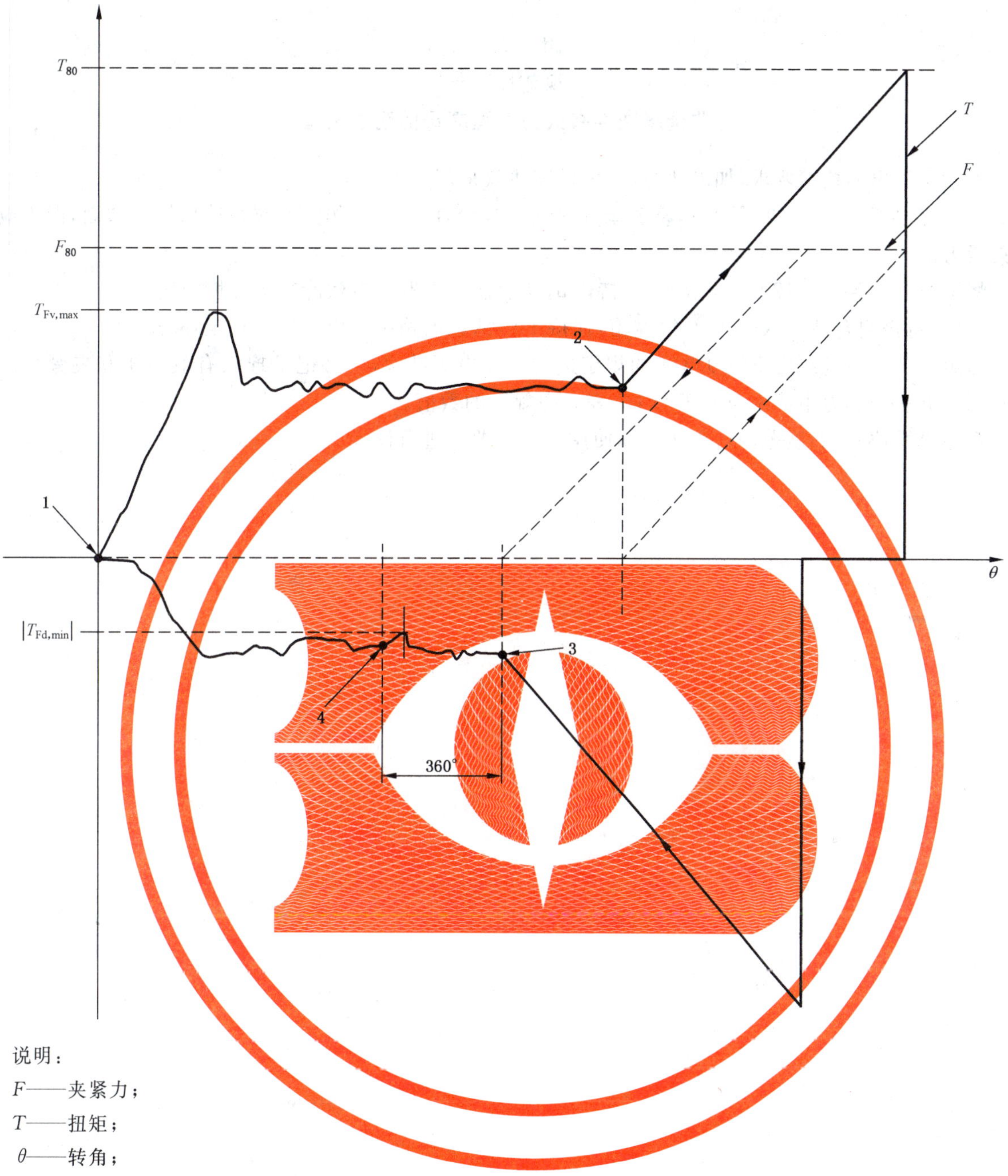

说明：

F——夹紧力；

T——扭矩；

θ——转角；

1——第一次产生有效力矩的点，即测量 T_{Fv} 的起点；

2——贴合点，即测量 T_{Fv} 的终点；

3——测量 T_{Fd} 的起始，即与试验板/垫圈脱离接触；

4——测量 T_{Fd} 的终点。

图 2 扭矩-夹紧力-转角曲线

9.3.5 试验报告

试验报告大纲见 GB/T 16823.3。试验报告中应表明引用了本部分。

试验报告中应包括拧入有效力矩 T_{Fv} 和拧出有效力矩 T_{Fd}（需要时，还应包括非金属嵌件锁紧螺母的耐温试验结果）。

附 录 A
（规范性附录）
非金属嵌件有效力矩型螺母的耐温试验

本附录给出的技术要求，如能适用，可由供需协议采用。

在环境温度(10 ℃～35 ℃)下，将螺母拧入试验螺栓直至4～7扣完整螺纹伸出螺母顶面，但不应产生夹紧力。

将该组合件置入＋120 ℃恒温箱，保持1 h，从恒温箱中取出自然冷却至环境温度。

然后，将该组合件置入－50 ℃恒温箱，保持1 h，从恒温箱中取出自然恢复至环境温度。

对组合件在环境温度下按9.3.4的规定进行有效力矩试验，不必记录拧入有效力矩和夹紧力。第一次和第五次拧出力矩值不应低于表1～表8中规定的数值。

根据供需协议，温度范围可以按实际使用的技术要求进行修改。

附　录　B
（资料性附录）
总摩擦系数评定依据

拧紧工序（过程）应达到试验夹紧力为相配螺栓保证载荷的 80%。为评定总摩擦系数（μ_{tot}），该夹紧力定为保证载荷值的 65%和 75%。

用摩擦系数的上极限值和下极限值的平均值计算总摩擦系数（μ_{tot}）。

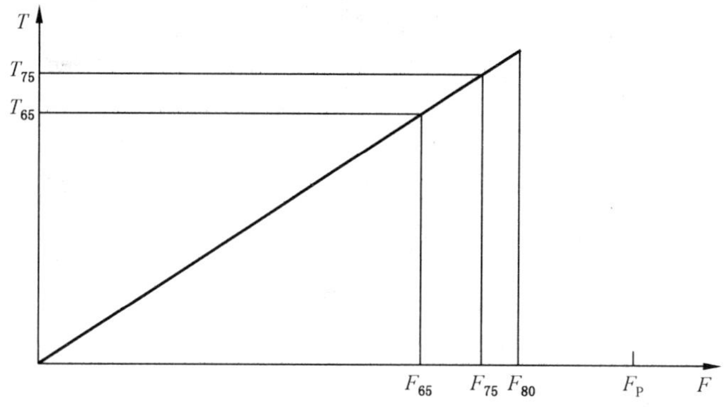

说明：

F_P——保证载荷；

F_{65}——评定 65% F_P 总摩擦系数时的下限载荷；

F_{75}——评定 75%F_P 总摩擦系数时的上限载荷；

F_{80}——在 80% F_P 时的试验夹紧力（终止拧紧工序（过程）时）；

T_{65}——评定 F_{65} 总摩擦系数时的下限力矩；

T_{75}——评定 F_{75} 总摩擦系数时的上限力矩。

图 B.1　总摩擦系数评定原理

ICS 77.150.30
H 62

中华人民共和国国家标准

GB/T 3114—2010
代替 GB/T 3114—1994

铜及铜合金扁线

Copper and copper alloy rectangular wire

2011-01-14 发布　　2011-11-01 实施

中华人民共和国国家质量监督检验检疫总局
中国国家标准化管理委员会　发布

前　言

本标准代替 GB/T 3114—1994《铜及铜合金扁线》。

本标准与 GB/T 3114—1994 相比，主要变化如下：

——增加了 TU1、TP2、H70、H80、H85、H90B、HPb59-3、HPb62-3、HBi60-1.3、HSb60-0.9、HSb61-0.8-0.5、QSn7-0.2、QSn5-0.2、BZn15-20、BZn18-20、BZn22-16、QCr1-0.18、QCr1 等 18 个牌号，并增加了相应的技术要求；

——增加了 CYS、CSY 两个供货状态；

——对黄铜扁线的宽度规格由 0.5 mm～12.0 mm 扩充到 0.5 mm～15.0 mm；

——增加了对扁线边棱形状的规定；

——对扁线规格允许偏差进行了调整；

——增加了对扁线扭转、残余应力、耐脱锌腐蚀性能等技术要求及相应的试验方法；

——对扁线内部质量的规定进行了完善；

——对扁线表面质量的规定进行了完善；

——对扁线卷(轴)重量的规定进行了调整；

——根据国际环保无危害的要求，在订货合同内容上增加了有无危害标志的规定。

本标准使用重新起草法参考 ASTM B 250/B 250M—2007《加工铜合金线材的一般要求》相关外形尺寸的规定进行编制，与 ASTM B 250/B 250M—2007 的一致性程度为非等效。

本标准由全国有色金属标准化技术委员会(SAC/TC 243)归口。

本标准负责起草单位：宁波博威集团有限公司、浙江宏磊铜业股份有限公司。

本标准参加起草单位：宁波长振铜业有限公司、宁波金田铜业(集团)股份有限公司、绍兴市力博电气有限公司。

本标准主要起草人：刘庆、徐文明、廖学华、王继军、张明、蔡泊华、魏浙强、刘剑、洪燮平、段鹏征。

本标准所代替标准的历次版本发布情况为：

——GB/T 3114—1994。

铜及铜合金扁线

1 范围

本标准规定了铜及铜合金扁线的产品分类、要求、试验方法、检验规则及标志、包装、运输、贮存、质量证明书和合同(或订货单)内容等。

本标准适用于各工业部门用的铜及铜合金扁线。

2 规范性引用文件

下列文件对于本文件的应用是必不可少的。凡是注日期的引用文件,仅注日期的版本适用于本文件。凡是不注日期的引用文件,其最新版本(包括所有的修改单)适用于本文件。

GB/T 228—2002　金属材料　室温拉伸试验方法
GB/T 238　金属材料线材　反复弯曲试验方法
GB/T 239　金属线材扭转试验方法
GB/T 2828.1　计数抽样检验程序　第1部分:按接收质量限(AQL)检索的逐批检验抽样计划
GB/T 5121(所有部分)　铜及铜合金化学分析方法
GB/T 5231　加工铜及铜合金化学成分和产品形状
GB/T 8888　重有色金属加工产品包装、标志、运输和贮存
GB/T 10119　黄铜耐脱锌腐蚀性能的测定
GB/T 10567.2　铜及铜合金加工材残余应力检验方法　氨熏试验法
GB/T 21652　铜及铜合金线材
GB/T 26303.2　铜及铜合金加工材外形尺寸检测方法　第2部分:棒、线、型材
YS/T 336　铜、镍及其合金管材和棒材断口检验法

3 产品分类

3.1 牌号、状态、规格

产品的牌号、状态和规格应符合表1的规定。

表1　产品的牌号、状态、规格

牌　　号	状　　态	规格(厚度×宽度)/mm
T2、TU1、TP2	软(M),硬(Y)	(0.5～6.0)×(0.5～15.0)
H62、H65、H68、H70、H80、H85、H90B	软(M),半硬(Y_2),硬(Y)	(0.5～6.0)×(0.5～15.0)
HPb59-3、HPb62-3	半硬(Y_2)	(0.5～6.0)×(0.5～15.0)
HBi60-1.3、HSb60-0.9、HSb61-0.8-0.5	半硬(Y_2)	(0.5～6.0)×(0.5～12.0)
QSn6.5-0.1、QSn6.5-0.4、QSn7-0.2、QSn5-0.2	软(M),半硬(Y_2),硬(Y)	(0.5～6.0)×(0.5～12.0)
QSn4-3、QSi3-1	硬(Y)	(0.5～6.0)×(0.5～12.0)

表 1（续）

牌　　号	状　　态	规格(厚度×宽度)/mm
BZn15-20、BZn18-20、BZn22-16	软(M)，半硬(Y_2)	(0.5～6.0)×(0.5～15.0)
QCr1-0.18、QCr1	固溶＋冷加工＋时效(CYS)， 固溶＋时效＋冷加工(CSY)	(0.5～6.0)×(0.5～15.0)
注：扁线的厚度与宽度之比应在 1∶1～1∶7 的范围，其他范围的扁线由供需双方协商确定。		

3.2　标记示例

产品标记按产品名称、牌号、状态、规格和标准编号的顺序表示。标记示例如下：

示例 1： 用 T2 制造的、软状态、高精度、厚度为 1.0 mm、宽度为 4.0 mm 的扁线标记为：

扁线 T2M 高　1.0×4.0　GB/T 3114—2010

示例 2： 用 H65 制造的、硬状态、普通精度、厚度为 2.0 mm、宽度为 6.0 mm 的扁线标记为：

扁线 H65Y　2.0×6.0　GB/T 3114—2010

4　要求

4.1　化学成分

H90B 牌号的化学成分应符合表 2 的规定，其他牌号的化学成分应符合 GB/T 5231、GB/T 21652 的规定。

表 2　H90B 牌号的化学成分

合金牌号	化学成分/%							
	主成分			杂质成分，不大于				
	Cu	B	Zn	Ni	Fe	Si	Pb	杂质总和
H90B	89～91	0.05～0.3	余量	0.5	0.02	0.5	0.02	0.5
注 1：杂质总和为表中所列杂质元素实测值总和。 注 2：表中用"余量"表示的元素含量为 100%减去表中所列元素实测值所得。								

4.2　外形尺寸及其允许偏差

4.2.1　扁线对边距及其允许偏差应符合表 3 的规定。

表 3　扁线对边距及其允许偏差

单位为毫米

牌　　号	对边距	允许偏差，±	
		普通级	高级
T2、TU1、TP2、H62、H65、H68、H70、H80、H85、H90B、HPb59-3、HPb62-3、HBi60-1.3、HSb60-0.9、HSb61-0.8-0.5	0.5～1.0	0.02	0.01
	＞1.0～3.0	0.03	0.015
	＞3.0～6.0	0.03	0.02
	＞6.0～10.0	0.05	0.03
	＞10.0	0.10	0.07

表 3（续）

单位为毫米

牌　　号	对边距	允许偏差，±	
		普通级	高级
QSn6.5-0.1、QSn6.5-0.4、QSn4-3、QSi3-1、QSn7-0.2、QSn5-0.2、BZn15-20、BZn18-20、BZn22-16、QCr1-0.18、QCr1	0.5～1.0	0.03	0.02
	>1.0～3.0	0.06	0.03
	>3.0～6.0	0.08	0.05
	>6.0～10.0	0.10	0.07
	>10.0	0.18	0.10

注 1：经供需双方协商，可供应其他规格和允许偏差的扁线，具体要求应在合同中注明。
注 2：扁线偏差等级须在订货合同中注明，否则按普通级供货。
注 3：当用户要求扁线单向偏差时，厚度偏差为表 3 中数值的规定，宽度偏差为表 3 中数值的 2 倍。

4.2.2　侧面弯曲度

扁线的侧面弯曲度应符合表 4 的规定。

表 4　扁线的侧面弯曲度

单位为毫米

扁线宽度	侧面弯曲度，不大于
0.5～5.0	10（在任意 2 000 mm 长度上）
>5.0	15（在任意 2 000 mm 长度上）

4.2.3　边棱形状

通常扁线应带有商业通用方角，如订货时有规定，则应按表 5、表 6 所规定的边棱形状供货，圆角、圆边、全圆边的边棱形状如图 1、图 2、图 3 所示。

表 5　扁线圆角半径

单位为毫米

	尖　角	方　角			圆　角
厚度 t	≤5.0	≤1.5	>1.5～5.0	>5.0	3.0～5.0
圆角半径 r	≤0.08	≤0.3	≤0.4	≤1.0	≤1.0

表 6　扁线圆边曲率半径

单位为毫米

	圆边	全圆边
厚度 t	≤5.0	≥0.5
圆边曲率半径 R	≤1.25t	≤0.75t

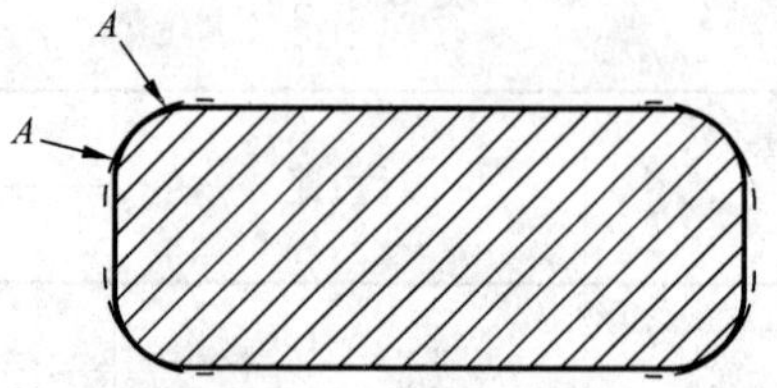

注：圆角的圆弧不一定正切于“A”点，角“A”点应圆滑过渡。

图 1　边棱形状示意图(圆角)

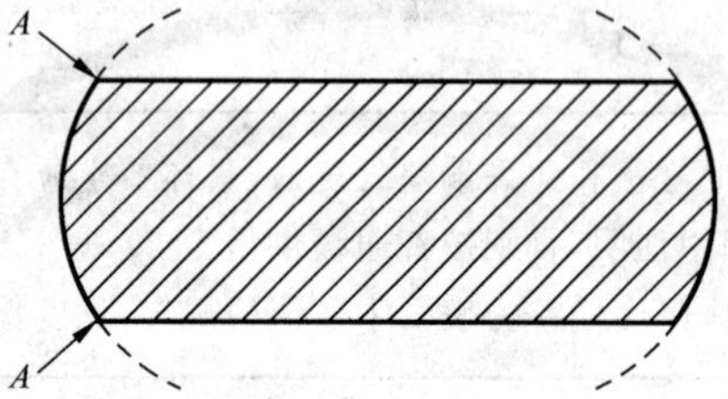

注：圆边的圆弧应与产品轴线对称，角“A”点应圆滑过渡。

图 2　边棱形状示意图(圆边)

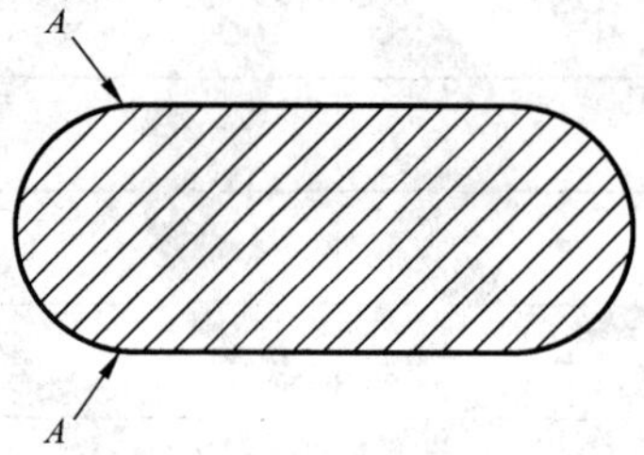

注：圆角的圆弧不一定正切于“A”点，但应与产品轴线对称，角“A” 点应圆滑过渡。

图 3　边棱形状示意图(全圆边)

4.3　力学性能

扁线的室温纵向力学性能应符合表 7 的规定。

表 7　扁线的室温纵向力学性能

牌　号	状态	对边距/mm	抗拉强度 R_m/(N/mm^2)	伸长率 $A_{100\ mm}$/%
			不小于	
T2、TU1、TP2	M	0.5～15.0	175	25
	Y	0.5～15.0	325	—
H62	M	0.5～15.0	295	25
	Y_2	0.5～15.0	345	10
	Y	0.5～15.0	460	—

表 7（续）

牌　号	状态	对边距/mm	抗拉强度 R_m/(N/mm²)	伸长率 $A_{100\ mm}$/%
			不小于	
H68、H65	M	0.5～15.0	245	28
	Y_2	0.5～15.0	340	10
	Y	0.5～15.0	440	—
H70	M	0.5～15.0	275	32
	Y_2	0.5～15.0	340	15
H80、H85、H90B	M	0.5～15.0	240	28
	Y_2	0.5～15.0	330	6
	Y	0.5～15.0	485	—
HPb59-3	Y_2	0.5～15.0	380	15
HPb62-3	Y_2	0.5～15.0	420	8
HSb60-0.9	Y_2	0.5～12.0	330	10
HSb61-0.8-0.5	Y_2	0.5～12.0	380	8
HBi60-1.3	Y_2	0.5～12.0	350	8
QSn6.5-0.1、QSn6.5-0.4、QSn7-0.2、QSn5-0.2	M	0.5～12.0	370	30
	Y_2	0.5～12.0	390	10
	Y	0.5～12.0	540	—
QSn4-3、QSi3-1	Y	0.5～12.0	735	—
BZn15-20、BZn18-20、BZn22-18	M	0.5～15.0	345	25
	Y_2	0.5～15.0	550	—
QCr1-0.18、QCr1	CYS CSY	0.5～15.0	400	10
注：经双方协商可供其他力学性能的扁线，具体要求应在合同中注明。				

4.4　反复弯曲试验

当用户要求，并在合同中注明时，半硬态线和硬态线应进行反复弯曲试验，半硬态线不少于 3 次，硬态线不少于 2 次，弯曲处不产生裂纹。

4.5　扭转试验

当用户要求，并在合同中注明时，应进行扭转试验，具体要求由供需双方商定。

4.6　残余应力

4.6.1　硬态硅青铜扁线和锡青铜扁线应进行消除残余应力的处理。

4.6.2　当用户要求，并在合同中注明时，其他扁线也应进行消除残余应力的处理。

4.7 耐脱锌腐蚀性能

当用户要求，并在合同中注明时，锑黄铜和铋黄铜扁线应进行耐脱锌腐蚀性能的试验，并符合表8的规定。如果用户不要求时，供方可不进行该项检测，但应保证符合表8的规定。

表8 扁线耐脱锌腐蚀性能

牌号	失锌层深度/μm，不大于			
	横向		纵向	
	平均	最大	平均	最大
HSb60-0.9、HBi60-1.3、HSb61-0.8-0.5	150	250	200	350

4.8 内部质量

扁线内部应致密、无缩尾、气孔、分层和夹杂，允许存在不影响客户使用要求的轻微缺陷。对边距大于或等于5 mm的扁线，其缺陷大小和数量应符合YS/T 336中的规定；对边距小于5 mm的扁线，其缺陷大小和数量应符合表9的规定。

表9 内部缺陷要求

对边距/mm	忽略不计的缺陷直径 mm	允许存在缺陷		两缺陷间距/mm
		直径/mm	个数	
0.5～2.0	≤0.01	>0.01～0.05	≤2	≥0.2
>2.0～5.0	≤0.05	>0.05～0.1	≤2	≥0.5

4.9 表面质量

4.9.1 扁线表面应光滑、清洁，无明显色差，具有金属本色，不允许有影响使用的缺陷。允许有轻微的、局部的不使扁线尺寸超出偏差的压入物和划伤。轻微的发红、发暗和氧化色及轻微的局部的水迹、油迹不作报废依据。

4.9.2 成品排线整齐、没有明显毛边、不乱线、不能有扭拧和翻翘。

4.10 扁线卷(轴)重量

4.10.1 扁线卷(轴)重量应符合表10的规定。

表10 扁线卷(轴)重量

扁线宽度/mm	每卷重量/kg	
	标准卷	较轻卷
0.5～1.0	10±1	8±1
>1.0～3.0	22±2	20±2
>3.0～5.0	25±3，40±4	22±3，30±3
>5	70±5	50±5

4.10.2 每批许可交付重量不大于10%的较轻线卷(轴)。

4.10.3 用户对扁线卷(轴)重量有特殊要求时,可协商进行。

5 试验方法

5.1 化学成分仲裁分析方法

扁线的化学成分仲裁分析方法按GB/T 5121的规定进行,超出GB/T 5121分析范围之外的元素由供需双方协商。

5.2 外形尺寸检测量方法

扁线的外形尺寸应按GB/T 26303.2的规定进行检测。

5.3 力学性能检验方法

扁线的室温拉伸试验按GB/T 228的规定进行。厚度不大于4 mm的扁线,试样号为R9;厚度大于4 mm的扁线,标距长度为100 mm。

5.4 反复弯曲试验方法

扁线的室温反复弯曲试验按GB/T 238的规定进行。

5.5 扭转试验方法

扁线的扭转试验方法按GB/T 239的规定进行。

5.6 残余应力检验方法

扁线的残余应力检验方法按GB/T 10567.2的规定进行。

5.7 耐脱锌腐蚀性能检验方法

扁线的耐脱锌腐蚀性能检验方法按GB/T 10119的规定进行。

5.8 内部质量检验方法

扁线的内部质量检验方法按YS/T 336的规定进行。

5.9 表面质量检验方法

扁线表面质量用目视检验。

5.10 卷(轴)重量检验方法

扁线卷(轴)重量应用相应精度的测量工具进行测量。

6 检验规则

6.1 检查和验收

6.1.1 扁线应由供方技术监督部门进行检验,保证产品质量符合标准及合同(或订货单)的规定,并填写质量证明书。

6.1.2 需方应对收到的产品按本标准的规定进行检验,如检验结果与本标准及合同(或订货单)的规定不符时,则在收到产品之日起3个月内,以书面的形式向供方提出,由供需双方协商解决。如需仲裁,仲裁取样应由供需双方共同进行。

6.2 组批

扁线应成批提交检验,每批应由同一牌号、规格和状态组成,每批重量应不超过2 000 kg。

6.3 检验项目

6.3.1 每批扁线应进行化学成分、外形尺寸及其允许偏差、力学性能、硅青铜和锡青铜扁线残余应力、表面质量及卷(轴)重量的检验。

6.3.2 当需方要求,并在合同中注明时,每批还应进行反复弯曲、扭转性能、硅青铜和锡青铜之外的残余应力、耐脱锌腐蚀性能、内部质量的检验。

6.4 取样

扁线的取样应符合表11的规定。

表 11 取样

检验项目	取样规定	要求的章条号	试验方法的章条号
化学成分	供方:1个试样/1炉;需方:1个试样/批	4.1	5.1
外形尺寸及其允许偏差	按照GB/T 2828.1规定的取样,检测水平Ⅱ或供需双方协商,接收质量限 $AQL=2.5$	4.2	5.2
力学性能	任取2卷(轴)/批,1个试样/1卷(轴)	4.3	5.3
反复弯曲试验	任取2卷(轴)/批,1个试样/1卷(轴)	4.4	5.4
扭转试验	任取2卷(轴)/批,1个试样/1卷(轴)	4.5	5.5
残余应力	任取2卷(轴)/批,1个试样/1卷(轴)	4.6	5.6
耐脱锌腐蚀性能	任取2卷(轴)/批,1个试样/1卷(轴)	4.7	5.7
内部质量	任取2卷(轴)/批,1个试样/1卷(轴)	4.8	5.8
表面质量	按照GB/T 2828.1规定的取样或供需双方协商,接收质量限 $AQL=2.5$	4.9	5.9
卷(轴)重量	每卷(轴)	4.10	5.10

6.5 检验结果的判定

6.5.1 化学成分不合格时,判该批扁线不合格。

6.5.2 扁线的外形尺寸和表面质量,每批中不合格件数超出接收质量限时判整批不合格,或由供方逐卷检验,合格者交货。

6.5.3 当力学性能、反复弯曲试验、扭转试验、残余应力、耐脱锌腐蚀性能、内部质量的试验结果中有试样不合格时,应从该批扁线中另取双倍数量的试样(其中一个试样必须取自原检验不合格的那卷扁线)进行重复试验,重复试验结果全部合格,则判整批产品合格。若重复试验结果仍有试样不合格,则判该批扁线不合格,或由供方重新处理。

7 标志、包装、运输、贮存和质量证明书

扁线的标志、包装、运输、贮存和质量证明书按 GB/T 8888 的规定进行。

8 合同(或订货单)内容

订购本标准所列材料的合同(或订货单)内应包括下列内容:

a) 产品名称;
b) 牌号;
c) 状态;
d) 尺寸规格;
e) 重量或卷数;
f) 反复弯曲、扭转性能、硅青铜和锡青铜之外的残余应力、耐脱锌腐蚀性能、内部质量(当用户有要求时);
g) 本标准的编号;
h) 有无危害标志;
i) 其他。

ICS 75.140
E 49

中华人民共和国国家标准

GB/T 3146.1—2010
代替 GB/T 3146—1982

工业芳烃及相关物料馏程的测定 第1部分：蒸馏法

Industrial aromatic hydrocarbons and related materials—Determination of distillation range—Part 1: Distillation method

2011-01-10 发布 2011-05-01 实施

中华人民共和国国家质量监督检验检疫总局
中国国家标准化管理委员会 发布

前　言

GB/T 3146《工业芳烃及相关物料馏程的测定》分为两部分：

——第1部分：蒸馏法；

——第2部分：色谱法。

本部分为GB/T 3146第1部分。

本部分使用重新起草法修改采用美国试验与材料协会标准ASTM D850-03(2008)$^{\varepsilon1}$《工业芳烃及相关物料的馏程测定法》。

本部分与ASTM D850-03(2008)$^{\varepsilon1}$在结构上有较多调整，附录A中列出了本部分与ASTM D850-03(2008)$^{\varepsilon1}$的章条编号对照一览表。

本部分与ASTM D850-03(2008)$^{\varepsilon1}$的技术性差异及其原因如下：

——对于第2章"规范性引用文件"，本部分做了具有技术差异的调整，以适应我国的技术条件，具体调整如下：

1) 用GB/T 4756代替ASTM D3437；

2) 用GB/T 6536—1997代替ASTM E133；

3) 用GB/T 8170代替ASTM E29；

4) 删除了ASTM D4790；

5) 删除了ASTM E691；

6) 增加了GB/T 16483；

——为了更加规范术语的定义，便于方法的理解，本部分在第3章中增加了初馏点(3.1)、分解点(3.2)、干点(3.3)和终馏点(3.4)的术语和定义，并将ASTM D850-03(2008)$^{\varepsilon1}$中12.2和12.3有关馏程定义的内容增加在本章作为馏程(3.5)术语和定义的内容；

——为了符合我国标准规范，本部分将ASTM D850-03(2008)$^{\varepsilon1}$中第5章"意义和用途"的内容作为"引言"；

——本部分按照我国国情，删除了ASTM D850-03(2008)$^{\varepsilon1}$中6.6.1采用煤气灯加热进行蒸馏的方式；

——因我国现行二甲苯产品标准报告终馏点，本部分在"9.1　手动蒸馏步骤"中增加9.1.4中有关观察终馏点的内容；

——本部分在12.2中增加了二甲苯终馏点的精密度，因我国现行二甲苯产品标准报告终馏点；

——为了符合我国标准规范，本部分删除了ASTM D850-03(2008)$^{\varepsilon1}$中第15章关键词的内容；

——为了便于查对，本部分增加了附录B，给出了大气压变化对温度计的校准值。

本部分还做了下列编辑性修改：

——删除了ASTM D850-03(2008)$^{\varepsilon1}$中1.2的有关单位制的说明，以符合我国标准规范。

本部分代替GB/T 3146—1982《苯类产品馏程测定法》中蒸馏法。

本部分与GB/T 3146—1982相比主要变化如下：

——为了保持与ASTM D850-03(2008)$^{\varepsilon1}$名称的一致性，并按照我国分部分标准名称的编写规定，本部分名称由《苯类产品馏程测定法》修改为《工业芳烃及相关物料馏程的测定　第1部分：蒸馏法》；

——本部分在第2章中补充了相应的规范性引用文件；

——本部分增加了第3章"术语和定义"、第6章"危害"、第13章"质量控制"的内容；

——本部分对 GB/T 3146—1982 中 3.1 的取样过程进行了修改，本部分第 7 章中要求除去游离水，不允许除去溶解水，不再规定取样温度；

——本部分在第 5 章中增加了自动蒸馏装置，可进行蒸馏的自动测定，自动法未给出苯的精密度；

——删除了 GB/T 3146—1982 第 1 章中“仪器”的内容，本部分采用 GB/T 6536—1997 蒸馏仪，温度计采用分度值为 0.2 ℃的工业芳烃蒸馏用 ASTM 温度计或同等温度计，接收器改为普通量筒；

——修改了 GB/T 3146—1982 中 4.6 温度计校准方法，取消了外露温度计，本部分在第 10 章中只进行温度计自身校准和大气压对温度计校准，并且增加了可选项温度计与大气压的联合校准；

——本部分在 9.1.3 中将试验步骤中终馏点的观察方式进行了修改，增加了干点和分解点的观察和报告内容，删去了 GB/T 3146—1982 的 4.4 中终馏点定义；

——为了保持与 ASTM D850-03(2008)$^{\varepsilon 1}$ 精密度的一致性，本部分对精密度进行了修改，删除了 GB/T 3146—1982 重复性内容，在 12.1.1 和 12.2.1 中引入了中间精密度；

——由于 GB/T 3146—1982 分为蒸馏法和色谱法两部分，本部分删除了 GB/T 3146—1982 中色谱法内容；

——为了方便查阅比较和计算，本部分增加了附录 A 和附录 B，均为资料性附录。

本部分由中国石油化工集团公司提出。

本部分由全国石油产品和润滑剂标准化技术委员会石油燃料和润滑剂分技术委员会(SAC/TC 280/SC 1)归口。

本部分起草单位：中国石油化工股份有限公司金陵分公司。

本部分主要起草人：方虹、陈官容、李志行、金武、蔡俊美、周影。

本部分所代替标准的历次版本发布情况为：

——GB/T 3146—1982。

引 言

本部分适用于制定产品规格,也可作为内部质量控制工具,同时还可用于工业芳烃及相关物料的开发或研制工作。

本部分可大致判断产品的纯度及是否存在过量的水。本部分不能区分馏程相近的产品。

本部分是 GB/T 3146 结构调整后修订完成的第一个部分,第二部分将在今后制定。

工业芳烃及相关物料馏程的测定
第1部分:蒸馏法

警告 本部分无意对与此有关的所有安全问题都提出建议。因此,用户在使用本部分之前应建立适当的安全和防护措施,并确定相关规章限制的适用性。本部分对危害的详细说明详见5.6和第6章。

1 范围

GB/T 3146的本部分规定了用蒸馏法测定工业芳烃及相关物料馏程的方法。

本部分适用于工业芳烃及馏程较窄且在30 ℃～250 ℃之间相关物料的馏程测定。

2 规范性引用文件

下列文件中的条款通过GB/T 3146的本部分的引用而成为本部分的条款。凡是注日期的引用文件,其随后所有的修改单(不包括勘误的内容)或修订版均不适用于本部分,然而,鼓励根据本部分达成协议的各方研究是否可以使用这些文件的最新版本。凡是不注日期的引用文件,其最新版本适用于本部分。

GB/T 4756 石油液体手工取样法

GB/T 6536—1997 石油产品蒸馏测定法

GB/T 8170 数值修约规则与极限数值的表示和判定

GB/T 16483 化学品安全技术说明书 内容和项目顺序

ASTM D1078 挥发性液态有机物蒸馏试验方法

ASTM E1 温度计的技术指标

ASTM E220 热电偶比对校准方法

3 术语和定义

下列术语和定义适用于GB/T 3146的本部分。

3.1

初馏点 initial boiling point

从冷凝管较低的一端滴下第一滴冷凝液的一瞬间观察到的温度计读数。

注:温度均以℃表示。

[GB/T 6536—1997 中3.4]

3.2

分解点 decomposition point

蒸馏烧瓶中液体开始呈现热分解时的温度计读数。

注:热分解时蒸馏烧瓶中出现烟雾,温度发生波动,即使调节,温度仍明显下降。

[GB/T 6536—1997 中3.1]

3.3

干点 dry point

蒸馏烧瓶中最低点的最后一滴液体汽化时一瞬间所观察到的温度计读数。在蒸馏烧瓶壁或温度计上的任何液滴或液膜则不予考虑。

[GB/T 6536—1997 中3.2]

3.4

终馏点 final boiling point

在试验过程中得到的温度计最高读数,通常是在蒸馏烧瓶底部全部液体都蒸发后才出现。

[GB/T 6536—1997 中 3.3]

3.5

馏程 distillation range

通常等于终馏点的温度减去初馏点的温度或干点的温度减去初馏点的温度。当分解点出现时,馏程范围等于分解点的温度减去初馏点的温度。

4 方法概要

将 100 mL 工业芳烃及相关物料以一定的蒸馏速度进行蒸馏,记录初馏点、馏出体积为 5%、10%、95%及中间馏分(即 10%~90%馏出液体积每增加 10%时)和干点或分解点或终馏点的温度计读数。报告经修正后的温度。

5 仪器

5.1 蒸馏烧瓶

体积为 200 mL 带支管的耐热玻璃蒸馏烧瓶,如图 1 所示,规格如下:

——球体外径,76 mm±1 mm;

——颈部内径,21 mm±1 mm;

——烧瓶高度,179 mm±3 mm;

——烧瓶球体外底部到支管开口中心轴线高度,120 mm±3 mm;

——支管长度,100 mm±3 mm;

——支管外径,7 mm±0.5 mm;

——支管和颈部夹角,75°±3°。

单位为毫米

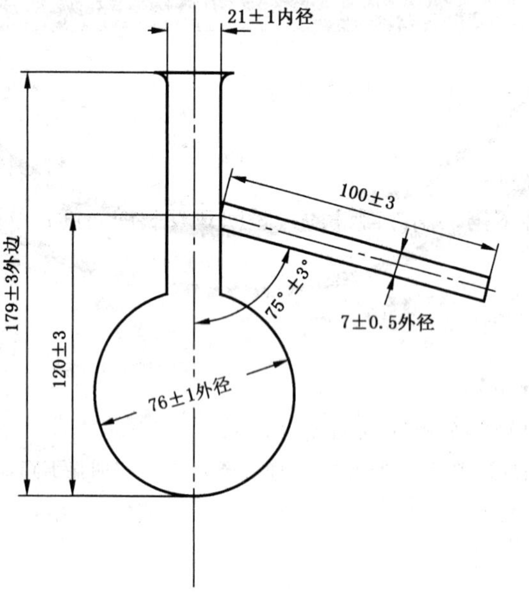

图 1 蒸馏烧瓶

5.2 温度测量装置

5.2.1 手动蒸馏温度计:本部分中应根据不同的被测物料选择使用溶剂蒸馏温度计或同等规格的温度

计。如果在产品规格中没有指定温度计，则按表1选择能记录被测物料全馏程并满足表1最小分度值要求的温度计。表1中列出了几种适用于测定工业芳烃馏程的溶剂蒸馏温度计，同时满足ASTM E1标准中的规格要求。

表1 工业芳烃蒸馏试验用温度计

温度计	名　称	范围/℃	分度值/℃
ASTM 39C	溶剂蒸馏	48～102	0.2
ASTM 40C	溶剂蒸馏	72～126	0.2
ASTM 41C	溶剂蒸馏	98～152	0.2
ASTM 42C	溶剂蒸馏	95～255	0.5
ASTM 102C	溶剂蒸馏	123～177	0.2
ASTM 103C	溶剂蒸馏	148～202	0.2
ASTM 104C	溶剂蒸馏	173～227	0.2
ASTM 105C	溶剂蒸馏	198～252	0.2

5.2.2 自动蒸馏温度传感器：温度测量系统中使用的热电偶或电阻温度计（又称温度测量装置）应具有和同等的玻璃水银温度计一样的温度滞后性和精度。这些温度传感器应定期进行校准。校准方法按ASTM E220进行，或采用十进位的精确电阻箱等类似方法进行。另一种校准方法是蒸馏纯甲苯，将热电偶或电阻温度计指示的温度与玻璃水银温度计显示的温度进行比较。在安装新的自动蒸馏仪时，应用已知馏程范围大约为1℃的甲苯标样来校正此仪器的干点和馏程范围。在更换温度测量设备时建议使用此物质来校正。也可以用已知馏程范围和干点的其他物质来校正。

5.2.2.1 自动蒸馏温度传感器的定位装置：将温度传感器通过一个密封装置安装到烧瓶颈部的中央位置。不能使用中心带孔的软木塞或硅胶塞。可使用如图2所示的定位装置。

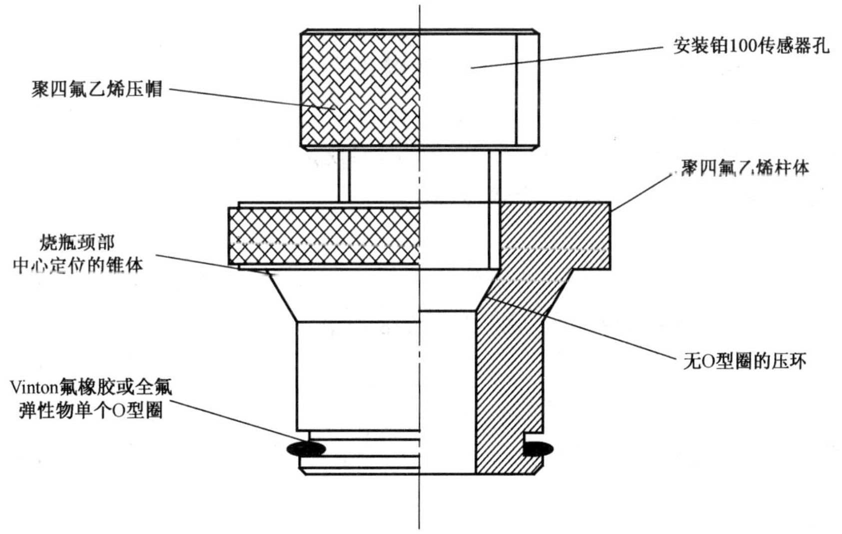

图2 烧瓶颈部中心定位装置

5.2.2.2 本部分使用的测温电路系统或算法，都应有模拟玻璃水银温度计测温滞后性的能力。为此，应用已知馏程范围约为1℃的甲苯标样来校正算法和阻尼软件。

5.2.2.3 温度传感器也可放在能包覆传感器末端的套中，通过调节热质量和导热性，使其能与玻璃水银温度计有一样的测温滞后性。

注1：甲苯标样为光谱纯标样。

注2：在蒸馏过程中当温度迅速变化时，温度计的温度滞后能达3 s。

5.3 冷凝管和冷却槽

5.3.1 手动蒸馏冷凝管和冷却槽

5.3.1.1 手动蒸馏冷凝管和冷却槽的技术要求见 GB/T 6536—1997 附录 A。

5.3.1.2 也可使用如下冷凝管:长度为 600 mm～610 mm、内径为 12 mm、标准壁厚约为 1.25 mm,尾端切掉一角并磨光的玻璃管。安装在冷却槽中且与冷却水接触长度至少 380 mm。冷凝管与冷却槽任一边之间的距离不小于 19 mm,冷却水应保持在 10 ℃～20 ℃之间。通过加冰或循环冷却水保持冷却水的温度。安装好的冷却槽应使其中的冷凝管与垂直方向成 75 ℃的夹角。

5.3.2 自动蒸馏冷凝管和冷却槽

技术要求见 GB/T 6536—1997 附录 A。

5.4 蒸馏接受器

5.4.1 手动蒸馏接受器:带刻度的圆柱形量筒,直径均匀,带有平的或铸模的底座并且有上唇口。量筒体积为 100 mL,从 0 mL～100 mL 接收段刻度的长度为 178 mm～203 mm。以 1 mL 为一刻线,每 5 mL 刻一长线以示区别。从底部开始每 10 mL 予以标注。接受器的高度为 248 mm～260 mm。量程范围内的刻度误差不超过 1 mL。底部 1 mL 处的刻度可以不刻。接受器的技术指标见 GB/T 6536—1997 附录 A。

5.4.2 自动蒸馏接受器:除刻度值以外其他技术要求应和仪器说明书的要求一致并符合本章所描述的规格要求。

自动蒸馏体积液位跟踪器:自动蒸馏仪体积液位跟踪器或记录器具有 0.1 mL 的分辨率,其精度范围不超过±1 mL。仪器的校准应根据仪器说明书的要求定期进行。典型的校准过程应包括 5 mL 和 100 mL 物料体积的接收量的验证。

5.5 蒸馏烧瓶支架

5.5.1 电加热单元:此单元包含调节系统,可调节加热炉及其上方放置的烧瓶隔热板位置,其调节系统应置于罩的外部。

5.5.2 蒸馏烧瓶支板:蒸馏烧瓶支板由中心开孔的陶瓷或其他耐热材料构成。苯和甲苯测定时选用 ϕ25 mm,沸点高于甲苯低于 145 ℃时选用 ϕ38 mm,更高沸点的物料选用 ϕ50 mm。蒸馏烧瓶支板的尺寸应足以保证加热蒸馏烧瓶的热量仅来自其中心开孔,而使蒸馏烧瓶其他部位的受热量减至最小。

警告:含石棉的材料不能用于制造蒸馏烧瓶支板。

5.6 加热器

手动蒸馏加热器——电炉,能充分调节并能给出足够的热量以满足物料所需的蒸馏速度。

警告:烧瓶过热能引起错误的结果见 ASTM D1078 仪器准备部分。

6 危害

本部分中使用的所有材料,在使用时,应参考按照 GB/T 16483 列出的材料安全数据表,注意其使用危害。

7 取样

7.1 取样应按照 GB/T 16483 规则的最新版本采取安全防范措施。按照 GB/T 4756 标准对用此方法分析的芳烃样品进行适当的取样和处理。

7.2 试样应清澈透明无明水。将除去明水的试样取 100 mL 小心倒入量筒中。当样品含水或样品混浊时,可过滤除去明水,用一张滤纸覆盖在玻璃漏斗上,至少取 200 mL 试样快速过滤(避免空气对流)。不允许脱去溶解水。但应注意某些样品尤其是苯能吸收微量的水,这将影响试验结果。因溶解水的存在而导致蒸馏试验失败时,则允许采用约定的方法脱水。

8 仪器的安装

8.1 手动蒸馏仪

8.1.1 将一块不起毛的布系在绳子或铁丝上，使之通过冷凝管以除去其中的残留液体。

8.1.2 仪器安装，将蒸馏烧瓶安装在适当孔径的隔热板上，烧瓶的支管用软木塞或硅橡胶塞与冷凝管紧密相联，支管伸到冷凝管中的长度大约是 50 mm。

8.1.3 如图 3 所示安装温度计，将温度计穿过软木塞或硅橡胶塞安装在烧瓶的颈部，用垂线检验，使感温泡位于烧瓶颈部的中央，并使温度计感温泡或中间泡的上边缘与烧瓶颈部和支管交界处的最低点在同一水平线上。

8.2 自动蒸馏仪

自动蒸馏仪的安装参阅仪器操作手册。

注：中心定位器应如 5.2.2.1 所述，见图 2。

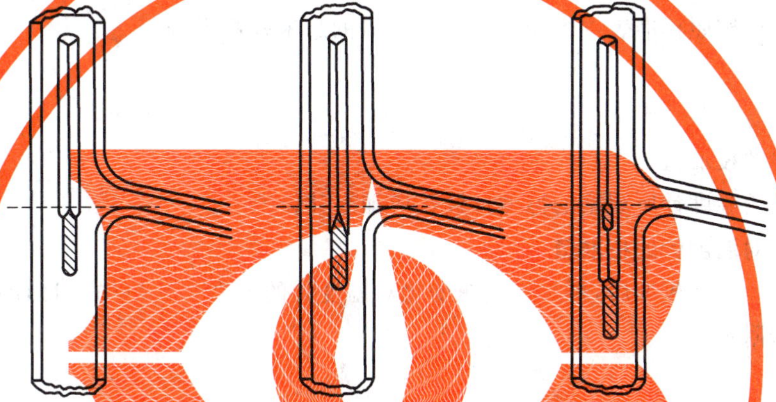

图 3 测量装置中温度计在烧瓶中的位置

8.3 在室温下仔细量取 100 mL 试样倒入蒸馏烧瓶中，量筒悬垂在烧瓶上的时间不少于 15 s。在蒸馏烧瓶安装到仪器之前应仔细检查烧瓶中的试样，防止试样流入烧瓶支管。取样量筒不必清洗，直接作为接受器。

8.4 安装烧瓶支管，用硅橡胶塞将支管和冷凝管紧密连接。在垂直方向调节烧瓶以便支管伸入冷凝管的长度在 25 mm～50 mm 之间。升高并调节烧瓶支架使隔热板紧贴在烧瓶的底部。

8.5 将取样用的不经干燥的量筒放在冷凝管的较低端，并使冷凝管的末端处于量筒的中央，且伸入量筒中的长度至少 25 mm。

9 试验步骤

9.1 手动蒸馏步骤

9.1.1 按第 8 章所述连接蒸馏烧瓶与冷凝设备，按 8.1 所述将温度计安装到蒸馏烧瓶上。

9.1.2 缓慢地加热蒸馏烧瓶，特别是在试样开始沸腾后要使温度计中水银柱在第一滴馏出液馏出之前充分膨胀。调整加热速度以使蒸馏烧瓶壁上的冷凝蒸汽环从开始上升到支管较低端的时间不少于 90 s，最好接近 120 s。从开始加热到第一滴馏出液馏出的时间应控制在 5 min～10 min 之间。避免加热速度变化过大。为了达到更好的操作水平，操作者应不断积累经验。当蒸馏开始时，调节接受器使馏出液沿着接受器的内壁流下防止馏出液飞溅造成损失，然后调节加热速度，蒸馏速度控制在 5 mL/min～7 mL/min之间直至蒸干。测定馏程窄的苯、甲苯、二甲苯总馏出量应不少于 97%，测定馏程较宽的石油产品和轻油时总馏出量应不少于 95%，否则应重新试验。

9.1.3 当第一滴馏出液滴入接收量筒时，读取温度计读数作为初馏点，并记录初馏点和回收体积分数为5%、95%及从10%～90%馏分每10%回收体积分数的温度计读数,体积分数的读数精确至1%。当蒸馏烧瓶中最低点的最后一滴液体汽化一瞬间所观察到的温度计读数,作为干点记录。当测定粗物料时,分解点比干点更易观察。蒸馏结束到达分解点时,温度常常停止上升并开始下降。这种情况下,读取分解点的温度作为观察到的最高温度。当蒸馏烧瓶中充满浓烟时,这种现象表示此时对应的温度为分解点。如果出现这种状况,记录蒸馏烧瓶球部完全充满浓烟时的温度。如果观察到分解点而不是干点,则分解点的温度也可作为最终结果报告。

9.1.4 若需报告终馏点,应观察试验过程中温度计的最高读数,通常是在蒸馏烧瓶底部全部液体都蒸发后才会出现,读取此温度并作为终馏点记录。

9.1.5 实验室应随时获取和记录温度计的校准值。

9.2 自动蒸馏步骤

按照8.2所述将蒸馏烧瓶安装到自动蒸馏仪上。按照仪器说明书将测温装置安装到蒸馏烧瓶上。

9.3 气压表读数和气压表温度

观察的大气压应按照标准表进行校准并以0 ℃时的毫米汞柱报告。

10 温度校准

10.1 温度计本身的校准值

在本部分中使用温度计所观察的温度计读数应加上其校准值。

10.2 大气压变化对温度计的校准值

观察的温度经温度计校准后,再加大气压变化对温度计的校准值,根据式(1)计算大气压变化对温度计的校准值或查附录A。

$$C=[A+B\times(760-p)]\times(760-p) \qquad \cdots\cdots(1)$$

式中:

C——大气压对温度计的校准值,单位为摄氏度(℃);

A,B——表2中的常数;

p——校准到0 ℃时的大气压,单位为毫米汞柱(mmHg)。

10.3 联合校准

如果被测试样的全馏程不超过2 ℃时,也可以根据馏出体积50%时观察的沸点温度和表3中给出的760 mmHg时的沸点温度之差作为温度计和大气压的联合校准。

注:当报告的是校准后的温度时,备注应说明所采用的温度校准类型。

表2 大气压在600 mmHg～800 mmHg之间变化的校准常数

物料	A	B
苯	0.042 7	0.000 025
甲苯	0.046 3	0.000 027
乙基苯	0.049 0	0.000 028
邻二甲苯	0.049 7	0.000 029
间二甲苯	0.049 0	0.000 029
对二甲苯	0.049 2	0.000 029
混合二甲苯	0.049 3	0.000 029
溶剂油	0.049 3	0.000 029
高闪点溶剂	0.053 0	0.000 032

表 3 烃类沸点

烃　　类	沸点/℃
环己烷	78.0
苯	80.1
乙基苯	136.2
吡啶	115.5
甲苯	110.6
间二甲苯	139.1
邻二甲苯	144.4
对二甲苯	138.3

11 报告

11.1 根据被测物料的产品规格报告结果，温度结果报告精确到 0.1 ℃；体积分数报告精确至 1%。

11.2 如果报告的方式没有规定，则报告每一次观察体积时对应的温度（校准后），并报告残留体积分数，回收体积分数及蒸馏损失体积分数。

11.3 为了保持标准的一致性，观察或计算的数值应按 GB/T 8170 进行取舍，其数值保留位数与产品规格指标一致。

12 精密度和偏差

12.1 手动蒸馏方法的精密度

按下述规定判断试验结果的可靠性（95%置信水平）：

12.1.1 中间精密度

同一操作者测定所得两个结果之差不应超出下列数值：

——环己烷，0.17 ℃；

——苯，0.16 ℃；

——甲苯，0.23 ℃；

——二甲苯，0.26 ℃。

12.1.2 再现性

两个实验室分别得出的单一试验结果之差不应超出下列数值：

——苯，0.42 ℃；

——甲苯，0.47 ℃；

——二甲苯，0.42 ℃。

注：没有足够的数据确定环己烷的再现性。

12.2 自动蒸馏法的精密度

按下述规定判断试验结果的可靠性（95%置信水平）。

12.2.1 中间精密度

同一操作者测定所得两个结果之差不应超出下列数值：

——甲苯：

1） 初馏点，0.238 ℃；

2） 干点，0.230 ℃。

——二甲苯：

1） 初馏点，0.409 ℃；

2） 50%，0.239 ℃；

3） 干点和终馏点，0.264 ℃。

——甲酚：

1） 初馏点，0.681 ℃；

2） 50%，0.423 ℃；

3） 干点，0.675 ℃。

12.2.2 再现性

两个实验室分别得出的单一试验结果之差不应超出下列数值：

——甲苯：

1） 初馏点，0.581 ℃；

2） 50%，0.156 ℃；

3） 干点，0.456 ℃。

——二甲苯：

1） 初馏点，0.964 ℃；

2） 50%，0.439 ℃；

3） 干点和终馏点，0.390 ℃。

注：没有足够的数据确定甲酚的再现性。

12.3 偏差

本部分手动和自动蒸馏法没有显著性差异，甲苯或二甲苯在95%的置信水平时，T值差异也不显著。

注：本部分中自动蒸馏法的数据是由带有干点传感器的自动蒸馏仪（ADA）获得的。因此本部分的精密度和偏差的表述仅对带有干点传感器的自动蒸馏仪是有效的。

13 质量控制

13.1 在更换温度测量设备时建议使用已知馏程范围约为1 ℃的标准物质来校正仪器。或在更换温度测量设备时采用已知干点和馏程的物质来校正仪器，此物质也可用于进行质量控制/质量保证（QC/QA）测试。

13.2 如果实验室中已经建立了QC/QA程序并已确定了QC/QA物质，则也可以采用。

附 录 A
（资料性附录）
本部分章条编号与 ASTM D850-03(2008)$^{\varepsilon 1}$章条编号对照

表 A.1 给出了本部分的章条编号与 ASTM D850-03(2008)$^{\varepsilon 1}$章条编号对照一览表。

表 A.1 本部分的章条编号与 ASTM D850-03(2008)$^{\varepsilon 1}$章条编号对照表

本部分章条编号	ASTM D850-03(2008)$^{\varepsilon 1}$章条编号
引言	5
3	3、12.2、12.3
5	6
6	7
7	8
8	9
9.1.1	10.1.1
9.1.2	10.1.2
9.1.3	10.1.3
9.1.4	—
9.1.5	10.1.4
9.2	10.2
9.3	10.3
10	11
11	12.1
12	13
13	14
—	15
附录 A	—
附录 B	—
注：表中章条以外的本部分其他章条编号与 ASTM D850-03(2008)$^{\varepsilon 1}$章条编号均相同且内容相对应。	

附 录 B
（资料性附录）
大气压变化对温度计的校准值

表B.1给出了本部分中不同大气压相对应温度计的校准值。

表B.1 大气压变化对温度计的校准值

单位为摄氏度

大气压		苯	甲苯	乙基苯	邻二甲苯	间二甲苯	对二甲苯	混合二甲苯	溶剂油	高闪点溶剂
mmHg	kPa									
600	80.0	7.472	8.099	8.557	8.694	8.582	8.614	8.630	8.630	9.299
610	81.3	6.968	7.553	7.980	8.108	8.003	8.033	8.048	8.048	8.670
620	82.6	6.468	7.011	7.409	7.526	7.428	7.456	7.470	7.470	8.047
630	84.0	5.974	6.475	6.843	6.951	6.860	6.886	6.899	6.899	7.431
640	85.3	5.484	5.945	6.283	6.382	6.298	6.322	6.334	6.334	6.821
650	86.6	5.000	5.420	5.729	5.818	5.741	5.763	5.774	5.774	6.217
660	88.0	4.520	4.900	5.180	5.260	5.190	5.210	5.220	5.220	5.620
665	88.6	4.282	4.642	4.908	4.983	4.917	4.936	4.945	4.945	5.324
670	89.3	4.046	4.386	4.637	4.708	4.645	4.663	4.672	4.672	5.029
675	90.0	3.810	4.131	4.367	4.434	4.375	4.392	4.400	4.400	4.736
680	90.6	3.576	3.877	4.099	4.162	4.106	4.122	4.130	4.130	4.445
685	91.3	3.343	3.624	3.833	3.891	3.838	3.853	3.861	3.861	4.155
690	92.0	3.112	3.373	3.567	3.621	3.572	3.586	3.593	3.593	3.867
695	92.6	2.881	3.124	3.303	3.353	3.308	3.321	3.327	3.327	3.580
700	93.3	2.652	2.875	3.041	3.086	3.044	3.056	3.062	3.062	3.295
705	94.0	2.424	2.628	2.780	2.821	2.783	2.794	2.799	2.799	3.012
710	94.6	2.198	2.383	2.520	2.558	2.523	2.533	2.538	2.538	2.730
715	95.3	1.972	2.138	2.262	2.295	2.264	2.273	2.277	2.277	2.450
720	96.0	1.748	1.895	2.005	2.034	2.006	2.014	2.018	2.018	2.171
725	96.6	1.525	1.654	1.749	1.775	1.751	1.758	1.761	1.761	1.894
730	97.3	1.304	1.413	1.495	1.517	1.496	1.502	1.505	1.505	1.619
735	98.0	1.083	1.174	1.243	1.261	1.243	1.248	1.251	1.251	1.345
740	98.6	0.864	0.937	0.991	1.006	0.992	0.996	0.998	0.998	1.073
745	99.3	0.646	0.701	0.741	0.752	0.742	0.745	0.746	0.746	0.802
750	100.0	0.430	0.466	0.493	0.500	0.493	0.495	0.496	0.496	0.533
755	100.6	0.214	0.232	0.246	0.249	0.246	0.247	0.247	0.247	0.266
760	101.3	0.000	0.000	0.000	0.000	0.000	0.000	0.000	0.000	0.000
765	102.0	−0.213	−0.231	−0.244	−0.248	−0.244	−0.245	−0.246	−0.246	−0.264
770	102.6	−0.425	−0.460	−0.487	−0.494	−0.487	−0.489	−0.490	−0.490	−0.527

表 B.1（续）

单位为摄氏度

大气压		苯	甲苯	乙基苯	邻二甲苯	间二甲苯	对二甲苯	混合二甲苯	溶剂油	高闪点溶剂
mmHg	kPa									
775	103.3	−0.635	−0.688	−0.729	−0.739	−0.728	−0.731	−0.733	−0.733	−0.788
780	104.0	−0.844	−0.915	−0.969	−0.982	−0.968	−0.972	−0.974	−0.974	−1.047
785	104.6	−1.052	−1.141	−1.208	−1.224	−1.207	−1.212	−1.214	−1.214	−1.305
790	105.3	−1.259	−1.365	−1.445	−1.465	−1.444	−1.450	−1.453	−1.453	−1.561
795	106.0	−1.464	−1.587	−1.681	−1.704	−1.679	−1.686	−1.690	−1.690	−1.816
800	106.6	−1.668	−1.809	−1.915	−1.942	−1.914	−1.922	−1.926	−1.926	−2.069
注：表中数据是按式(1)和表 2 计算而得。										

表 B.1 （续）

[illegible]

中华人民共和国国家标准

GB 3150—2010

食品安全国家标准
食品添加剂 硫磺

2010-12-21 发布 2011-02-21 实施

中华人民共和国卫生部 发布

前　言

本标准代替 GB 3150—1999《食品添加剂　硫磺》。

本标准与 GB 3150—1999 的主要技术差异如下：

——增加了硫化物指标及试验方法；

——增加了重量法测定有机物含量；

——增加了二乙基二硫代氨基甲酸银分光光度法测定砷含量。

本标准的附录 A 为规范性附录。

本标准所代替标准的历次版本发布情况为：

——GB/T 3150—1982、GB 3150—1999。

食品安全国家标准

食品添加剂 硫磺

1 范围

本标准适用于使用工业硫磺经加工、处理、提纯制得的食品添加剂硫磺。

2 规范性引用文件

本标准中引用的文件对于本标准的应用是必不可少的。凡是注日期的引用文件，仅所注日期的版本适用于本标准。凡是不注日期的引用文件，其最新版本(包括所有的修改单)适用于本标准。

3 分子式和相对分子量

3.1 分子式

S

3.2 相对分子质量

32.065(按2007年国际相对原子质量)

4 技术要求

4.1 感官要求：应符合表1的规定。

表1 感官要求

项　目	要　求	检验方法
色泽	黄色或淡黄色	取适量试样置于50 mL烧杯中，在自然光下观察色泽和组织状态
组织状态	粉状或片状	

4.2 理化指标：应符合表2的规定。

表2 理化指标

项　目		指　标	检验方法
硫(S)，w/%	≥	99.9	附录A中A.4
水分，w/%	≤	0.1	附录A中A.5
灰分，w/%	≤	0.03	附录A中A.6

表 2（续）

项　　目		指　　标	检验方法
酸度(以 H_2SO_4 计)，w/%	≤	0.003	附录 A 中 A.7
有机物，w/%	≤	0.03	附录 A 中 A.8
硫化物		通过检验	附录 A 中 A.9
砷(As)/(mg/kg)	≤	1	附录 A 中 A.10

附 录 A
（规范性附录）
检验方法

A.1 警示

本标准的检验方法中使用的部分试剂具有毒性或腐蚀性，操作时须小心谨慎！如溅到皮肤上应立即用水冲洗，严重者应立即治疗。

A.2 一般规定

本标准的检验方法所用试剂和水在没有注明其他要求时，均指分析纯试剂和 GB/T 6682—2008 中规定的三级水。试验中所用标准滴定溶液、杂质标准溶液、制剂及制品，在没有注明其他要求时，均按 HG/T 3696.1、HG/T 3696.2、HG/T 3696.3 之规定制备。

A.3 鉴别试验

A.3.1 试剂和材料

A.3.1.1 吡啶。

A.3.1.2 碳酸氢钠溶液：35 g/L。

A.3.2 分析步骤

用以下方法鉴别硫磺：

A.3.2.1 在 115 ℃下熔融成黄色流动性液体，再加热到 160 ℃时，变黑变黏。

A.3.2.2 在蓝色火焰上燃烧生成二氧化硫，并带有刺激性气味。

A.3.2.3 取约 1 g 试样，溶于 2 mL 热吡啶中，加 0.2 mL 碳酸氢钠溶液，产生蓝色或绿色。

A.4 硫的测定

A.4.1 方法提要

同 GB/T 2449—2006 中的 5.1.1.1。

A.4.2 结果计算

硫含量以硫(S)的质量分数 w_1 计，数值以%表示，按公式(A.1)计算：

$$w_1 = 100\% - (w_2 + w_3 + w_4 + w_5) \quad \cdots\cdots (A.1)$$

式中：

w_2——按 A.6 测得的灰分质量分数，%；

w_3——按 A.7 测得的酸度质量分数，%；

w_4——按 A.8 测得的有机物质量分数,%;

w_5——按 A.10 测得的砷质量分数,%。

计算结果保留一位小数。

A.5 水分的测定

同 GB/T 2449—2006 中的 5.2。

A.6 灰分的测定

同 GB/T 2449—2006 中的 5.3。

A.7 酸度的测定

同 GB/T 2449—2006 中的 5.4。

A.8 有机物的测定

A.8.1 滴定法(仲裁法)

同 GB/T 2449—2006 中的 5.5.1。

A.8.2 重量法

同 GB/T 2449—2006 中的 5.5.2。

A.9 硫化物的测定

A.9.1 试剂和材料

A.9.1.1 乙酸溶液:1+3。

A.9.1.2 硝酸铅溶液:1.6 g/L(用新煮沸的无二氧化碳的水制备)。

A.9.1.3 硫化钠溶液。

A.9.1.4 乙酸盐缓冲溶液:pH 为 3.5。

A.9.1.5 铅标准溶液:1 mL 溶液含铅(Pb)0.010 mg,现用现配。

移取 1.00 mL 按 HG/T 3696.2 配制的铅标准溶液,置于 100mL 容量瓶中,用水稀释至刻度,摇匀。

A.9.2 分析步骤

称取 5.0 g 试样,精确至 0.01 g,置于烧杯中,加 50 mL 热水,放置 30 min。放置过程中频繁地搅拌,过滤。移取 10.00 mL 滤液,置于 50 mL 比色管中,加 2 mL 乙酸盐缓冲溶液、1 mL 硝酸铅溶液,用水稀释至刻度,摇匀。在暗处放置 5 min,其颜色不得深于标准比色溶液。

标准比色溶液:移取 1.00 mL 铅标准溶液,置于 50 mL 比色管中,加 2 mL 乙酸盐缓冲溶液、10 mL

硫化钠溶液，用水稀释至刻度，摇匀。在暗处放置 5 min。

A.10 砷的测定

A.10.1 二乙基二硫代氨基甲酸银分光光度法（仲裁法）

同 GB/T 2449—2006 中的 5.6.1。

A.10.2 砷斑法

同 GB/T 2449—2006 中的 5.6.2。

ICS 77.150.10
H 61

中华人民共和国国家标准

GB/T 3191—2010
代替 GB/T 3191—1998

铝及铝合金挤压棒材

Aluminium and aluminium alloys extruded bars, rods

2011-01-14 发布　　2011-11-01 实施

中华人民共和国国家质量监督检验检疫总局
中国国家标准化管理委员会　发布

前　言

本标准代替 GB/T 3191—1998《铝及铝合金挤压棒材》。

本标准与 GB/T 3191—1998 相比，在下列内容上有较大改变。

——修改了尺寸偏差体系。

——对力学性能指标进行了修改或补充。

本标准使用重新起草法参考 ASTM B221M-08《铝及铝合金挤压棒材、管材和型材》编制，与ASTM B221M-08 的一致性程度为非等效。

本标准由中国有色金属工业协会提出。

本标准由全国有色金属标准化技术委员会(SAC/TC 243)归口。

本标准主要起草单位：中国铝业股份有限公司西北铝加工分公司。

本标准参加起草单位：东北轻合金有限责任公司、西南铝业(集团)责任有限公司、龙口市丛林铝材有限公司、山东南山铝业股份有限公司、福建省南平铝业有限公司、山东兖矿轻合金有限责任公司、辽宁忠旺集团有限公司、福建省闽发铝业股份有限公司。

本标准主要起草人：赵海滨、章伟、谢辉、王国军、李瑞山、苏振佳、王兆彬、英卫东。

本标准所代替标准的历次版本发布情况为：

——GB/T 3191—1982、GB/T 3192—1982、GB/T 10572—1989；

——GB/T 3191—1998。

铝及铝合金挤压棒材

1 范围

本标准规定了一般工业用的铝及铝合金挤压棒材(以下简称棒材)的要求、试验方法、检验规则和标志、包装、运输、贮存及质量证明书与合同(或订货单)内容。

本标准适用于截面为圆形的棒材(以下简称圆棒)、截面为正方形的棒材(以下简称方棒)和截面为正六边形的棒材(以下简称六角棒)。

2 规范性引用文件

下列文件对于本文件的应用是必不可少的。凡是注日期的引用文件,仅注日期的版本适用于本文件。凡是不注日期的引用文件,其最新版本(包括所有的修改单)适用于本文件。

GB/T 228 金属材料 室温拉伸试验方法

GB/T 3190 变形铝及铝合金化学成分

GB/T 3199 铝及铝合金加工产品包装、标志、运输、贮存

GB/T 3246.1 变形铝及铝合金加工制品显微组织检验方法

GB/T 3246.2 变形铝及铝合金加工制品低倍组织检验方法

GB/T 6519 变形铝合金产品超声波检验方法

GB/T 2039 金属拉伸蠕变及持久试验方法

GB/T 7999 铝及铝合金光电直读发射光谱分析方法

GB/T 16865 变形铝、镁及其合金加工制品拉伸试验用试样

GB/T 17432 变形铝及铝合金化学成分分析取样方法

GB/T 20975 铝及铝合金化学分析方法

3 要求

3.1 产品分类

3.1.1 牌号、类别、状态和规格

棒材的牌号、类别、状态和规格应符合表1的规定。需方需要其他牌号、状态、规格时,由供需双方协商决定,并在合同(或订货单)中注明。

表 1

牌号		供货状态	试样状态	规格
Ⅱ类 (2×××系、7×××系合金及含镁量平均值大于或等于3%的5×××系合金的棒材)	Ⅰ类 (除Ⅱ类外的其他棒材)			
—	1070A	H112	H112	圆棒直径：5 mm～600 mm；方棒、六角棒对边距离：5 mm～200 mm。长度：1 m～6 m
—	1060	O	O	
		H112	H112	
—	1050A	H112	H112	
—	1350	H112	H112	
—	1035	O	O	
		H112	H112	
—	1200	H112	H112	
2A02	—	T1、T6	T62、T6	
2A06	—	T1、T6	T62、T6	
2A11	—	T1、T4	T42、T4	
2A12	—	T1、T4	T42、T4	
2A13	—	T1、T4	T42、T4	
2A14	—	T1、T6、T6511	T62、T6、T6511	
2A16	—	T1、T6、T6511	T62、T6、T6511	
2A50	—	T1、T6	T62、T6	
2A70	—	T1、T6	T62、T6	
2A80	—	T1、T6	T62、T6	
2A90	—	T1、T6	T62、T6	
2014、2014A	—	T4、T4510、T4511	T4、T4510、T4511	
		T6、T6510、T6511	T6、T6510、T6511	
2017	—	T4	T42、T4	
2017A	—	T4、T4510、T4511	T4、T4510、T4511	
2024	—	O	O	
		T3、T3510、T3511	T3、T3510、T3511	
—	3A21	O	O	
		H112	H112	
—	3102	H112	H112	
—	3003、3103	O	O	
		H112	H112	
—	4A11	T1	T62	
—	4032	T1	T62	

表 1（续）

牌号		供货状态	试样状态	规格
Ⅱ类 （2×××系、7×××系合金及含镁量平均值大于或等于3%的5×××系合金的棒材）	Ⅰ类 （除Ⅱ类外的其他棒材）			
—	5A02	O	O	圆棒直径：5 mm～600 mm；方棒、六角棒对边距离：5 mm～200 mm。长度：1 m～6 m
		H112	H112	
5A03	—	H112	H112	
5A05	—	H112	H112	
5A06	—	H112	H112	
5A12	—	H112	H112	
—	5005、5005A	H112	H112	
		O	O	
5019	—	H112	H112	
		O	O	
5049	—	H112	H112	
—	5251	H112	H112	
		O	O	
—	5052	H112	H112	
		O	O	
5154A	—	H112	H112	
		O	O	
—	5454	H112	H112	
		O	O	
5754		H112	H112	
		O	O	
5083	—	H112	H112	
		O	O	
5086	—	H112	H112	
		O	O	
—	6A02	T1、T6	T62、T6	
—	6101A	T6	T6	
—	6005、6005A	T5	T5	
		T6	T6	
7A04	—	T1、T6	T62、T6	
7A09	—	T1、T6	T62、T6	
7A15	—	T1、T6	T62、T6	
7003	—	T5	T5	
		T6	T6	

表 1（续）

<table>
<tr><th colspan="2">牌　　号</th><th rowspan="2">供货状态</th><th rowspan="2">试样状态</th><th rowspan="2">规　格</th></tr>
<tr><th>Ⅱ类
（2×××系、7×××系合金及含镁量平均值大于或等于3%的5×××系合金的棒材）</th><th>Ⅰ类
（除Ⅱ类外的其他棒材）</th></tr>
<tr><td>7005</td><td>—</td><td>T6</td><td>T6</td><td rowspan="9">圆棒直径：
5 mm～
600 mm；
方棒、六角棒对边距离：
5 mm～
200 mm。
长度：
1 m～6 m</td></tr>
<tr><td>7020</td><td>—</td><td>T6</td><td>T6</td></tr>
<tr><td>7021</td><td>—</td><td>T6</td><td>T6</td></tr>
<tr><td>7022</td><td>—</td><td>T6</td><td>T6</td></tr>
<tr><td>7049A</td><td>—</td><td>T6、T6510、T6511</td><td>T6、T6510、T6511</td></tr>
<tr><td rowspan="2">7075</td><td rowspan="2">—</td><td>O</td><td>O</td></tr>
<tr><td>T6、T6510、T6511</td><td>T6、T6510、T6511</td></tr>
<tr><td rowspan="2">—</td><td rowspan="2">8A06</td><td>O</td><td>O</td></tr>
<tr><td>H112</td><td>H112</td></tr>
</table>

3.1.2　标记示例

棒材标记按产品名称、牌号、供货状态、规格及标准编号的顺序表示。标记示例如下：

示例 1：用 2024 合金制造的、供货状态为 T3511、直径为 30.00 mm，定尺长度为 3 000 mm 的圆棒，标记为：

棒 2024-T3511 ϕ30×3000　GB/T 3191—2010

示例 2：用 2A11 合金制造的、供货状态为 T4、内切圆直径为 40.00 mm 的高强度方棒，标记为：

高强方棒 2A11-T4 40　GB/T 3191—2010

3.2　化学成分

棒材的化学成分应符合 GB/T 3190 的规定。

3.3　尺寸偏差

3.3.1　截面尺寸

直径（方棒、六角棒指内切圆直径）偏差分为五个等级，如表 2 所示。偏差等级应在合同（或订货单）中注明，未注明时按 A 级供货。

表 2

单位为毫米

<table>
<tr><th rowspan="3">直　径</th><th colspan="4">允许偏差（−）</th><th colspan="2">允许偏差（±）</th></tr>
<tr><th rowspan="2">A</th><th rowspan="2">B</th><th rowspan="2">C</th><th rowspan="2">D</th><th colspan="2">E</th></tr>
<tr><th>Ⅰ类</th><th>Ⅱ类</th></tr>
<tr><td>5.00～6.00</td><td>0.30</td><td>0.48</td><td>—</td><td>—</td><td>—</td><td>—</td></tr>
<tr><td>>6.00～10.00</td><td>0.36</td><td>0.58</td><td>—</td><td>—</td><td>0.20</td><td>0.25</td></tr>
<tr><td>>10.00～18.00</td><td>0.43</td><td>0.70</td><td>1.10</td><td>1.30</td><td>0.22</td><td>0.30</td></tr>
</table>

表 2（续）

单位为毫米

直　径	允许偏差(－)				允许偏差(±)	
					E	
	A	B	C	D	Ⅰ类	Ⅱ类
>18.00～25.00	0.50	0.80	1.20	1.45	0.25	0.35
>25.00～28.00	0.52	0.84	1.30	1.50	0.28	0.38
>28.00～40.00	0.60	0.95	1.50	1.80	0.30	0.40
>40.00～50.00	0.62	1.00	1.60	2.00	0.35	0.45
>50.00～65.00	0.70	1.15	1.80	2.40	0.40	0.50
>65.00～80.00	0.74	1.20	1.90	2.50	0.45	0.70
>80.00～100.00	0.95	1.35	2.10	3.10	0.55	0.90
>100.00～120.00	1.00	1.40	2.20	3.20	0.65	1.00
>120.00～150.00	1.25	1.55	2.40	3.70	0.80	1.20
>150.00～180.00	1.30	1.60	2.50	3.80	1.00	1.40
>180.00～220.00	—	1.85	2.80	4.40	1.15	1.70
>220.00～250.00	—	1.90	2.90	4.50	1.25	1.95
>250.00～270.00	—	2.15	3.20	5.40	1.3	2.0
>270.00～300.00	—	2.20	3.30	5.50	1.5	2.4
>300.00～320.00	—	—	4.00	7.00	1.6	2.5
>300.00～400.00	—	—	4.20	7.20	—	—
>400.00～500.00	—	—	—	8.00	—	—
>500.00～600.00	—	—	—	9.00	—	—

3.3.2 圆角半径

方棒或六角棒的圆角半径应符合表 3 的规定。需要高精级时，应在合同(或订货单)中注明，未注明时按普通级供货。

表 3

单位为毫米

边长或宽度	圆角半径，不大于	
	普　通　级	高　精　级
<25.00	2	1.0
≥25.00～50.00	3	1.5
>50.00	5	2.0

3.3.3 弯曲度

除 O 状态以外，直径不大于 10 mm 的棒材，允许有用手轻压即可消除的弯曲；其他规格的棒材弯曲度应符合表4的规定，需要采用高精级或超高精级时，应在合同(或订货单)中注明，未注明时按普通级供货。

表4

单位为毫米

直径(方棒、六角棒指内切圆直径)	弯曲度，不大于					
	普通级		高精级		超高精级	
	任意300 mm长度上	每米长度上	任意300 mm长度上	每米长度上	任意300 mm长度上	每米长度上
>10.00～80.00	1.5	3.0	1.2	2.5	0.8	2.0
>80.00～120.00	3.0	6.0	1.5	3.0	1.0	2.0
>120.00～150.00	5.0	10.0	1.7	3.5	1.5	3.0
>150.00～200.00	7.0	14.0	2.0	4.0	1.5	3.0

3.3.4 切斜度

棒材端面应切平整。直径或对边距离小于50.00 mm的棒材，切斜度不大于5°；直径或对边距离不小于50.00 mm的棒材，切斜度不大于3°。

3.3.5 扭拧度

方棒的任何部分绕纵轴的扭拧度，应符合表5的规定。六角棒的任何部分绕纵轴的扭拧度，应符合表6的规定。需要采用高精级或超高精级时，应在合同(或订货单)中注明，未注明时按普通级供货。

表5

单位为毫米

方棒内切圆直径	扭拧度，不大于					
	普 通 级		高 精 级		超 高 精 级	
	每米长度上	全长 L/米	每米长度上	全长 L/米	每米长度上	全长 L/米
≤30.00	4	$4\times L$	2	6	1	3
>30.00～50.00	6	$6\times L$	3	8	1.5	4
>50.00～120.00	10	$10\times L$	4	10	2	5
>120.00～150.00	13	$13\times L$	6	12	3	6
>150.00～200.00	15	$15\times L$	7	14	3	6

表6

单位为毫米

六角棒内切圆直径	扭拧度，不大于					
	普 通 级		高 精 级		超 高 精 级	
	每米长度上	全长 L/米	每米长度上	全长 L/米	每米长度上	全长 L/米
≤14.00	4	$4\times L$	3	$3\times L$	2	$2\times L$
>14.00～38.00	11	$11\times L$	8	$8\times L$	5	$5\times L$
>38.00～100.00	18	$18\times L$	12	$12\times L$	9	$9\times L$
>100.00～150.00	25	$25\times L$	—	—	—	—

3.3.6 长度

定尺供货的棒材长度允许偏差为:+15 mm。倍尺供应的棒材应加入锯切余量,每个锯口按 5 mm 计算。

3.4 力学性能

3.4.1 棒材的室温纵向拉伸力学性能应符合表 7 的规定。H112 状态的非热处理强化铝合金棒材,性能达到 O 状态规定时,可按 O 状态供货。超出表 7 规定范围的棒材性能由供需双方商定,并在合同(或订货单)中注明。

表 7

牌号	供货状态	试样状态	直径(方棒、六角棒指内切圆直径)/mm	抗拉强度 R_m/MPa	规定非比例延伸强度 $R_{P0.2}$/MPa	断后伸长率/%	
						A	$A_{50\,mm}$
				不小于			
1070A	H112	H112	≤150.00	55	15	—	—
1060	O	O	≤150.00	60~95	15	22	—
	H112	H112		60	15	22	—
1050A	H112	H112	≤150.00	65	20	—	—
1350	H112	H112	≤150.00	60	—	25	—
1200	H112	H112	≤150.00	75	20	—	—
1035、8A06	O	O	≤150.00	60~120	—	25	—
	H112	H112		60	—	25	—
2A02	T1、T6	T62、T6	≤150.00	430	275	10	—
2A06	T1、T6	T62、T6	≤22.00	430	285	10	—
			>22.00~100.00	440	295	9	—
			>100.00~150.00	430	285	10	—
2A11	T1、T4	T42、T4	≤150.00	370	215	12	—
2A12	T1、T4	T42、T4	≤22.00	390	255	12	—
			>22.00~150.00	420	255	12	—
2A13	T1、T4	T42、T4	≤22.00	315	—	4	—
			>22.00~150.00	345	—	4	—
2A14	T1、T6、T6511	T62、T6、T6511	≤22.00	440	—	10	
			>22.00~150.00	450	—	10	—
2014、2014A	T4、T4510、T4511	T4、T4510、T4511	≤25.00	370	230	13	11
			>25.00~75.00	410	270	12	—
			>75.00~150.00	390	250	10	—
			>150.00~200.00	350	230	8	—

表 7（续）

牌号	供货状态	试样状态	直径（方棒、六角棒指内切圆直径）/mm	抗拉强度 R_m/MPa	规定非比例延伸强度 $R_{P0.2}$/MPa	断后伸长率/% A	断后伸长率/% $A_{50\ mm}$
				不小于			
2014、2014A	T6、T6510、T6511	T6、T6510、T6511	≤25.00	415	370	6	5
			>25.00～75.00	460	415	7	—
			>75.00～150.00	465	420	7	—
			>150.00～200.00	430	350	6	—
			>200.00～250.00	420	320	5	—
2A16	T1、T6、T6511	T62、T6、T6511	≤150.00	355	235	8	—
2017	T4	T42、T4	≤120.00	345	215	12	—
2017A	T4、T4510、T4511	T4、T4510、T4511	≤25.00	380	260	12	10
			>25.00～75.00	400	270	10	—
			>75.00～150.00	390	260	9	—
			>150.00～200.00	370	240	8	—
			>200.00～250.00	360	220	7	—
2024	O	O	≤150.00	≤250	≤150	12	10
	T3、T3510、T3511	T3、T3510、T3511	≤50.00	450	310	8	6
			>50.00～100.00	440	300	8	—
			>100.00～200.00	420	280	8	—
			>200.00～250.00	400	270	8	—
2A50	T1、T6	T62、T6	≤150.00	355	—	12	—
2A70、2A80、2A90	T1、T6	T62、T6	≤150.00	355	—	8	—
3102	H112	H112	≤250.00	80	30	25	23
3003	O	O	≤250.00	95～130	35	25	20
	H112	H112		90	30	25	20
3103	O	O	≤250.00	95	35	25	20
	H112	H112		95～135	35	25	20
3A21	O	O	≤150.00	≤165	—	20	20
	H112	H112		90	—	20	—
4A11、4032	T1	T62	100.00～200.00	360	290	2.5	2.5
5A02	O	O	≤150.00	≤225	—	10	—
	H112	H112		170	70	—	—
5A03	H112	H112	≤150.00	175	80	13	13

表 7（续）

牌号	供货状态	试样状态	直径(方棒、六角棒指内切圆直径)/mm	抗拉强度 R_m/MPa	规定非比例延伸强度 $R_{P0.2}$/MPa	断后伸长率/%	
						A	$A_{50\ mm}$
				不小于			
5A05	H112	H112	≤150.00	265	120	15	15
5A06	H112	H112	≤150.00	315	155	15	15
5A12	H112	H112	≤150.00	370	185	15	15
5052	H112	H112	≤250.00	170	70	—	—
	O	O		170～230	70	17	15
5005、5005A	H112	H112	≤200.00	100	40	18	16
	O	O	≤60.00	100～150	40	18	16
5019	H112	H112	≤200.00	250	110	14	12
	O	O	≤200.00	250～320	110	15	13
5049	H112	H112	≤250.00	180	80	15	15
5251	H112	H112	≤250.00	160	60	16	14
	O	O		160～220	60	17	15
5154A、5454	H112	H112	≤250.00	200	85	16	16
	O	O		200～275	85	18	18
5754	H112	H112	≤150.00	180	80	14	12
			>150.00～250.00	180	70	13	—
	O	O	≤150.00	180～250	80	17	15
5083	O	O	≤200.00	270～350	110	12	10
	H112	H112		270	125	12	10
5086	O	O	≤250.00	240～320	95	18	15
	H112	H112	≤200.00	240	95	12	10
6101A	T6	T6	≤150.00	200	170	10	10
6A02	T1、T6	T62、T6	≤150.00	295	—	12	12
6005、6005A	T5	T5	≤25.00	260	215	8	—
	T6	T6	≤25.00	270	225	10	8
			>25.00～50.00	270	225	8	—
			>50.00～100.00	260	215	8	—
6110A	T5	T5	≤120.00	380	360	10	8
	T6	T6	≤120.00	410	380	10	8

表 7（续）

牌号	供货状态	试样状态	直径(方棒、六角棒指内切圆直径)/mm	抗拉强度 R_m/MPa	规定非比例延伸强度 $R_{P0.2}$/MPa	断后伸长率/% A	断后伸长率/% $A_{50\ mm}$
				不小于			
6351	T4	T4	≤150.00	205	110	14	12
	T6	T6	≤20.00	295	250	8	6
			>20.00～75.00	300	255	8	—
			>75.00～150.00	310	260	8	—
			>150.00～200.00	280	240	6	—
			>200.00～250.00	270	200	6	—
6060	T4	T4	≤150.00	120	60	16	14
	T5	T5		160	120	8	6
	T6	T6		190	150	8	6
6061	T6	T6	≤150.00	260	240	9	—
	T4	T4		180	110	14	—
6063	T4	T4	≤150.00	130	65	14	12
			>150.00～200.00	120	65	12	—
	T5	T5	≤200.00	175	130	8	6
	T6	T6	≤150.00	215	170	10	8
			>150.00～200.00	195	160	10	—
6063A	T4	T4	≤150.00	150	90	12	10
			>150.00～200.00	140	90	10	—
	T5	T5	≤200.00	200	160	7	5
	T6	T6	≤150.00	230	190	7	5
			>150.00～200.00	220	160	7	—
6463	T4	T4	≤150.00	125	75	14	12
	T5	T5		150	110	8	6
	T6	T6		195	160	10	8
6082	T6	T6	≤20.00	295	250	8	6
			>20.00～150.00	310	260	8	—
			>150.00～200.00	280	240	6	—
			>200.00～250.00	270	200	6	—
7003	T5	T5	≤250.00	310	260	10	8
	T6	T6	≤50.00	350	290	10	8
			>50.00～150.00	340	280	10	8

表 7（续）

牌号	供货状态	试样状态	直径（方棒、六角棒指内切圆直径）/mm	抗拉强度 R_m/MPa	规定非比例延伸强度 $R_{P0.2}$/MPa	断后伸长率/%	
						A	$A_{50\ mm}$
				不小于			
7A04、7A09	T1、T6	T62、T6	≤22.00	490	370	7	—
			>22.00～150.00	530	400	6	—
7A15	T1、T6	T62、T6	≤150.00	490	420	6	—
7005	T6	T6	≤50.00	350	290	10	8
			>50.00～150.00	340	270	10	—
7020	T6	T6	≤50.00	350	290	10	8
			>50.00～150.00	340	275	10	—
7021	T6	T6	≤40.00	410	350	10	8
7022	T6	T6	≤80.00	490	420	7	5
			>80.00～200.00	470	400	7	—
7049A	T6、T6510、T6511	T6、T6510、T6511	≤100.00	610	530	5	4
			>100.00～125.00	560	500	5	—
			>125.00～150.00	520	430	5	—
			>150.00～180.00	450	400	3	—
7075	O	O	≤200.00	≤275	≤165	10	8
	T6、T6510、T6511	T6、T6510、T6511	≤25.00	540	480	7	5
			>25.00～100.00	560	500	7	—
			>100.00～150.00	530	470	6	—
			>150.00～250.00	470	400	5	—

3.4.2 当需方对 2A11、2A12、2A14、2A50、6A02、7A04、7A09 铝合金挤压棒材抗拉强度有更高要求时，应在合同（或订货单）中加注“高强”字样，其室温纵向拉伸力学性能应符合表 8 的规定。

表 8

牌号	供货状态	试样状态	棒材直径（方棒、六角棒内切圆直径）/mm	抗拉强度 R_m/MPa	规定非比例延伸强度 $R_{P0.2}$/MPa	断后伸长率 A/%
					不小于	
2A11	T1、T4	T42、T4	20.00～120.00	390	245	8
2A12	T1、T4	T42、T4	20.00～120.00	440	305	8
6A02	T1、T6	T62、T6	20.00～120.00	305	—	8
2A50	T1、T6	T62、T6	20.00～120.00	380	—	10
2A14	T1、T6	T62、T6	20.00～120.00	460	—	8
7A04、7A09	T1、T6	T62、T6	≤20.00～100.00	550	450	6
			>100.00～120.00	530	430	6

3.4.3 2A02、2A16合金棒材，当在合同(或订货单)中注明做高温持久试验时，其高温持久纵向拉伸力学性能应符合表9的规定。

表9

牌号	温度/℃	应力/MPa	保温时间/h
2A02	270±3	64	100
		78[a]	50[a]
2A16	300±3	69	100

[a] 2A02合金棒材，78 MPa应力，保温50 h的试验结果不合格时，以64 MPa应力，保温100 h的试验结果作为高温持久纵向拉伸力学性能是否合格的最终判定依据。

3.5 低倍组织

3.5.1 棒材的低倍试片上不应有裂纹或缩尾，除5A05、5A06合金外的其他合金不应有化合物偏析聚集和非金属夹杂物存在。

3.5.2 5A05合金棒材，允许有0.4 mm～0.5 mm的化合物偏析聚集和点状非金属夹杂物，但不应超过5点，大于0.5 mm的这类物质不允许存在，允许有少量长度小于0.4 mm的、分散点状非金属夹杂物或化合物。

3.5.3 5A06合金棒材，允许有少量小于0.1 mm的、分散点状非金属夹杂物或化合物偏析聚集。

3.5.4 成层深度不应超过棒材允许负偏差值之半。需要无成层的棒材时，应供需双方商定，并在合同(或订货单)中注明。

3.5.5 合同(或订货单)中注明对粗晶环有要求时，其低倍试片上的粗晶环深度应符合表10的规定。

表10

单位为毫米

牌号	粗晶环深度，不大于	
	普通级	高精级[a]
2A02	5	—
2A11,2A12,2024,7A04,7A09,7A15,7075	8	3
6A02,6061,6082,2A50,2A14	8	5

[a] 高精级只限于直径为20.00 mm～120.00 mm的圆棒，及内切圆直径为20.00 mm～100.00 mm的方棒和六角棒。

3.6 显微组织

3.6.1 淬火后的棒材显微组织不允许有过烧。

3.6.2 4A11、4032合金棒材的显微组织允许有少量初晶硅的存在，但分布应均匀，不得成簇分布，初晶硅最大线尺寸不超过0.08 mm。

3.7 超声波探伤

需要进行超声波检验的棒材，可由供需双方商定检验部位和检验级别，并在合同(或订货单)中注明。

3.8 表面质量

3.8.1 棒材表面不应有腐蚀斑点、裂纹、气泡。

3.8.2 棒材表面允许有深度不超过直径允许负偏差值的压坑，擦伤，氧化色，不粗糙的黑、白斑及矫直痕等缺陷。

3.8.3 棒材表面缺陷允许进行打磨，但应保证棒材最小直径或厚度。

4 试验方法

4.1 化学成分

化学成分分析方法可采用 GB/T 7999 或 GB/T 20975，仲裁分析按 GB/T 20975 进行。

4.2 尺寸偏差

4.2.1 方棒或六角棒的扭拧度是将棒材置于平台上，并使其一端紧贴平台。棒材借自重达到稳定时，测量棒材翘起端的两侧端点与平台间的间隙值 T_1 和 T_2，如图 1 所示，T_2 与 T_1 的差值即为型材的扭拧度。可用卡尺、塞尺或专用工具进行检测。

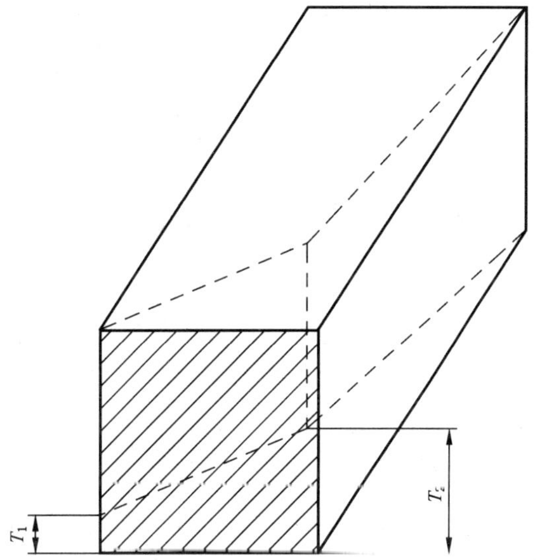

图 1

4.2.2 棒材的弯曲度是将棒材放在平台上，借自重达到稳定时，沿棒材长度方向测量棒材与平台间的最大间隙值(h_t)，如图 2 所示，该值(h_t)即为棒材的纵向弯曲度。可用塞尺或专用工具进行检测。

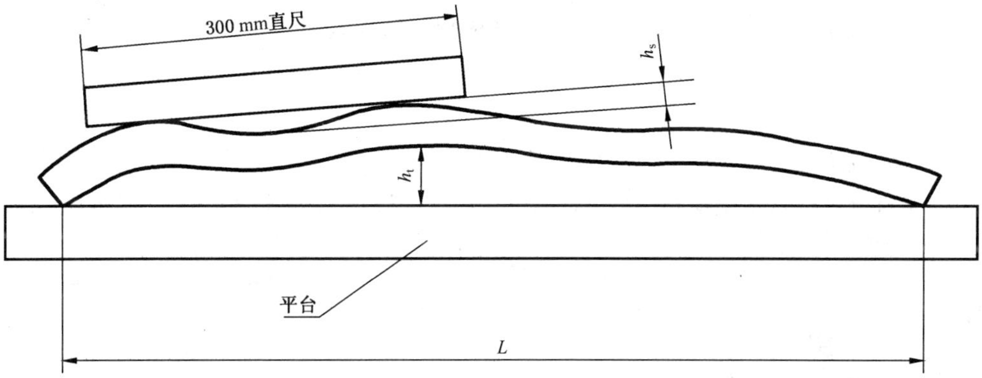

图 2

4.2.3 棒材直径或宽度、厚度用精度不低于0.02 mm的量具测量，其他尺寸用相应精度的量具测量。

4.3 力学性能

棒材的室温纵向拉伸力学性能按GB/T 228规定的方法进行检验。棒材的高温持久纵向拉伸力学性能按GB/T 2039规定的方法进行检验。

4.4 低倍组织

棒材的低倍组织按GB/T 3246.2规定的方法进行检验。

4.5 显微组织

棒材的显微组织按GB/T 3246.1规定的方法进行检验。

4.6 超声波探伤

产品按GB/T 6519规定的方法进行超声波检验。

4.7 表面质量

在自然散射光下，目视检查外观质量。必要时，可借用尺寸测量工具界定缺陷大小，通过修磨测定缺陷深度。

5 检验规则

5.1 检查和验收

5.1.1 棒材应由供方技术监督部门进行检验，保证棒材质量符合符合本标准及合同(或订货单)的规定，并填写质量证明书。

5.1.2 需方应对收到的棒材按本标准的规定进行复验。复验结果与本标准及合同(或订货单)的规定不符时，应以书面形式向供方提出，由供需双方协商解决。属于表面质量及尺寸偏差的异议，应在收到棒材之日起一个月内提出，属于其他性能的异议，应在收到棒材之日起三个月内提出。如需仲裁，供需双方应在需方共同进行仲裁取样。

5.2 组批

棒材应成批提交验收，每批应由同一牌号、状态和规格组成。

5.3 检验项目

每批棒材出厂前应进行化学成分、尺寸偏差、力学性能和表面质量的检验。直径大于或等于20.00 mm的棒材应进行低倍组织检验，4A11、4032合金和淬火后的棒材应进行显微组织检验。合同(或订货单)中注明超声波检验的棒材应进行超声波检验。

5.4 取样

棒材取样应符合表11的规定。

表 11

检验项目		取样规定	要求的章条号	试验方法的章条号
化学成分		按 GB/T 17432 的规定	3.2	4.1
尺寸偏差		逐根检验	3.3	4.2
力学性能	室温纵向拉伸力学性能[a]	取样数量按表 12(至少取每批根数的 2%(最少 2 根)检测规定非比例伸长应力),在每个样件的挤压前端切取 1 个试样。其他要求应符合 GB/T 16865 规定	3.4	4.3
	高温持久纵向拉伸力学性能[b]	每批(熔次)取 2 根棒材。在每个样件的挤压前端切取 1 个试样		
低倍组织		5A02、5A03、5A05、5A06、5052、5A12 取每批根数的 5%,最少取 2 根;其余棒材取每批根数的 2%,最少取 2 根。在每个样件的挤压尾端切取 1 个试样	3.5	4.4
显微组织[a]		每批(炉)取 2 根棒材,在每个样件的挤压前端切取 1 个试样	3.6	4.5
超声波探伤		逐件检验	3.7	4.6
表面质量		逐根检验	3.8	4.7

[a] 生产厂可按热处理炉次取样,仲裁时按批取样。

[b] 生产厂可按熔次取样,仲裁时按批取样。

表 12

牌号	直径(或内切圆直径)/mm	取样数量	
		取样根数占每批(或每炉)根数的百分比	每批(或每炉)最少取样根数
7A04、7A09、2A02、2A06、2A11、2A12、2A13、2A16、2017、2024、2014、2014A、2017A、5A12、5005、5005A、5019、5049、5251、5154A、5454、5754、5083、5086、6101A、6005、6005A、6110A、6351、6060、7A15、7075	≤50.00	≥5%	2
	>50.00	≥2%	2
6A02、2A50、2A70、2A80、2A90、2A14、6063、6061、6082、6063A、6463、7003、7005、7020、7021、7022、7049A	所有	—	2
1070A、1060、1050A、1035、1200、8A06、5A02、5A03、5A05、5A06、3A21、5052、3003、3102、4A11、4032	所有	≥2%	2

5.5 检验结果的判定

5.5.1 化学成分不合格时,能区分熔次的判该熔次不合格,其他熔次依次检验,合格者交货。不能区分熔次的判该批棒材不合格。

5.5.2 尺寸偏差或表面质量不合格时,判该根棒材不合格。

5.5.3 室温纵向拉伸力学性能不合格时，从该批(炉)中(含原检验不合格者)另取双倍数量的试样进行重复试验，重复试验合格时判该批(炉)棒材合格。若重复试验结果仍有不合格者，判该批(炉)棒材不合格。但允许供方逐根检验，或进行重新热处理后再重新检验一次，合格者交货。

5.5.4 高温持久纵向拉伸力学性能不合格时，该根棒材判废，从该批(熔次)的其余棒材中另取双倍数量的试样进行重复试验，重复试验结果合格时判该批(熔次)棒材合格。若重复试验结果仍不合格，判该批(熔次)棒材不合格。但允许供方逐根检验，或进行重新热处理后再重新检验一次，合格者交货。

5.5.5 显微组织不合格时，能区分热处理炉次的判该炉次不合格，其他炉次依次检验，合格者交货。不能区分炉次的判该批棒材不合格。

5.5.6 低倍组织不合格时，按如下判定：

5.5.6.1 低倍组织中因裂纹、非金属夹杂物等冶金缺陷不合格时，判该批棒材不合格。但允许逐根进行B级超声波检验，合格者交货。也可由供需双方协商处理。

5.5.6.2 低倍组织因成层、缩尾或粗晶环不合格时，允许切去一段后重新检验直至合格时止。该批中的其他棒材均应按上述缺陷分布的最大长度切尾或逐件检验，合格者交货。

5.5.6.3 当粗晶环深度不合格时，允许供方在粗晶区取样(若粗晶环深度小于标准试样的直径或厚度时，该试样应包含粗晶环的全部深度)检测室温纵向拉伸力学性能，若力学性能达到本标准规定，则判该批棒材合格，否则判该批棒材不合格。

5.5.7 超声波检验不合格时，判该根棒材不合格。

6 标志、包装、运输、贮存及质量证明书

6.1 标志

6.1.1 在检验合格的棒材挤压前端应打上如下标记(或挂有如下内容的标签或标牌)：

a) 供方技术监督部门的检印；

b) 牌号；

c) 状态；

d) 棒材批号。

6.1.2 直径大于20.00 mm的棒材在挤压尾端打上“W”字样。

6.1.3 棒材的包装箱标志应符合GB/T 3199的规定。

6.2 包装、运输、贮存

棒材不涂油，不垫纸包装。需方要求涂油或垫纸时，应在合同中注明。其他包装、运输、贮存的要求按GB/T 3199规定。

6.3 质量证明书

每批棒材应附有产品质量证明书，其上注明：

a) 供方名称；

b) 产品名称；

c) 牌号、供货状态及规格；

d) 批号；

e) 净重和件数；

f) 各项分析项目的检验结果和技术监督部门的印记；

g) 本标准编号；

h) 包装日期(或出厂日期)。

7 合同(或订货单)内容

订购本标准所列产品的合同(或订货单)内应包括下列内容:

a) 产品名称;

b) 牌号;

c) 供货状态;

d) 规格及精度等级;

e) 净重(或件数);

f) 本标准编号;

g) 粗晶环的要求;

h) 成层的要求;

i) 高强棒材的要求;

j) 超声波检验要求;

k) 其他特殊要求。

ICS 77.150.10
H 61

中华人民共和国国家标准

GB/T 3198—2010
代替 GB/T 3198—2003

铝及铝合金箔

Aluminium and aluminium alloys foils

2011-01-14 发布 2011-11-01 实施

中华人民共和国国家质量监督检验检疫总局
中国国家标准化管理委员会 发布

前　言

本标准代替 GB/T 3198—2003《铝及铝合金箔》。

本标准与 GB/T 3198—2003 相比，主要差异如下：

——本标准中铝箔厚度范围扩展为 0.004 5 mm～0.200 0 mm，增加了 0.004 5 mm～＜0.006 0 mm 厚度产品；

——本标准加严了厚度偏差、针孔、接头、塔形、错层、外观质量的要求，部分指标的精度分为普通级、高精级、超高精级；

——本标准增加了管芯的尺寸及精度要求；

——本标准增加并调整了部分牌号、规格的力学性能的要求；

——本标准增加了平均厚度的检测方法；

——本标准增加了有毒有害元素的检测要求。

本标准使用重新起草法参考 EN 546:1997《铝及铝合金箔》编制，与 EN 546:1997 的一致性程度为非等效。

本标准由中国有色金属工业协会提出。

本标准由全国有色金属标准化技术委员会(SAC/TC 243)归口。

本标准主要起草单位：华北铝业有限公司、中国铝业股份有限公司西北铝加工分公司、厦门厦顺铝箔有限公司。

本标准参加起草单位：云南新美铝铝箔有限公司、东北轻合金有限责任公司、中铝瑞闽铝板带有限公司、昆山铝业有限公司、郑州铝业股份有限公司、南山铝业(集团)有限责任公司、南方铝业(中国)有限公司。

本标准主要起草人：曹建峰、郭义庆、司延平、卜长海、关世彤、段瑞芬、张丽华、张深阳、高珺、郭瑞、朱志斌、佟颖、侯波、周培根、韩千永。

本标准所代替标准的历次版本发布情况为：

——GB 3198—1982、GB 3198—1996、GB/T 3198—2003；

——GB 3614—1983、GB/T 3614—1999；

——GB 3616—1983、GB/T 3616—1999。

铝及铝合金箔

1 范围

本标准规定了铝及铝合金箔的要求、试验方法、检验规则和标志、包装、运输、贮存及质量证明书与合同(或订货单)内容。

本标准适用于一般工业用铝及铝合金箔(以下简称铝箔)。

2 规范性引用文件

下列文件对于本文件的应用是必不可少的。凡是注日期的引用文件,仅注日期的版本适用于本文件。凡是不注日期的引用文件,其最新版本(包括所有的修改单)适用于本文件。

GB/T 228 金属材料 室温拉伸试验方法

GB/T 454 纸耐破度的测定

GB/T 3190 变形铝及铝合金化学成分

GB/T 3199 铝及铝合金加工产品包装、标志、运输、贮存

GB/T 7999 铝及铝合金光电直读发射光谱分析方法

GB/T 16865 变形铝、镁及其合金加工制品拉伸试验用试样

GB/T 17432 变形铝及铝合金化学成分分析取样方法

GB/T 20975(所有部分) 铝及铝合金化学分析方法

GB/T 22638.1 铝箔试验方法 第1部分:厚度的测定 重量法

GB/T 22638.2 铝箔试验方法 第2部分:针孔的检测

GB/T 22638.3 铝箔试验方法 第3部分:粘附性的测定

GB/T 22638.4 铝箔试验方法 第4部分:表面润湿张力的测定

GB/T 22638.5 铝箔试验方法 第5部分:刷水试验方法

GB/T 22638.6 铝箔试验方法 第6部分:直流电阻的测定

GB/T 22638.7 铝箔试验方法 第7部分:热封强度的测定

3 要求

3.1 产品分类

3.1.1 牌号、状态、规格

铝箔的牌号、状态、规格见表1。需方需要其他牌号、状态、规格时,由供需双方协商决定,并在合同(或订货单)中注明。

表 1

牌　号	状　态	规　格/mm			
		厚度(*T*)	宽　度	管芯内径	卷外径
1050、1060、1070、1100、1145、1200、1235	O	0.004 5～0.200 0	50.0～1 820.0	75.0、76.2、150.0、152.4、300.0、400.0、406.0	150～1 200
	H22	>0.004 5～0.200 0			
	H14、H24	0.004 5～0.006 0			
	H16、H26	0.004 5～0.200 0			
	H18	0.004 5～0.200 0			
	H19	>0.006 0～0.200 0			
2A11、2A12	O、H18	0.030 0～0.200 0			100～1 500
3003	O	0.009 0～0.020 0			100～1 500
	H22	0.020 0～0.200 0			
	H14、H24	0.030 0～0.200 0			
	H16、H26	0.100 0～0.200 0			
	H18	0.010 0～0.200 0			
	H19	0.018 0～0.100 0			
3A21	O	0.030 0～0.040 0			
	H22	>0.040 0～0.200 0			
	H24	0.100 0～0.200 0			
	H18	0.030 0～0.200 0			
4A13	O、H18	0.030 0～0.200 0			
5A02	O	0.030 0～0.200 0			
	H16、H26	0.100 0～0.200 0			
	H18	0.020 0～0.200 0			
5052	O	0.030 0～0.200 0			
	H14、H24	0.050 0～0.200 0			
	H16、H26	0.100 0～0.200 0			
	H18	0.050 0～0.200 0			
	H19	>0.100 0～0.200 0			
5082、5083	O、H18、H38	0.100 0～0.200 0			
8006	O	0.006 0～0.200 0			250～1 200
	H22	0.035 0～0.200 0			
	H24	0.035 0～0.200 0			
	H26	0.035 0～0.200 0			
	H18	0.018 0～0.200 0			

表 1（续）

牌　　号	状　　态	规　　格/mm			
		厚度(T)	宽　度	管芯内径	卷外径
8011、8011A、8079	O	0.006 0～0.200 0	50.0～1 820.0	75.0、76.2、150.0、152.4、300.0、400.0、406.0	250～1 200
	H22	0.035 0～0.200 0			
	H24	0.035 0～0.200 0			
	H26	0.035 0～0.200 0			
	H18	0.018 0～0.200 0			
	H19	0.035 0～0.200 0			

3.1.2 标记示例

铝箔的标记按照产品名称、牌号、状态和标准编号的顺序表示。标记示例如下：

示例 1：8011 牌号、O 状态、厚度为 0.016 0 mm、宽度为 900.0 mm 的铝箔卷，标记为：

铝箔　8011-O　0.016×900　GB/T 3198—2010

示例 2：1235 牌号、O 状态、厚度为 0.006 0 mm、宽度为 780.0 mm、长度为 12 000 m 的铝箔，标记为：

铝箔 1235-O　0.006×780×12000　GB/T 3198—2010

3.2 化学成分

铝箔的化学成分应符合 GB/T 3190 的规定。

3.3 尺寸偏差

3.3.1 厚度

3.3.1.1　2A11、2A12、5A02、5052 合金箔的局部厚度允许偏差为±10%T，其他铝箔的局部厚度偏差应符合表 2 的规定。需要高精级时，应在合同(或订货单)中注明，未注明时按普通级供货。

表 2

单位为毫米

厚度(T)	高精级	普通级
0.004 5～0.009 0	±5%T	±6%T
>0.009 0～0.200 0	±4%T	±5%T

3.3.1.2　需方对铝箔的平均厚度有要求时，应在合同(或订货单)中注明，铝箔的平均厚度偏差应符合表 3 的规定。

表 3

卷批量/t	平均厚度允许偏差/mm
≤3	±5%T
>3～10	±4%T
>10	±3%T

3.3.2 宽度

铝箔的宽度偏差应符合表4的规定，需要高精级时，应在合同(或订货单)中注明，未注明时按普通级供货。当合同(或订货单)中要求单向偏差时，其允许偏差值为表中数值的2倍。

表 4

单位为毫米

宽　度	高精级	普通级
≤200.0	±0.5	±1.0
>200.0～1 200.0	±1.0	
>1 200.0	±2.0	

3.3.3 卷外径

3.3.3.1 定尺交货的铝箔

定尺交货的铝箔，长度(L)允许偏差由供需双方协商决定，并在合同(或订货单)中注明。

3.3.3.2 非定尺交货的铝箔

非定尺交货的铝箔，长度(L)或卷外径的偏差宜符合表5的规定。

表 5

卷外径/mm	长度(L)的允许偏差[a]		卷外径的允许偏差/mm	
	每批中个数不少于80%的箔卷	每批中个数不超过20%的箔卷	每批中个数不少于80%的箔卷	每批中个数不超过20%的箔卷
≤450	±2%L	±5%L	—	
>450	—		±10	±20

[a] 当合同(或订货单)中要求单向偏差时，其允许偏差值应为表中对应数值的2倍。

3.3.4 错层、塔形

铝箔端面错层、塔形应符合表6的规定。需要高精级时，应在合同(或订货单)中注明，未注明时按普通级供货。

表 6

单位为毫米

项　目	高精级	普通级
错　层	≤0.5	≤1.0
塔　形	≤1.0	≤2.0

3.4 拉伸性能

铝箔的室温拉伸试验结果应符合表7的规定。需方对其他牌号的铝箔有拉伸性能要求时，应供需双方协商确定，并在合同(或订货单)中注明。

表 7

牌　　号	状　　态	厚度(T)/mm	室温拉伸试验结果		
			抗拉强度 R_m/(N/mm²)	伸长率/%,不小于	
				$A_{50\ mm}$	$A_{100\ mm}$
1050、1060、1070、1100、1145、1200、1235	O	0.004 5～<0.006 0	40～95	—	—
		0.006 0～0.009 0	40～100	—	—
		>0.009 0～0.025 0	40～105	—	1.5
		>0.025 0～0.040 0	50～105	—	2.0
		>0.040 0～0.090 0	55～105	—	2.0
		>0.090 0～0.140 0	60～115	12	—
		>0.140 0～0.200 0	60～115	15	—
	H22	0.004 5～0.025 0	—	—	—
		>0.025 0～0.040 0	90～135	—	2
		>0.040 0～0.090 0	90～135	—	3
		>0.090 0～0.140 0	90～135	4	—
		>0.140 0～0.200 0	90～135	6	—
	H14、H24	0.004 5～0.025 0	—	—	—
		>0.025 0～0.040 0	110～160	—	2
		>0.040 0～0.090 0	110～160	—	3
		>0.090 0～0.140 0	110～160	4	—
		>0.140 0～0.200 0	110～160	6	—
	H16、H26	0.004 5～0.025 0	—	—	—
		>0.025 0～0.090 0	125～180	—	1
		>0.090 0～0.200 0	125～180	2	—
	H18	0.004 5～0.006 0	≥115	—	—
		>0.006 0～0.200 0	≥140	—	—
	H19	>0.006 0～0.200 0	≥150	—	—
2A11	O	0.030 0～0.049 0	≤195	1.5	—
		>0.049 0～0.200 0	≤195	3.0	—
	H18	0.030 0～0.049 0	≥205	—	—
		>0.049 0～0.200 0	≥215	—	—
2A12	O	0.030 0～0.049 0	≤195	1.5	—
		>0.049 0～0.200 0	≤205	3.0	—
	H18	0.030 0～0.049 0	≥225	—	—
		>0.049 0～0.200 0	≥245	—	—
3003	O	0.009 0～0.012 0	80～135	—	—

表 7（续）

牌号	状态	厚度(T)/mm	室温拉伸试验结果		
			抗拉强度 R_m/(N/mm²)	伸长率/%，不小于	
				$A_{50\ mm}$	$A_{100\ mm}$
3003	O	>0.018 0～0.200 0	80～140	—	—
	H22	0.020 0～0.050 0	90～130	—	3.0
		>0.050 0～0.200 0	90～130	10.0	—
	H14	0.030 0～0.200 0	140～170	—	—
	H24	0.030 0～0.200 0	140～170	1.0	—
	H16	0.100 0～0.200 0	≥180	—	—
	H26	0.100 0～0.200 0	≥180	1.0	—
	H18	0.010 0～0.200 0	≥190	1.0	—
	H19	0.018 0～0.100 0	≥200	—	—
3A21	O	0.030 0～0.040 0	85～140	—	3.0
	H22	>0.040 0～0.200 0	85～140	8.0	—
	H24	0.100 0～0.200 0	130～180	1.0	—
	H18	0.030 0～0.200 0	≥190	0.5	—
5A02	O	0.030 0～0.049 0	≤195	—	—
		0.050 0～0.200 0	≤195	4.0	—
	H16	0.050 0～0.200 0	≤195	4.0	—
	H16、H26	0.100 0～0.200 0	≥255	—	—
	H18	0.020 0～0.200 0	≥265	—	—
5052	O	0.030 0～0.200 0	175～225	4	—
	H14、H24	0.050 0～0.200 0	250～300	—	—
	H16、H26	0.100 0～0.200 0	≥270	—	—
	H18	0.050 0～0.200 0	≥275	—	—
	H19	0.100 0～0.200 0	≥285	1	—
8006	O	0.006 0～0.009 0	80～135	—	1
		>0.009 0～0.0250	85～140	—	2
		>0.025 0～0.040	85～140	—	3
		>0.040～0.090 0	90～140	—	4
		>0.090 0～0.140 0	110～140	15	—
		>0.140 0～0.200	110～140	20	—
	H22	0.035 0～0.090 0	120～150	5.0	—
		>0.090 0～0.140 0	120～150	15	—
		>0.140 0～0.200 0	120～150	20	—

表 7（续）

牌　　号	状　　态	厚度(T)/mm	室温拉伸试验结果		
			抗拉强度 R_m/(N/mm²)	伸长率/%，不小于	
				$A_{50\ mm}$	$A_{100\ mm}$
8006	H24	0.035 0～0.090 0	125～150	5.0	—
		>0.090 0～0.140 0	125～155	15	—
		>0.140 0～0.200 0	125～155	18	—
	H26	0.090 0～0.140 0	130～160	10	—
		0.140 0～0.200 0	130～160	12	—
	H18	0.006 0～0.025 0	≥140	—	—
		>0.025 0～0.040 0	≥150	—	—
		>0.040 0～0.090 0	≥160	—	1
		>0.090 0～0.200 0	≥160	0.5	—
8011 8011A 8079	O	0.006 0～0.009 0	50～100	—	0.5
		>0.009 0～0.025 0	55～100	—	1
		>0.025 0～0.040 0	55～110	—	4
		>0.040 0～0.090 0	60～120	—	4
		>0.090 0～0.140 0	60～120	13	—
		>0.140 0～0.200 0	60～120	15	—
	H22	0.035 0～0.040 0	90～150	—	1.0
		>0.040 0～0.090 0	90～150	—	2.0
		>0.090 0～0.140 0	90～150	5	—
		>0.140 0～0.200 0	90～150	6	—
	H24	0.035 0～0.040 0	120～170	2	—
		>0.040 0～0.09 0	120～170	3	—
		>0.090 0～0.140 0	120～170	4	—
		>0.140 0～0.200 0	120～170	5	—
	H26	0.035 0～0.009 0	140～190	1	—
		>0.090 0～0.200 0	140～190	2	—
	H18	0.035 0～0.200 0	≥160	—	—
	H19	0.035 0～0.200 0	≥170	—	—

3.5　破裂强度

需方对铝箔的破裂强度有要求时，由供需双方协商决定，并在合同(或订货单)中注明。

3.6 针孔

铝箔的针孔个数、针孔直径应符合表 8 的规定，需要采用高精级或超高精级时，应在合同(或订货单)中注明，未注明时按普通级供货。

表 8

<table>
<tr><th rowspan="3">厚度/mm</th><th colspan="6">针孔个数，不大于</th><th colspan="3" rowspan="2">针孔直径/mm
不大于</th></tr>
<tr><th colspan="3">任意 1 m² 内</th><th colspan="3">任意 4 mm×4 mm 或 1 mm×16 mm 面积上的针孔个数</th></tr>
<tr><th>超高精级</th><th>高精级</th><th>普通级</th><th>超高精级</th><th>高精级</th><th>普通级</th><th>超高精级</th><th>高精级</th><th>普通级</th></tr>
<tr><td>0.004 5～<0.006 0</td><td colspan="3">供需双方商定</td><td rowspan="6">6</td><td rowspan="6">7</td><td rowspan="6">8</td><td rowspan="10">0.1</td><td rowspan="10">0.2</td><td rowspan="10">0.3</td></tr>
<tr><td>0.006 0</td><td>500</td><td>1 000</td><td>1 500</td></tr>
<tr><td>>0.006 0～0.006 5</td><td>400</td><td>600</td><td>1 000</td></tr>
<tr><td>>0.006 5～0.007 0</td><td>150</td><td>300</td><td>500</td></tr>
<tr><td>>0.007 0～0.009 0</td><td>100</td><td>150</td><td>200</td></tr>
<tr><td>>0.009 0～0.012 0</td><td>20</td><td>50</td><td>100</td></tr>
<tr><td>>0.012 0～0.018 0</td><td>10</td><td>30</td><td>50</td><td colspan="3" rowspan="3">3</td></tr>
<tr><td>>0.018 0～0.020 0</td><td>3</td><td>20</td><td>30</td></tr>
<tr><td>>0.020 0～0.040 0</td><td>0</td><td>5</td><td>10</td></tr>
<tr><td>>0.040 0</td><td>0</td><td>0</td><td>0</td><td colspan="3">0</td></tr>
</table>

3.7 粘附性

铝箔开卷性能应良好，展开时不允许粘连或撕裂。铝箔借自重自然展开所需的脱落长度值应符合表 9 的规定。

表 9

宽度/mm	铝箔借自重自然展开所需的脱落长度/m
≤1 000.0	≤1.0
>1 000.0	≤1.5

3.8 表面润湿张力

需方对铝箔的表面润湿张力有要求时，应在合同(或订货单)中注明。铝箔的表面润湿张力宜不小于 33×10^{-3} N/m。

3.9 刷水试验结果

O 状态铝箔，表面应无油斑。需方对铝箔的刷水试验结果等级有要求时，应在合同(或订货单)中注明，表面刷水试验结果宜达到 B 级或优于 B 级。

3.10 直流电阻

需方对铝箔的直流电阻有要求时，由供需双方协商决定，并在合同(或订货单)中注明。附录A给出了1145、1235牌号铝箔的直流电阻。

3.11 接头

铝箔断头应用超声波焊接仪焊接或用耐高温胶带粘接牢固并保持平整，接头处应作明显标记。每卷铝箔的接头个数、接头间距应符合表10的规定，需要采用高精级时，应在合同中注明，未注明时按普通级供货。

表 10

<table>
<tr><th rowspan="3">卷外径/mm</th><th colspan="5">每卷允许接头个数，不大于</th><th colspan="2" rowspan="2">接头间距[a]/m</th></tr>
<tr><th colspan="5">厚度/mm</th></tr>
<tr><th>0.004 5～0.009 0</th><th>>0.009 0～0.012 0</th><th>>0.012 0～0.020 0</th><th>>0.020 0～0.040 0</th><th>>0.040 0</th><th>高精级</th><th>普通级</th></tr>
<tr><td><200</td><td>1</td><td>0</td><td>0</td><td rowspan="3">0</td><td rowspan="5">0</td><td rowspan="3">—</td><td rowspan="3">≥1 000</td></tr>
<tr><td>≥200～390</td><td>2</td><td rowspan="2">1</td><td rowspan="2">1</td></tr>
<tr><td>>390～450</td><td>3</td></tr>
<tr><td>>450～650</td><td>5</td><td>2</td><td>2</td><td rowspan="2">1</td><td rowspan="2">≥2 000</td><td rowspan="2">≥1 000</td></tr>
<tr><td>>650</td><td>6</td><td>3</td><td>3</td></tr>
<tr><td colspan="8">[a] 需要采用高精级时，应在合同(或订货单)中注明，未注明时按普通级供货。</td></tr>
</table>

3.12 管芯

管芯材质、长度、长度偏差由供需双方协商确定，并在合同(或订货单)中注明。管芯的内、外壁应洁净、光滑、无污物。管芯内径及允许偏差应符合表11的规定。

表 11

单位为毫米

管芯内径	内径允许偏差
75.0、76.2	±0.5
150.0、152.4	$^{+1.0}_{0}$
300.0、400.0、406.0	±2.0

3.13 外观质量

3.13.1 根据内、外表面的光亮程度，铝箔划分为单面光铝箔和双面光铝箔。需方对表面的光亮程度有要求时，应在合同(或订货单)中注明。

3.13.2 铝箔表面应平整、洁净。不允许有腐蚀、辊印、擦伤、划伤、暗面亮点、油斑、起皱等影响使用的缺陷，不允许有严重的起棱、起鼓、亮线、条纹及影响使用的碰伤，单面光铝箔暗面不允许有明显色差。

3.13.3 铝箔卷端面应整齐，边缘光滑、无毛刺。

3.13.4 管芯长度应不小于箔宽，且任一端不允许凹入铝箔卷。

3.13.5 当立拿铝箔卷时，不允许有层与层之间的滑动以及管芯脱出。

4 试验方法

4.1 化学成分

铝箔的化学成分采用 GB/T 7999 或 GB/T 20975 进行分析，仲裁分析按 GB/T 20975 规定的方法进行。

4.2 尺寸偏差

4.2.1 局部厚度

铝箔局部厚度采用能保证检测精度的仪器测量。局部厚度仲裁测量按 GB/T 22638.1 规定的方法进行。

4.2.2 平均厚度

平均厚度按公式(1)计算。

$$E_m = \frac{P \times 10^6}{L \times W \times D} \quad \cdots\cdots(1)$$

式中：

E_m ——铝箔的平均厚度，单位为毫米(mm)；

P ——铝箔卷的净重，单位为千克(kg)；

L ——铝箔长度，单位为毫米(mm)；

W ——铝箔宽度，单位为毫米(mm)；

D ——铝箔密度(按 GB/T 22638.1 计算，常用牌号的密度值见附录 B)，单位为克每立方厘米(g/cm^3)。

4.2.3 其他尺寸

其他尺寸采用能保证相应精度的量具测量。

4.3 拉伸性能

铝箔室温拉伸试验按 GB/T 228 规定的方法进行。

4.4 破裂强度

铝箔的破裂强度试验方法参照 GB/T 454 的规定进行。

4.5 针孔

铝箔的针孔按 GB/T 22638.2 规定的方法进行检测。

4.6 粘附性

铝箔的粘附性按 GB/T 22638.3 规定的方法进行检测。

4.7 表面润湿张力

铝箔的表面润湿张力按 GB/T 22638.4 规定的方法进行检测。

4.8 刷水试验结果

铝箔的刷水试验按 GB/T 22638.5 规定的方法进行检测。

4.9 直流电阻

铝箔的直流电阻按 GB/T 22638.6 规定的方法进行检测。铝箔的直流电阻可由供方采用规定厚度(一般为 0.25 mm～0.36 mm)的坯料(试样表面应洁净、无油痕)检测直流电阻作为铝箔的试验结果。

4.10 接头

根据接头标记计算每卷铝箔接头数;根据铝箔卷端面相临接头的层间壁厚(借助相应精度的量具测量)换算出接头间距。

4.11 管芯

管芯尺寸偏差用能保证相应精度的量具测量,管芯材质由供方保证,其他项目以目视检查。

4.12 外观质量

铝箔外观质量以目视检查。

5 检验规则

5.1 检查和验收

5.1.1 铝箔应由供方技术监督部门进行检验,保证产品质量符合本标准及合同(或订货单)的规定,并填写质量证明书。

5.1.2 需方应对收到的产品按本标准的规定进行复验。复验结果与本标准及合同(或订货单)的规定不符时,应以书面形式向供方提出,由供需双方协商解决。属于表面质量及尺寸偏差的异议,应在收到产品之日起一个月内提出,属于其他性能的异议,应在收到产品之日起三个月内提出。如需仲裁,供需双方应在需方共同进行仲裁取样。

5.2 组批

铝箔应成批提交验收,每批应由同一牌号、状态、规格组成,批重不限。

5.3 检验项目

每批铝箔出厂前应进行化学成分(Pb、Cd、Hg、Cr^{6+}、As 除外)、尺寸偏差(平均厚度除外)、针孔、粘附性、接头、外观质量的检验。供方应对 Pb、Hg、Cd、Cr^{6+}、As 元素进行监控分析,每年至少检测一次,确保上述元素符合标准要求。如用户要求对其他性能按批进行出厂检验,应由供需双方协商决定,并在合同(或订货单)中注明。

5.4 取样

铝箔取样应符合表 12 的规定。

表 12

检验项目	取样规定	要求的章条号	试验方法的章条号
化学成分	按 GB/T 17432 的规定进行	3.2	4.1
尺寸偏差	逐卷检查	3.3	4.2
拉伸性能	每批(热处理炉)抽取不少于 1 卷,每卷切取3 个纵向试样,试样应符合 GB/T 16865 的规定	3.4	4.3
破裂强度	每批不少于 1 卷	3.5	4.4
针孔	每批不少于 2 卷	3.6	4.5
粘附性	每批不少于 1 卷	3.7	4.6
表面润湿张力	每批不少于 1 卷	3.8	4.7
刷水试验结果	每批不少于 1 卷	3.9	4.8
直流电阻	每批不少于 1 卷	3.10	4.9
接头	逐卷检查	3.11	4.10
管芯	每批不少于 2 根	3.12	4.11
外观质量	逐卷检查	3.13	4.12

5.5 检验结果的判定

5.5.1 化学成分不合格时,产品能区分熔次的判该熔次不合格,其他熔次依次检验,合格者交货。不能区分熔次的判该批不合格。

5.5.2 尺寸偏差、外观质量、接头不合格时,判该卷铝箔不合格。

5.5.3 拉伸性能不合格时,应从该不合格试样所在卷中另取双倍数量的试样进行重复试验。重复试验结果全部合格,则判该批铝箔合格。若重复试验结果仍有不合格项目,则判该批铝箔不合格。经供需双方商定,该批铝箔可由供方逐卷检验,合格者交货。

5.5.4 破裂强度不合格时,判该批铝箔不合格。

5.5.5 针孔不合格时,判该批铝箔不合格。但允许供方逐卷检验,合格者交货。

5.5.6 粘附性结果不合格时,判该批铝箔不合格。

5.5.7 刷水试验结果不合格时,判该批铝箔不合格。

5.5.8 表面润湿张力不合格时,判该批铝箔不合格。

5.5.9 直流电阻不合格时,产品能区分熔次的判该熔次不合格,其他熔次依次检验,合格者交货。不能区分熔次的判该批不合格。

5.5.10 管芯不合格时,供需双方协商解决。

6 标志、包装、运输、贮存和质量证明书

6.1 标志

6.1.1 在检验合格的铝箔卷上应贴上标签,其上应注明:

a) 产品名称;

b) 牌号;

c) 状态;

d) 规格；

e) 批号(卷号)；

f) 净重；

g) 供方技术监督部门的检印。

6.1.2 铝箔的包装箱标志应符合 GB/T 3199 的规定。

6.2 包装、运输和贮存

铝箔的包装、运输、贮存应符合 GB/T 3199 的规定；有特殊要求时，供需双方协商确定，并在合同(或订货单)中注明。

6.3 质量证明书

每批铝箔应附有产品质量证明书，其上注明：

a) 供方名称；

b) 产品名称；

c) 牌号；

d) 状态；

e) 净重；

f) 规格；

g) 批号(卷号)；

h) 各项分析项目的检验结果(合同或订货单要求时)；

i) 供方技术监督部门的检印；

j) 包装日期；

k) 本标准编号。

7 合同(或订货单)内容

订购本标准所列产品的合同(或订货单)内应包括下列内容：

a) 产品名称；

b) 牌号；

c) 状态；

d) 规格；

e) 重量(包括单卷重量)；

f) 管芯材质及规格；

g) 性能要求等级；

h) 本标准要求的"应在合同(或订货单)中注明"的事项；

i) 本标准编号；

j) 包装要求；

k) 增加本标准以外内容时的协商结果。

附　录　A
（资料性附录）
1145、1235 牌号的直流电阻

表 A.1

标定厚度/mm	直流电阻/(Ω/m)(宽度 10.0mm),最大
0.006 0	0.55
0.006 5～0.007 0	0.51
0.008 0	0.43
0.009 0	0.36
0.010 0	0.32
0.011 0	0.28
0.016 0	0.25
注：纯度越高的纯铝,其电阻值越小。	

附 录 B
（资料性附录）
常见铝及铝合金密度

表 B.1

牌 号	密度/(g/cm³)
1050	2.705
1060	2.705
1070	2.700
1100	2.710
1145	2.700
1200	2.700
1235	2.705
3003	2.730
5052	2.680
8006	2.740
8011	2.710
8011A	2.710
8079	2.720